U0381627

书

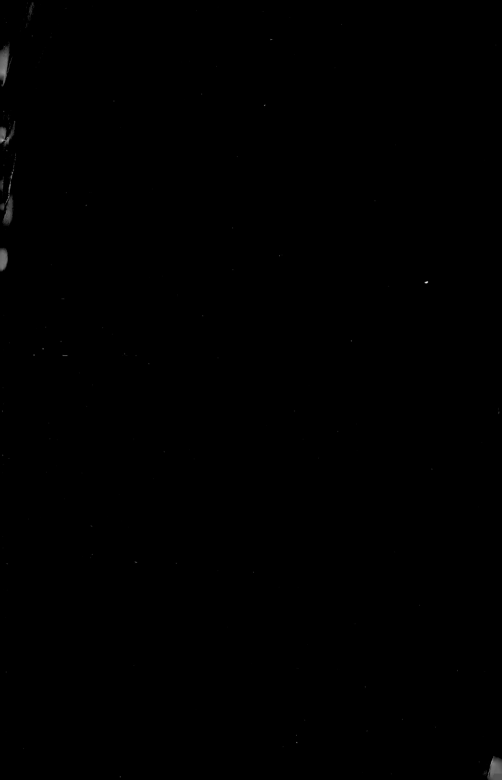

How to Find
A Habitable Planet

寻找宜居行星

[美]詹姆斯·卡斯汀 著　郑永春　刘　晗 译

上海教育出版社
SHANGHAI EDUCATIONAL
PUBLISHING HOUSE

国 际 评 价

卡斯汀是美国国家航空航天局未来寻找太阳系外类地行星任务的重要规划者,对"生命起源""寻找生命""生物世界"的各种复杂因素有深刻理解。他写的这些主题深刻、准确、清晰,描绘望远镜观察到的事物与我们(已知的唯一生物圈)之间的清晰联系。《寻找宜居行星》一书,是人类在可预见的未来到宇宙中的其他地区寻找生命的权威指南。

——SEED Magazine 网站

这本书写得非常好,为读者理解天体生物学和搜寻地外生命提供了完美的介绍,也为专业研究人员提供了最新的重要资料。特别吸引我们的是,卡斯汀反驳了"只有地球存在生命"的假设,还讨论了对行星宜居性非常重要的特征。

——刘易斯·达特奈尔,《泰晤士报·高等教育周刊》

你关心地球气候的演化吗？你对人类会如何探测地外生命、哪怕只是单细胞生命感到好奇吗？这本书绝对会让你沉迷其中，且无法自拔。

——德布拉·费希尔，《自然》杂志

作者令人信服地证明，地球拥有卫星（月球）与地球拥有强磁场并非生命存在的先决条件，是与事实无关的论点。在书中的第二部分，他详细介绍了太阳系外类地行星的搜索，并展望未来。

——《新科学家》杂志

这本书可读性很强，它指引我们去探索人类关于太阳系刚获得的那些知识。

——蒂姆·雷德福，《卫报》

这是一本"广受欢迎的教科书级别的科普力作"，推测的成分少，事实的成分多，本书涵盖从其他恒星周围的宜居带，到如何找到其他类似地球的行星等主题。如果在这些相关主题的书中只能选一本的话，那只能是卡斯汀的这本书。

——马库斯·乔恩，英国广播公司《聚焦》杂志

《寻找宜居行星》是一本技术性强、可读性高的书,正如卡斯汀在书中所展示的,在发现遥远恒星周围的行星方面,正取得快速进展,目前已经发现的大约有 500 颗。

——克莱夫·库克森,《金融时报》

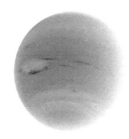

这本书对如何缩小"宜居行星"搜寻范围的主题而言,是一本简明而深刻的科学说明书。卡斯汀与美国国家航空航天局密切合作,是全球研究"宜居行星"的领军人物。在书中,他给出了用于寻找宜居行星的最新技术的深刻理解,描绘了科学家正在寻找的生命信号,以及他对该领域的预测……全书深刻而有趣。

——《宇宙》杂志

一本讨论极有吸引力的话题的杰出著作。

——《选择》杂志

一次令人陶醉的阅读体验,这里有你需要了解的宜居世界的方方面面。

——萨拉·西格,美国麻省理工学院

即使你对在宇宙中的其他地区发现智慧生命不感兴趣,《寻找宜居行星》仍然是一本非常好的关于我们的地球,甚至是太阳系的形成和演化历史的易于理解的故事书。

——约翰·格里宾,《文学评论》杂志

卡斯汀是一位非常优秀的作家,他能把十分复杂的问题分解成一个个清晰的片段,易于理解。本书作为该类图书的第一本,十分独特,也可作为行星科学家和学生不可或缺的助手。

——查伦·布吕索,艾德·阿斯特拉火箭公司

我非常喜欢这本书。卡斯汀用循循善诱的方式,清楚地解释了相关主题。从本书中,我学到了不少新知识。我一定会把它推荐给我的同事和学生。

——克里斯托弗·麦凯,美国国家航空航天局埃姆斯研究中心

"科学的力量"
丛书编委会

（按姓名笔画为序）

"科学的力量"丛书（第三辑）

序

科学是技术进步和社会发展的源泉,科学改变了我们的思维意识和生活方式;同时这些变化也彰显了科学的力量。科学和技术飞速发展,知识和内容迅速膨胀,新兴学科不断涌现。每一项科学发现或技术发明的后面,都深深地烙下了时代的特征,蕴藏着鲜为人知的故事。

近代,科学给全世界的发展带来了巨大的进步。哥白尼的"日心说"改变了千百年来人们对地球的认识,原来地球并非宇宙的中心,人类对宇宙的认识因此而产生了第一次飞跃;牛顿的经典力学让我们意识到,原来天地两个世界遵循着相同的运动规律,促进了自然科学的革命;麦克斯韦的电磁理论,和谐地统一了电和磁两大家族;维勒的尿素合成实验,成功地连接了看似毫无关联的两个领域——有机化学和无机化学……

当前,科学又处在一个无比激动人心的时代。暗物质、暗能量的研究将搞清楚宇宙究竟是由什么组成的,进而改变我们对宇宙的根本理解;望远镜技术的发展将为我们寻找"第二个地球"提供清晰的路径……

以上这些前沿研究工作正是上海教育出版社推出的"科学的力量"丛书(第三辑)所收录的部分作品要呈现给读者的。这些佳作将展现空间科学、生命科学、物质科学等领域的最新进展,以通俗易懂的语言、生动形象的例子，展示前沿科学对社会产生的巨大影响。这些佳作以独特的视角深入展现科学进步在各个方面的巨大力量，带领读者展开一次愉快的探索之旅。它将从纷繁复杂的科学和技术发展史中，精心筛选有代表性的焦点或热点问题，以此为突破口，由点及面地展现科学和技术对人、对自然、对社会的巨大作用和重要影响，让人们对科学有一个客观而公正的认识。相信书中讲述的科学家在探秘道路上的悲喜故事，一定会振奋人们的精神；书中阐述的科学道理，一定会启示人们的思想；书中描绘的科学成就，一定会鼓励读者的奋进；书中的点点滴滴，更会给人们一把把对口的钥匙，去打开一个个闪光的宝库。

科学已经改变，并将继续改变人类及人类赖以生存的世界。当然，摆在人类面前仍有很多不解之谜，富有好奇精神的人们，也一直没有停止探索的步伐。每一个新理论的提出、每一项新技术的应用，都使我们离谜底更近了一步。本丛书将向读者展示，科学和技术已经产生、正在产生及将要产生的乃至有待我们去努力探索的巨大变化。

感谢中国科学院紫金山天文台常进研究员在本套丛书的出版过程中给予的大力支持。同时感谢上海教育出版社组织的出版工作。也感谢本套丛书的各位译者对原著相得益彰的翻译。是为序。

南京大学天文与空间科学学院教授

中国科学院院士

发展中国家科学院院士

法国巴黎天文台名誉博士

方成

中 文 版 序

地球之外是否有生命？这个问题已经困扰了科学家很长一段时间，而对全人类而言，这个问题更是我们长期探索的目标。在过去的几百年里，人类已经逐渐接近这个问题的整体架构。四百多年前，哥白尼和伽利略提出了地球绕着太阳转，而不是太阳绕着地球转。我们这才知道，原来自己并不是宇宙的中心。而就在五十多年前，彭齐亚斯（Penzias）和威尔逊（Wilson）发现了宇宙微波背景辐射，表明宇宙诞生于约 138 亿年前的大爆炸。总之，这些发现告诉我们，我们生活在相对较小的一颗行星上，绕着一颗很普通的恒星转，而这颗恒星所在的星系，在宇宙大爆炸后形成的一千多亿个星系中，也只是其中之一。在这种宏大的宇宙场景中，地球本身似乎并不是那么重要。

然而，人类还是很重要的，因为我们不仅存在，而且还会思考，因为智慧生物（以及生命本身）可能只存在于这个星球上。许多科学家（至少就我所了解的情况）都相信，人类并非是宇宙中唯一的智慧生命，但想要找到证据来支持这一观点，却不是一件容易的事。近半个世纪以来，天文学家利用地面的射电望远镜和最先进的光学望远镜，一直在宇宙中寻找智慧生命。弗兰克·德雷克（Frank Drake）和卡尔·萨根（Carl Sagan）发起了寻找地外文明计划（SETI 计划）。自几十年前射电望远镜技术发明以来，其功能已经变得非常强大。原则上，在波多黎各，位于阿雷西博的 300 米射电望远镜能够与银河另一侧类似的射电望远镜进行通信。最近，在中国贵州投入使用的五百

1

寻找宜居行星

米口径球面射电望远镜(FAST,也被称为"天眼")的能力更加强大。由于银河系的直径超过 10 万光年,如果想与银河系另一侧的外星人进行交流,其过程是很慢的,发送信息和接受回复所需的时间,几乎与人类历史一样长。但是,在理论上来说还是可以做到的:只要每一个文明体都知道另一个文明体所在的地方,只要直接向那个方向的射电望远镜发射信号即可。

只可惜,我们不知道聪明的外星人到底生活在哪里,也没有充分的理由相信他们能知道我们在哪里。(这可能也不是一件坏事,就像科幻作家常常提醒我们的,外星人可能对我们不太友好!)但是,如果我们不知道该往哪里看,那么,就算我们有大型射电望远镜,能找到聪明的外星人的概率也很小。我们可以"窃听"其他文明与人类之间的距离——监测它们发出的杂乱的射电信号——距离大约只有 100 光年。在这个距离范围内,有超过 500 颗恒星[其中大多数是 M 型恒星(红矮星)],可能会有宜居行星,但由于红矮星已经濒临死亡,所以不能算是优选的寄宿对象(见第十章)。即使生命可以在某些行星上演化,但进化成智慧生命的概率很小。因此,虽然我们乐见存在智慧生命的证据,但在我们的有生之年,成功的希望相当渺茫。

这就引入本书的主题。如今,寻找外星生命的话题已经与 50 年前大不相同了,因为我们已经掌握了在其他恒星周围的行星上寻找"简单"生命的技术。我给"简单"这个词语加了引号,因为生物学家会说,地球上的生命形式就没有简单的。甚至单细胞微生物也都是高度进化的,都具有代谢和繁殖的复杂机制。但是,单细胞生物肯定要比人类或具有智慧的外星人更简单,因此也更有可能存在于其他地方。这些单细胞生物占据了地球历史前 90%的长度。所幸的是,即便是简单生物,只要数量足够大,就能够改变行星的大气层,而且可以从遥远的距离进行探测。在地球上,最典型的例子是蓝藻

(*cyanobacteria*),大约 25 亿年前,蓝藻让大气中的氧气含量首次上升(见第四章)。

如今这个时代和 50 年前的另一个关键区别在于,我们现在就能完全确定,系外行星是存在的。太阳系外行星,或简称系外行星,是围绕除太阳以外的恒星运行的行星。长期以来,天文学家一直猜测,应该有这样的行星。但是,在过去的 25 年里,我们才真正达到了发现系外行星的技术能力。从一开始,大多数观测都采用视向速度法或多普勒法,从中寻找由于行星绕转引起的对恒星的微弱扰动。第十一章介绍了利用这项技术发现的一些早期系外行星。要知道,本书出版至今已经有 10 年,视向速度测量的数据库已经大大扩展。要找到最新的数据,请参考美国国家航空航天局系外行星数据库。

过去十年中,我们通过凌星法发现了更多的系外行星。行星直接经过母恒星的前方时,会阻挡部分光线,从而发生凌星现象。2010 年,本书首次出版时,我们还只是发现了极少数可以发生凌星现象的系外行星,第十二章对这个问题做了一些论述。从那以后,我们已经确认的系外行星数量开始猛增,至今已经达到约 4 000 颗。其中,大部分是由美国国家航空航天局的开普勒空间望远镜发现的。从 2009 年至 2013 年,这架空间望远镜一直在持续不断地对同一片特定的天区进行巡天观测。我们现在终于明白,大多数恒星周围都会伴随有一颗或多颗行星,这很大程度上都得益于开普勒任务。更重要的是,在寻找外星生命方面,我们已经知道,银河系中约有 20% 的恒星,在它们的宜居带内会有一颗岩石行星,在轨道上运行,行星的表面可能会有液态水。液态水是探测生命的重要指标,因为它能让类似蓝藻这样的光合生物改变行星的大气层,才能从远距离进行观测。我的研究团队致力于确定恒星周围宜居带的边界,本书在前几章中专门解释了这一概念。

寻找宜居行星

想要寻找外星生命存在的证据,不仅要找到其他恒星周围的行星,还必须用光谱法对它们进行表征。但是,我们没有能力获得系外行星的多像素照片(换句话说,我们将无法对系外行星进行详细描述)。在本书的后面章节中,我解释了其中的原因:因为要有一整套横跨太阳系的望远镜,才能实现这样的观测能力(见第十五章)。不过,如果我们再努力一点,应该还是能拍摄到系外行星的单个像素照片的,然后,利用系外行星反射出来的恒星光,或者行星发射的红外辐射,来获得光谱。我们看到的彩虹,实际上是低分辨率的太阳光。彩虹红色的一侧代表长波,另一侧的紫色代表短波。使用棱镜或光栅等光学工具,我们可以得到高分辨率的太阳光谱,这样就可以找到大气中丰富的气体分子产生的吸收带,如氧气、水、二氧化碳等,由此找到宜居,或有人居住的系外行星。

大家知道,我们已经获得了一些系外行星的光谱。但是,这只是系外行星在经过母恒星的前方和/或后方时,获得的凌星光谱。当系外行星从恒星前方经过时,会有一些恒星光穿过系外行星的大气层,我们可以获得它较为粗略的光谱。这种技术最适用于所谓的"热木星"这样的巨型气体行星,主要是这类行星与母恒星之间的距离较近。在第十二章中我们提到,采用这种技术,我们已经用美国国家航空航天局哈勃空间望远镜和斯皮策空间望远镜获得的数据,观测了一部分的这类行星。但是,这一技术在搜寻类似地球这样的系外行星方面,效果比较差。首先,我们感兴趣的行星,是位于恒星宜居带内的岩石行星,与母恒星之间的距离要远一点,但这样就不会发生凌星现象。因为系外行星运行的轨道平面,只有在我们的视线范围内才会发生凌星。如果行星到恒星的距离太远,就会大大减小发生这种情况的概率。在热木星中,发生凌星现象的时间占轨道周期的1/10时间,但对于到恒星之间的轨道距离为日地距离的行星,发生凌星现象的时间只占轨道周期的 1/200。其次，与大型的"热木星"热腾腾的大气相比，岩石行星的大气相当薄。这样一来，想要获得类地行星的凌星光谱，就需要更大口径的望远镜。

在未来两年内，我们有望拥有如此庞大的空间望远镜。美国国家航空航天局的詹姆斯·韦伯空间望远镜（JWST）计划于 2021 年 3 月 30 日发射。鉴于 JWST 的发射日期已多次被推迟，在我的第一句话里，说的是"有望"，而不是"一定"。JWST 是一架巨大的空间望远镜，直径约 6.5 米。相比之下，哈勃空间望远镜的直径仅为 2.4 米。JWST 将从可见光谱的红光波段入手，逐渐拓宽到中红外波段，在离我们相对较近的 M 型恒星周围，至少可以获得类似地球大小的行星的一些凌星光谱。如今，我们已确定一颗名为 Trappist-1 的恒星。Trappist-1 行星系统是利用地面望远镜的凌星搜寻技术发现的，共有七颗行星，其中至少有三颗行星位于恒星宜居带内的轨道上。因此，Trappist-1 已经被列入 JWST 的搜寻目标。美国国家航空航天局还有一架空间望远镜，目前也在运行中，称为 TESS（系外行星凌星观测望远镜），或可发现凌星的其他岩石行星，供 JWST 开展进一步调查。

也就是说，詹姆斯·韦伯空间望远镜找到外星生命的可能性很小。如前所述，类地行星穿过类太阳恒星的可能性只有 1/200，即 0.5%。这意味着，就算每颗恒星都有一颗在宜居带内运行的岩石行星，我们也至少得观察大约两百颗类似太阳的恒星，才能看到一次凌星。如前所述，我们认为只有约 20% 的恒星拥有这样的行星；因此，我们需要观测约一千颗恒星，才能找到一个不错的候选目标。要是这些恒星中有 M 型恒星（红矮星），概率还能再大一点，但即便如此，我们仍然要搜寻三百多颗恒星，才能找到一个潜在的"地球"。这说明，在拥有可凌星的类地行星的恒星中，即便是最近的那颗，也离我们比较远。Trappist-1 是一颗极晚期（即昏暗）的 M 型恒星，距离我们

寻找宜居行星

约四十光年。而离我们最近的恒星系统——半人马座阿尔法星系，与我们仅有四光年。半人马座阿尔法星系由三颗恒星组成，其中两颗是类似太阳的恒星，还有一颗名为比邻星（Proxima Centauri）的红矮星。根据视向速度测量，比邻星在宜居带内可能拥有与地球质量相近的行星在轨道上运行。但是，这颗行星没有发生过凌星，所以，JWST 没有办法观测到它。

为了有效地搜索外星生命，我们必须要有能力在附近所有的恒星周围，找到无法凌星的行星。要做到这一点，就需要一种特殊的空间望远镜，把来自行星的光，与来自母恒星的光分开。这种观测技术一般称为直接成像法。直接成像望远镜可以在可见光波段（通过搜寻行星的反射光），或红外波段（通过搜寻行星自身发射的红外辐射）进行观测。目前，工作在可见光波段的望远镜是首选方案，在第十三章中讨论了其中的原因。空间望远镜若要在可见光波段直接成像，至少要达到 JWST 那样的大小。同时，需要在星冕仪和遮星板之间至少选一个装备。星冕仪能挡住望远镜内的恒星光线，让我们看到恒星周围更暗的行星。遮星板可以飞到望远镜外面，甚至是数万千米之外，在恒星光进入望远镜之前挡住它。

15 年前，美国国家航空航天局就开始设计这种直接成像的空间望远镜，并将其称为类地行星搜索者星冕仪（Terrestrial Planet Finder-Coronagraph，简称 TPF-C）。他们组织的设计方面的专门委员会（研究团队）完成了初步设计，我也是其中的一员。不过，这个项目不太成熟，刚开始就被取消了。因为所需的星冕仪技术处于研发阶段（现在也在研发中，但已很接近设计目标）。此外，我们还没有得到开普勒空间望远镜的观测结果。所以，还不知道需要观测多少颗恒星，才能找到类地行星。最重要的是，这个项目没有得到美国天文界的大力支持。这种项目耗资巨大——现在 JWST 的成本约 90 亿美元——

所以,我们需要社会各界的广泛支持。

在美国,可以通过"十年规划"获取支持。每隔 10 年,天文学家们就会齐聚一堂,就未来 10 年的科研项目,提出一系列建议。最近刚开过会,完成了"天文 2020"报告。遵照相同的议程,行星科学家们制定了自己的十年规划。规划的主要目的,是选择未来 10 年的"旗舰任务"。2000 年,天文学规划选择了 JWST 为最优计划,计划在 2021 年实现飞行。2010 年的规划,选择了 WFIRST 任务,计划于 2026 年飞行。而"天文 2020"规划考虑了 4 个不同的旗舰任务,其中两个涉及系外行星的直接成像。其中规模最小的计划,称为 HabEx(宜居行星探测器)。这是一个 4 米口径的离轴望远镜,配有单片镜、星冕仪和遮星板。规模稍微大一点的那个任务,叫 LUVOIR 空间望远镜(紫外-光学-近红外大型空间望远镜)。LUVOIR 有两种不同的尺寸:A 镜是一架 15 米口径的分段式轴上望远镜;B 镜是一架 8 米口径的分段式离轴望远镜。① A 镜和 B 镜都会配备星冕仪,但没有遮星板。这三架望远镜,即两架 LUVOIR 和一架 HabEx,都能发现和表征太阳系周围多颗恒星的宜居带内、在轨道上运行的类地行星。所以,其中任何一架望远镜都有可能回答这件事:我们是不是宇宙中唯一的人类。

最后,我要说的是,这项工作并不是必须在美国才能完成。设计和发射能直接成像的大型空间望远镜要经历很长的时间。在我写这篇序时,刚开始写 LUVOIR 的最终报告,所以能够发射这两架望远镜的最早时间,预计大概在 2039 年,也就是 20 年后。因此,我们有足够的时间来寻找这个项目的合作伙伴,甚至可以让其他国家研发他

---

① 分段望远镜的主镜由多个直径约 1 米的小镜子组成。JWST 上就有一个这样的分段镜。"轴上"表示次镜在主镜正前方;"离轴"表示次镜在主镜的另一侧。大多数离轴望远镜搭配星冕仪工作的效果更好,因为进入望远镜的光线完全不受遮挡。

们自己的直接成像望远镜。15 年前参与类地行星搜索者星冕仪项目的大多数人同意，应该把寻找类地行星的任务，变成一项国际性任务。当时，我们与欧洲空间局（ESA）的研究人员合作，他们一直在致力于研发自己的直接成像系统。他们的达尔文任务采用干涉仪，工作在红外波段，而非可见光波段。遗憾的是，像类地行星搜索者星冕仪任务一样，达尔文任务也被取消了（用空间研究机构比较温和的话来说，就是被无限期推迟）。我的内心无比希望，下一代的直接成像望远镜会发展得更好，无论是 HabEx、LUVOIR，还是其他任务。我也希望这项任务可以汇集来自世界各地的科学家，包括中国。寻找外星生命有可能再次拓展我们关于人类从哪里融入宇宙的观念，就像四百多年前的哥白尼革命。因此，理应由来自世界各地的科学家共同努力，一起完成这项伟大而美好的事业。

詹姆斯·卡斯汀

2019 年 7 月

前　　言

　　本书取材于我以前在美国国家航空航天局负责某个专门委员会（研究团队）工作的经历。该委员会的任务，是完成一架空间望远镜的初步设计，并推动下一步工作。这架望远镜名为"类地行星搜索者星冕仪"，简称 TPF-C。[1]美国国家航空航天局希望用这架望远镜，寻找环绕其他恒星运动的类地行星，并用分光技术研究其大气层。这里给不熟悉分光技术的读者解释一下，这是一种将光或其他形式的电磁辐射，按波长进行分解的技术，就像太阳光被云粒子分解后形成彩虹一样。进入轨道后，TPF-C 望远镜可以观测由主恒星发射、再被行星反射的可见光和近红外光。在电磁波谱中，近红外区域是指比可见光波长稍长的区域。若从近红外波段观测地球这颗行星，应该可以探测到氧气、臭氧、水蒸气，甚至可能观测到地表的叶绿素。叶绿素是绿色植物用于收集光并进行光合作用的色素，大部分氧气是光合作用的副产物；因此，只要从行星的光谱上发现以上任意一种物质，就有可能证明该行星上存在生命。这个目标是激励 TPF-C 研究团队成员和美国国家航空航天局的持续动力。大家都知道，这项研究能带来振奋人心的发现，它会使我们的观念发生革命性骤变，让类地生命和人类得以融入宇宙中更为广阔的生命体系。

---

　　[1]　TPF:类地行星搜索者。TPF-I:类地行星搜索者红外干涉仪。TPF-C:类地行星搜索者星冕仪。——译者

寻找宜居行星

不巧的是,最初的设计阶段还没有结束,美国国家航空航天局就以资金不足为由,取消了这一项目。当时,美国国家航空航天局同时在做多个大项目,其中最大的项目当属完成空间站的建设并向月球派遣航天员。大型红外望远镜詹姆斯·韦伯空间望远镜(JWST)也在建设中,而且可能需要在另一大型空间望远镜竣工前完成。虽然JWST可能无法找到类地行星,但它可以研究恒星周围供行星形成所需的物质盘,因此也是一个激动人心的项目。然而,由于TPF-C具有显著的开拓性,因此大多数参加过该项目的人都相信,不久的将来,它一定会再次出现在美国国家航空航天局的任务清单上,尽管在形式上或许会与先前的任务有所不同。离任务重新启动还有几年时间,我趁这段时期撰写本书。目的之一就是让人们了解这一事件及寻找系外行星的相关研究项目,这或许可以缩短TPF-C项目启动的等待时间。

还有一本书,它的书名与本书相似,是由华莱士(沃利)·布勒克〔Wallace(Wally)Broecker〕撰写的《如何建造宜居行星》。该书第一版于1985年出版,由普利斯顿大学出版社负责的第二版也即将面世。该书原本是布勒克给他的本科学生写的,那是他多年前在纽约哥伦比亚大学教的非理科专业的学生。他在书中把复杂的概念简单化,这种创意性的写作方式使其在教师和学生中大获好评。我在本书中详细介绍了布勒克提出的许多问题,随后讨论系外行星的搜寻方法。尽管如此,我还是尽量希望将本书写得通俗易懂,让对科学及其基础知识感兴趣的人都能理解。书中的大多数内容来自过去20年我在宾夕法尼亚州教的各种专业课程,尤其是天体生物学课程(学生们分别具有物理和生物等不同学科背景)。所以,我在介绍每个话题时,必须让所有人都能听明白。因此,我希望更多对科学感兴趣的非专业人士也能读懂本书。

前　言

　　我的老师和同学对本书的写作给予了多方面的帮助。自我读研究生起,詹姆斯·C.G.沃克(James C.G.Walker)一直是我的"指路明灯"(尽管他并非我的学位论文真正的指导教师)。尽管他如今已从密歇根大学退休了,但毕业至今已经多年过去,他还一直影响着我。詹姆斯教授发现了二氧化碳对气候的反馈机制,人们如今认为,这正是地球可以长期适宜人类居住的重要原因。詹姆斯·波拉克(James Pollack)是我在美国国家航空航天局埃姆斯研究中心做博士后时的导师。詹姆斯教授让我领略了行星科学的奇妙之处,向我传授了温室大气层的技术细节。詹姆斯本人在做卡尔·萨根(Carl Sagan)的研究生时,就已接触到这一研究课题。20世纪80年代,威廉(比尔)·绍普夫[William (Bill) Schopf]向我发出邀请,加入他在加州大学洛杉矶分校(UCLA)的前寒武纪古生物学研究团队,并向我介绍了天体生物学这一领域,当时还没有这个名称呢。1984年,我在佛罗里达州的碳循环大会上,遇到了海因里希(迪克)·霍兰[Heinrich (Dick) Holland],此后,他一直是我职业生涯中的科学导师。如今,他也已从哈佛大学退休。迪克给我传授地球化学、大气层中氧气的起源,以及与地球长期演化相关的知识。在过去25年中,他一直为我提出的奇思妙想提供坚实后盾。

　　本书缘起于2006年夏天,我参观巴黎南部的环境气候科学实验室(LSCE)途中。我很感激实验室主任吉勒斯·拉姆斯坦(Gilles Ramstein)和实验室的同事们,他们邀请我到那里访问,其间关于地球气候历史的讨论令我受益匪浅。我还要感谢宾夕法尼亚大学地球与环境科学研究院院长苏珊·布兰特利(Susan Brantley),她为我提供了充足的经费,支持我始于2006年秋的写作生涯。

　　本书还间接吸纳了许多人的想法。在此,我特别感谢美国国家航空航天局的兹拉坦·赛瓦诺夫(Zlatan Tsevanov)和利亚·拉皮亚

3

纳（Lia Lapiana），以及我在 TPF-C 研究团队的同事们。感谢美国国家航空航天局喷气推进实验室的 TPF 项目组，他们共同资助三年前我在美国加州帕萨迪纳市[II]的学术休假。在此期间，我从金尼·福特（Ginny Ford）、玛丽·莱文（Marie Levine）、斯图尔特·沙克兰（Stuart Shaklan）、萨拉·亨代（Sarah Hundai）、查斯·比奇曼（Chas Beichman）、史蒂夫·昂温（Steve Unwin）、史蒂夫·里奇韦（Steve Ridgeway）、丹·库尔特（Dan Coulter）、吉姆·范森（Jim Fanson）、韦斯·特劳布（Wes Traub）和迈克·德瓦里安（Mike Devarian）身上学到了很多知识。此外，几次参加学术会议的经历也使我获益良多，包括20世纪90年代中叶在美国国家航空航天局埃姆斯研究中心、由戴夫·戴马雷（Dave DesMarais）组织的两次"黯淡蓝点（Pale Blue Dot）会议"，以及我最近参加的由乔纳森·鲁宁（Jonathan Lunine）组织的 NASA 与 NSF[III] 系外行星探测任务团队联合会议。2008 年春末，该任务团队刚刚发表了最终报告，深入分析了搜寻系外行星的各种方法，并竭力为未来15—20 年探索系外行星，绘制条理分明的战略蓝图。正是有了乔纳森和任务团队的成员们，我才得以学有所成。

最后，感谢普林斯顿大学出版社的编辑英格丽德·奈尔里奇（Ingrid Gnerlich）。她认真细致地研读本书，给出了极富见解的评论，使之更加易于理解。还要感谢你们，亲爱的读者，感谢你购买本书，与我兴趣相似。希望你能从中发现令你感兴趣的想法。

II　美国国家航空航天局喷气推进实验室所在地。——译者
III　美国国家航空航天局和美国自然科学基金会。——译者

目　录

第三部分:行星宜居性范围

第一部分：简介

我们考虑了使生命成为可能的因素，并提出了它是否可能存在于宇宙中其他地方的问题……

旧谈：类地行星与生命

宇宙中还有其他类似地球的行星吗？如果有，那上面会有生命吗？这两个问题激励了美国国家航空航天局。于是，推出了"寻找类地行星"的任务，这就是本书的核心。这项任务是新提出的，书中讨论的大部分内容也是新的研究成果，但所研究的问题却是人们讨论已久的自然界中的基础内容。公元4世纪，希腊哲学家亚里士多德和伊壁鸠鲁就讨论过地球是否是独一无二的问题。亚里士多德和他的老师柏拉图都认为宇宙中只有一个地球，他们认为：

因此，要么最初的假设不成立，要么就只有一个中心、只有一种情况；如果是后一种情况，在同样的证据和冲动下，我们可以得出结论：这是独一无二的世界。[1]

伊壁鸠鲁生活的年代稍晚于亚里士多德。他不认同后者的观点，转而认为，鉴于物质都是由微小的原子构成的，就可以假设，宇宙中存在很多不同的世界。公元前300年，他在给希罗多德的信中写道："宇宙中存在无限多个世界，可能和我们的地球一样，也可能不一样"，这些世界上生存着"我们在地球上所见过的生灵、植物和其他一切东西"。[2]

寻找宜居行星

不巧的是,就像位于帕萨迪那[1]的美国国家航空航天局喷气推进实验室的迈克·迪瓦瑞安常说的那样,公元前 269 年,伊壁鸠鲁痛苦离世(死于膀胱感染)时,那些支持他的声音也随之消亡。地心说随即胜出,亚里士多德的去世也没有对它造成影响。此后的 1 800 多年中,地心说一直处于统治地位。公元 90—168 年,另一位希腊哲学家托勒密继承了亚里士多德的宇宙观。托勒密研究出一套复杂的体系,可以预测已知的五颗行星的运行轨道,它们分别是水星、金星、火星、木星和土星。这一体系后来被称为托勒密地心说体系,虽然是以地球为参照物,没有以太阳为参照物,但在当时获得了极大的成功。太阳系中靠外侧的三颗行星都出现了在轨道上逆行的现象,也就是说,它们有时会在天上向反方向运动。为了解释这种现象,托勒密假设,行星在环形的本轮上运行,而本轮则叠加在绕地球旋转的大环形轨道上。后来,罗马天主教也支持这种太阳系地心说的观点,因为这与他们神职人员所讲授的上帝,以及人在宇宙中的位置相得益彰。因此,地心说统治天文学长达一千五百多年也不足为奇。

直至 16 世纪早期,波兰数学家兼天文学家尼古拉斯·哥白尼发表了新理论。他假设,太阳是宇宙的中心,而地球和其他行星均绕太阳旋转,这才撼动了托勒密体系的地位。在哥白尼看来,行星的逆行可用地球绕太阳运行的位置来解释,地球运行的线速度比其他行星大,看到的现象就是行星逆行。直到 17 世纪初,才出现了两种理论对峙的严峻考验。意大利数学家伽利略改进了望远镜(并不是他发明的),并用它发现金星和水星都有像月亮一样的"相"。这一观测结果符合哥白尼的宇宙观,但与托勒密过去的观点相对立。第谷·布拉赫(Tycho Brahe)提出了折中的理论,他认为,行星在绕太阳运动的同时,太阳也在绕地球运动,伽利略的观测结果无法反驳这一理

I　帕萨迪那是美国大洛杉矶地区洛杉矶县的一个中等大小的卫星城市。人口 16 万左右,美剧《生活大爆炸》(The Big Bang Theory)中的主角们就住在这里。——译者

论。天主教也支持这种改进后的托勒密体系，并威胁伽利略，如果他还继续支持哥白尼的模型，就会将他处死。学过天文的学生都知道，伽利略最终宣布放弃哥白尼模型，才得以幸免于难，但他的后半生一直被软禁在家中。因此，对于那些相信宇宙中不止一个地球的天文学家来说，事情的进展很糟糕。

有一位致力于寻找行星的圣徒，他叫焦尔达诺·布鲁诺（Giordano Bruno），是 16 世纪末的意大利哲学家。在天主教徒的眼里，布鲁诺是个极惹人厌的家伙，因为他信奉的所有东西都与天主教的教义相反。他相信宇宙中不止一个地球，也相信存在外星生命。1584 年，他出版了著作《论无限宇宙和世界》。他在书中写道：

> 宇宙中存在无数颗太阳，也有无数颗地球绕它们旋转，与我们所处的星系列无二致……这些世界的生存环境不会比我们的地球差。

就因为这句话，以及其他离经叛道的言论，布鲁诺最终被绑在木桩上处以火刑。与伽利略不同的是，布鲁诺拒绝收回自己说过的话，最终于 1600 年被烧死在罗马的鲜花广场。后来，人们在广场上竖立了一尊布鲁诺的雕像（见图 1.1）来纪念他，这尊雕像至今仍在那里。与现在相比，迪瓦里安常常安慰那些希望发现行星却没有结果的人说，虽然现在的科学家可能会失去资助，不过，好在他们研究活动不会像以前那样带来严重的后果。

宜居带和液态水的重要性

近现代时期，主流科学家提出了是否存在宜居行星的问题。这类行星所围绕的恒星不是太阳，这一观点产生了重要影响，包括法国数学家拉普拉斯（Laplace）在内的科学家，都对在恒星周围形成行星的理论进行了研究，并取得了进展。不久，就有天文学家开始猜测，

寻找宜居行星

图 1.1　竖立在意大利罗马鲜花广场的焦尔达诺·布鲁诺雕像。布鲁诺认为，宇宙中还有除地球外的其他世界，他是这一观点的早期拥护者，并因个人信仰而被处火刑[3]

这类行星是不是宜居的呢？1953 年，著名天文学家哈洛·沙普利（Harlow Shapley）写了一本书，对"液态水带"下的定义为，在行星系统的某一区域中，液态水可能存在于行星表面。[4]为厘清这一概念，沙普利承认这些年来生物学家发现的事实，即液态水对一切生命的形成至关重要。尽管有些有机体，尤其是形成孢子的有机组织，可以在没有水的情况下存活很久。但如果没有液态水，它们就不能进行新陈代谢或繁殖。生物需要液态水才能生存，其原因从化学角度可见一斑。如图 1.2 所示，水分子的形状是弯曲的。相比两端的氢原子，水分子中的电子更易受到中间的氧原子的吸引。因此，水分子是强极性分子（极性分子，指正电荷的重心与负电荷的重心不重合的分子，如水分子）。地球上的生命由许多复杂的含碳化合物组成，它们大多数是有极性的，可溶于水。当然可以想象，外星

旧谈：类地行星与生命

生命可能不像我们一样，是由含碳物质组成，而是由其他极性溶剂组成。但是，对大多数生物学家，以及像沙普利一样的天文学家来说，在含水的行星上寻找生命，不失为一个好的出发点。

生命离不开液态水，天文学家对此毫不惊讶，因为水是宇宙中含量最丰富的化合物。而组成水的两种元素——氢和氧，在宇宙中的含量分别位列第一位和第三位，第二位是氦元素。同时，在所有恒星上，氢和氧的浓度都很高。因此，大多数恒星周围的行星上，都可能含有水。我们还会发现，每颗行星的含水量都不同，所以，也不能期待所有行星上的水与地球上的水一样多。但是，我们不能因此而消沉，因为还是会有很多行星的含水量足以维系生命。

液态水还有一种性质，它有助于构建可供生命生存的稳定的行星环境。水分子的极性也使液态水的比热容很大。物质的比热容，是衡量一定量的物质加热到一定温度时，需要吸收多少热量或内能的物理量。某些水分子的正极会被其他分子的负极吸引，形成氢键，因此，水的比热容很大。水加热的过程中，需要额外的能量用于断开分子间的氢键，这些能量占大部分，只有很少一部分能量用于促进分子运动，而后者才是使水升温的原因。

液态水升温较慢，这一现象对地球的气候调节也有重要作用。比如，沿海地区的气候比内陆地区温和，就是因为海洋的比热容很大，可以极大地缩小温度变化的季节性周期。反之，地表比热容小，季节性周期就会显著。与地球运行的轨道相比，行星运行的轨道越扁（或者说越接近椭圆）、倾斜角越大，海洋和陆地的差异就显得更为重要（行星的倾斜角，是指其自转轴与其轨道平面的角度，地球的倾斜角是23.5°）。随着一年内不同季节的变化，这种行星的表面要么特别热，要么特别冷，不适合居住。然而，海洋的气温不会有太大波动，因此，海洋中的生命很少会受到这些因素的影响。因此，对生物化学和行星生命演化所需的宜居条件来说，液态水很重要。

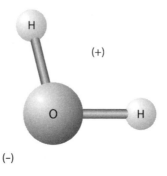

图 1.2　水分子的几何图形。靠近氢原子的一侧带正电,另一侧带负电。分子中的正负电荷的重心分离,对行星的宜居性和生命的存在产生重要影响

　　还要指出的是,对那些不属于沙普利所说的位于"液态水带"且地表没有液态水的行星,只要地下有液态水,也可能存在生命。火星就是其中的一个例子。尽管火星表面完全封冻,但由于其内核源源不断地向外释放热量,计算机模型预测,火星地表下几千米处可能存在液态水。若真是这样,类似于地球上产甲烷菌这种微生物——将氢气和二氧化碳转换成甲烷(并生成多种有机物)的单细胞生命——就有可能存在。本书第八章中会提到,观测结果显示,火星大气层中含有甲烷,这或许能证明火星的地下存在这样的生物。木卫二上也可能有地下水,所以,这颗星球上也可能存在以碳为主要元素的生物。[很多年前,科幻小说家阿瑟·克拉克(Arthur C. Clarke),在其小说《2010:奥德赛Ⅱ》中曾预言过这一观点。在克拉克的想象中,有一种像鱿鱼一样的生物,在木卫二的地下海洋中漂游。]美国国家航空航天局列出了一张候选天体的名单,未来将优先向这些天体发射不载人的行星探测器,最终发射载人探测器,火星和木卫二在其中名列前茅。之所以选择这些优先天体,是一件很公平的事情,毕竟,对天体生物学家来说,没有什么比真正发现并研究外星生命更有意思。

旧谈：类地行星与生命

一些天文学家喜欢研究其他恒星周围的行星上存在生命的可能性，但沙普利认为，只有位于"液态水带"的行星才会在地表有液态水，这个观点是有道理的。至少就目前而言，那些恒星都遥不可及，无法直接观测。只有通过地球上的望远镜才能观测到绕其运动的行星。在本书的前言中曾提到，我们其实可以通过光谱来研究行星，但也只能看到行星的大气和表面，无法直接观测到生命（假设存在生命）。因为只有存在于行星表面的生物，才能以一种我们可以察觉的方式，改变行星的大气成分。① 这样一来，生物就可以利用行星所在的母恒星所辐射的巨大能量，在行星上繁衍生息，并改变大气成分，就像地球上的光合生物那样。在本书的第十章，我们还会回到液态水带（或称"宜居带或生态圈"）的话题，毕竟，它才是在太阳系外寻找类地行星的关键概念。

卡尔·萨根与德雷克方程

过去四十年间，著名天文学家卡尔·萨根向大众普及了宇宙中是否存在生命的问题。感兴趣的，不仅是宇宙中的其他地方"是否存在生命"，还包括"是否存在智慧生命"，有朝一日，我们可以通过无线通信，与它们取得联系。1966 年，他与苏联天体物理学家什克洛夫斯基（I. S. Shklovskii）共同写了一本书，书名为《宇宙中的智慧生命》。[5] 书中，萨根用数学公式表示出能与这种生命进行通信的概率，即德雷克方程，不过，萨根在提出这个公式的过程中有自己的贡献，也有人说他希望将这个方程命名为"萨根-德雷克方程"。多年来，

---

① 火星大气中检测到甲烷，可能是生物成因的，如果真是这样的话，这种推测就有可能被否定。火星大气中的甲烷含量的上限是 10 亿分之 10 至 100，刚刚达到在地球附近被探测到的浓度，若要从恒星之间的距离进行探测，这样的浓度就显得太低了，没法探测到。因此，从实际情况出发，必须是行星表面的生命，才能形成可以探测到的大气特征信号。

寻找宜居行星

射电天文学家弗兰克·德雷克一直是搜寻地外文明计划（SETI）研究所的领导者。1961 年,在绿堤射电天文台召开了以宇宙中的智慧生命为主题的学术研讨会,德雷克和萨根进一步发展了德雷克方程,对引导会议的讨论方向作出贡献。德雷克方程提出,估算银河系中可交流型高级文明的数量,可以用七个参数的乘积来表示:

$$N = N_g f_p n_e f_l f_i f_c f_L$$

其中,N_g 是银河系中的恒星数量;f_p 是有行星的恒星所占的比例;n_e 是每个行星系统中类地行星所占的比例;f_l 是可维持生命繁衍的宜居行星所占的比例;f_i 是那些星球上的生命可进化成智慧生命的可能性;f_c 是智慧生命可远程交流的可能性;f_L 是这些行星上维持技术文明的时间占整个行星生命周期的比例。

德雷克方程实际上是不可解的,因为它包含许多(至少四项)我们无法估算的量。尽管如此,我们还是在本书第十五章,用搜集到的信息尽可能作一次尝试。现在,回到在系外行星搜寻时代到来前,我们已经知道的一些信息。对银河系中一些代表性天区的恒星进行统计,可以发现,方程中的第一项 N_g 约为 4×10^{11},即 4 000 亿。因此,只要方程中的其他几项参数接近 1,N 就会很大。而且,如果那些智慧文明正好离我们很近,可以通过如图 1.3 所示的阿雷西博大型射电望远镜与它们交流,尽管会很慢。萨根对这个问题的看法相当乐观,在自己后来出版的《宇宙的联系》[7]一书中,他认为,N 值估计约为一百万。如果这一估值正确,那么,离我们最近的智慧文明,到地球的距离可能不会超过几百光年。

最后,就像萨根预测的那样,我们都试图回答这个问题:宇宙中是否存在其他智慧生命呢? 建立搜寻地外文明研究所的目的就在于此。不过,许多科学家只要能估算出德雷克方程的前四项,就已经很

图 1.3　坐落于波多黎各的阿雷西博天文台的大型射电望远镜。望远镜的盘面直径达 305 米。如果真的存在地外文明，像这样的望远镜可用来与它们进行联络[6]

高兴了。因为有了这四项，就能知道存在宜居行星和地外生命的概率。本书中，我们会着重介绍这几项，但要提醒的是，就算我们能成功地估算出这几项的数值，是否存在地外智慧生命这个终极问题仍然还没有解决。

我要为讨论加一个备注：本书写于 2008 年初，那时，阿雷西博射电望远镜由于经费短缺而面临被停用的危险（大部分经费来自美国国家科学基金会）。阿雷西博射电望远镜的经费短缺，与搜寻地外文明计划（SETI）没有"一毛钱"的关系，因为直到现在都没有用过这个望远镜搜寻地外文明，它只是在其他望远镜搜寻时，偶尔做一些应答性工作。阿雷西博望远镜的停用，只是意味着我们失去了一个搜寻银河系、寻找地外生命的有力工具。不过，或许还有其他办法来做这些事（见第十五章），所以，还是让天文学家去决定阿雷西博望远镜的未来吧。

行星宜居性的其他观点——《稀有的地球》和地球之母盖亚[II]

对于宇宙中其他星球上存在生命的可能性，并非所有作者都像卡尔·萨根一样充满信心。2000 年，由彼得·沃德（Peter Ward）和唐纳德·布朗利（Donald Brownlee）合著的《稀有的地球》（*Rare Earth*）一书出版了，直接挑战卡尔·萨根。[8]沃德是一名古生物学家，研究过小天体撞击和大规模生物灭绝，也写过许多畅销的科普书。布朗利是一位天文学家（也是美国国家科学院杰出院士），以测量从太空中掉落到地球大气层的行星际尘埃颗粒而闻名于世。这些微小颗粒有时也被称为"布朗利颗粒"。

《稀有的地球》一书要传达的观点是，复杂生命，也就是作者所说的动物和高等植物，在银河系中十分罕见，大概在整个宇宙中也很少。人类和假想中的外星生命都是动物，这也能说明智慧生命很少。根据假设，简单的单细胞生物可能到处都是；因为作者并没说生命本身很少见。但按他们的意思，地球为高等植物和动物的进化创造了独特稳定的环境。为此，作者给出了很多理由，首先是板块构造学说（沃德和布朗利都认为这是一种并不常见的地质过程），其次是受月球影响，地球自转轴（spin axis）在统计意义上达到稳定（大家基本同意，地球与像火星差不多大小的天体发生碰撞时，就会产生这种现象）。在作者看来，宇宙中会发生这样那样的意外现象，导致了复杂生命在地球上的进化，但同样的事基本不可能发生在其他固态天体上。因此，人类很可能是银河系中绝无仅有的物种。

《稀有的地球》给出的假设可能无法在未来几年里得到直接验证。本书讨论的寻找行星的任务，很有可能无法鉴别微生物和复杂

[II]　盖亚（Gaia）：具有自我组织和自我控制能力、由单一自然系统组成的地球。——译者

多细胞生物。第九章中还会提到《稀有的地球》，但由于许多沃德和布朗利提出的观点与行星宜居性无关，因此我们只能直接讨论是否存在像地球一样的行星的问题。除此之外，如果我们想估算出德雷克方程中的 N 值，还应考虑复杂生命的问题。

还有一种判断行星是否宜居的办法，与之完全不同，就是詹姆斯·洛夫洛克（James Lovelock）和林恩·马古利斯（Lynn Margulis）提出的"盖亚假设"。这个假设的名字是从希腊神话里来的，地球之母盖亚是代表大地母亲的女神。洛夫洛克来自英国，是一名科学家与发明家，他曾在假设的基础上写过很多书。[10—13]美籍生物学家马古利斯是卡尔·萨根的前妻，在进化论领域颇有建树，尤其是她提出的内共生学说Ⅲ，即真核生物（动植物）通过合并其他独立生存的生物，形成了自己体内的特定细胞器。马古利斯和洛夫洛克在论文和著作中提出，在地球45亿年的历史中，生命本身对地球的宜居性起到了重要作用。在第三章中会讨论洛夫洛克对"黯淡太阳问题"的分析，上述观点就是从他的分析中发展而来的。洛夫洛克认为，光合生物从大气中吸收二氧化碳的吸收率，刚好相当于太阳光度随时间的稳定增长。尽管洛夫洛克模型中的生物群没有对这个过程进行有意识的控制，他还是认为，它们作为一个神经网络控制系统，不仅对抗了这种扰动，还在整个地球历史中调节了地球的气候。若该观点成立，则说明行星上必须存在生命，才能维持其宜居性。如果反过来说也是对的，那么"宜居行星是否存在"这个问题，就与"除了地球，生命是否还能发源于其他星球"两者之间密不可分。第九章中，我们还会讨论地球之母盖亚，看是否同意洛夫洛克的说法。

我们大致回顾了宜居行星研究的简史，但并不全面。许多科学家和哲学家都曾经猜测过，宇宙中的其他地方或许存在宜居行星和

Ⅲ　内共生学说：关于真核细胞起源的理论假说。——译者

图 1.4 地球之母盖亚(希腊神话中代表大地母亲的女神)的画像[9]

生命。就像我们看到的那样，这场争论断断续续地持续了几千年，至今未有定论。不过，如今再来看这个问题，比以前更及时，更激动人心，因为现在的天文学家很有可能通过观测，就能回答这些问题。若果真找到类地行星和地外生命的话，将对哲学产生深远的影响。这样的发现将给我们带来翻天覆地的变化，其轰动程度绝不亚于伽利略提出地球绕太阳运动对我们的影响。

第二部分：我们的宜居行星——地球

详细描述我们的地球是如何形成的，以及为什么尽管太阳在逐渐变亮，地球还偶尔受到几乎难以想象的气候灾难的威胁，纵观整个历史，地球依然是一颗宜居行星……

行星是如何形成的：重大进展

在介绍如何寻找宜居行星之前，我们最好先简要回顾一下行星是如何形成的。就我们想到的那样，这个问题对行星是否宜居起着决定性作用。尽管有很多关于这一话题的论文和著作，包括前言中提到的布勒克的书。很多读者对相关观点可能了解得并不全面，尤其是近几年刚提出的新理论。同时，尽管布勒克对这个问题的介绍非常清楚，但他主要是站在地球化学家的角度来阐述观点。因此，他重点讨论的是行星和陨石中的化学元素含量，介绍用放射性测量法测定年龄以及地质年代等重要概念（布勒克的论述和本书前两节给出的部分材料有所重叠，因为我俩都对维持行星宜居性的因素很感兴趣）。天文学家也对行星的形成提出过很多理论假设，但他们的方法主要基于力学研究。所以，现在我们简要回顾一下近期天文学家对这个问题的看法，稍作笔记，看看在行星的形成过程中，哪些因素对行星的宜居性影响最大。

行星形成的传统理论

早在布勒克写书时（1985年），天文学家就认为，他们已经形成了完备的理论,来解释行星的形成过程:气态星际云坍缩后,混杂着尘埃的,形成了恒星与行星。该理论至今仍受到广泛认可。在人类生活的太阳系中,星云的中心部分坍缩,形成了太阳,其余物质旋转拉长成盘状,一般称其为太阳星云。[1]如今,我们可以用望远镜在许多年轻恒星的周围看到这种行星盘,因此知道确实存在这种物质。图2.1 是绘架座 β 星周围的行星盘,由哈勃空间望远镜(Hubble Space Telescope)拍摄,是人们第一次直接获得这类行星盘在可见光波段的照片。

行星形成的第二阶段,至今仍然争议不断,无从下定论。大多数天文学家认为,行星形成于行星盘冷凝后的固态吸积物。"吸积"过程是指轨道上的粒子相互碰撞,形成更大的星子[II],最后变成行星。金星、地球等岩石质的类地行星,基本上形成于这种大块的固体物质。像木星、土星这种气态行星,我们也认为它们有吸积形成的固态内核。这些内核长到大于地球质量的 10—15 倍后,就可以从相邻的太阳星云中捕获气态的氢和氦。最大的气态行星木星,质量超过地球质量的 300 倍,其组分和太阳很相近,这说明木星中的大部分物质都是靠引力从星云中吸积而来的。还有一些天文学家,如华盛顿卡内基学院的艾伦·博斯(Alan Boss),就认为气态行星的形成机制可能和恒星一样,都是靠行星盘的引力坍缩形成。要是我们向木星发射宇宙飞船,探测它是否存在岩石内核或冰冻内核(可以通过对木星引力场的精细研究获得),或许就能解决上述问题。但这项探测在技术上还存在一些困难,还不知道能否给出确切答案。因此,到目前为止,只能选择求同存异,用标准的固体内核吸积模型,来解释类地行

I　形成太阳系内各类天体的原始物质,主要由气体云和尘埃云组成,广袤而稀薄,结构较对称。——译者

II　太阳星云的组成部分,存在于原行星盘和残骸盘内的固态物质。——译者

行星是如何形成的:重大进展

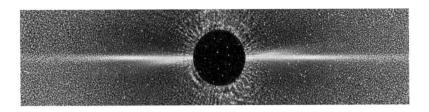

图 2.1　绘架座 β 星周围的行星盘。注意,该照片对应的尺度很大。海王星轨道距太阳约 30 天文单位,与之相比,绘架座 β 的行星盘远远超过了我们太阳系的边界。图中,位于中心的恒星被遮挡了(图片来自 NASA 图库)

星和气态行星的形成过程。

　　除了绘架座 β 星的行星盘这个例外,行星形成的其他大多数过程在 25 年前就已确定。对于太阳系的结构为何如此,为何以岩石为主的类地行星在太阳系的内侧,而气态行星靠近太阳系的外侧,天文学家有一套很好的解释理论。内侧的行星是岩石质的,因为太阳星云的内部温度更高,而冷凝点最高的是岩石质的物质(或者说,它们沸点高);因此它们是唯一能在炽热的太阳系内部冷凝下来的物质。亚利桑那大学天文学家约翰·刘易斯(John Lewis)创建了"平衡冷凝模型",用于解释行星的形成,在此模型中,他详细讲解了上述思想。[1]他假设,不断生长的原太阳[III]周围环绕着气体和尘埃组成的太阳星云,其整体组分和太阳本身相同。①刘易斯认为,星云中不同物质的冷凝顺序如下:

　　1. 熔点极高的钙、钛、铝、镁的含氧化合物($CaTiO_3$, $Ca_2Al_2SiO_7$, $MgAl_2O_4$)

　　2. 铁镍(Fe-Ni)金属合金

　　III　形成太阳的弥漫、等温密度均匀的星云。——译者

　　①　刘易斯还假设,太阳星云和太阳的质量也相同,估计值可能比实际值至少大 10 倍,但我们完全可以忽略模型中的这部分,因为它对刘易斯假设的影响很小。

3. $MgSiO_3$(顽火辉石)——地幔中大量存在的硅酸盐矿物

4. 碱铝硅酸盐

5. FeS(陨硫铁)——硫化亚铁矿物

6. FeO 硅酸盐(含铁硅酸盐)

7. 含水硅酸盐——含化学束缚水的硅酸盐

8. H_2O(水)

9. NH_3(氨气)

10. CH_4(甲烷)

11. H_2(氢气)

12. He(氦气)

位于榜首的高熔点含氧化合物,是只有在极高温度下才能蒸发的化合物。而列表后半部分则是易挥发的化合物,熔点较低。或者换句话说,这些物质在室温下是气体。排在最后的两种物质是氢气(氢分子)和氦气(氦分子),只有在极低的温度下才能凝固。因此,它们在太阳星云中可能常常以气体形式存在。

仔细看看刘易斯的列表,就能发现为何我们在太阳系中观测到的行星组分是目前这种情况。类地行星的位置离太阳更近,由金属氧化物、铁、铁镍合金组成,也只有这些化合物才能在太阳星云最热的内层保持凝固状态。根据刘易斯模型,在距太阳 5 AU 处(1 AU 即 1 天文单位,相当于日地平均距离),星云的温度可降到水的冰点。木星距太阳 5.2 天文单位,这一例子可以很好地说明问题。在第一章中提到过,氧元素是太阳上也是太阳星云中的第三大元素,因此,当水开始凝结成冰时,行星盘中的固体粒子数量就会极大地增加。这使木星的内核增长得极快,迅速超过地球质量的 10 倍,从而在太阳星云消失前从星云中捕获气体。根据过去 20 年对年轻恒星周围行星盘的研究,可以说明原恒星的行星盘最多只能维持几百万年的时间，随后就会因行星的形成或其他过程而消失。

刘易斯模型还能解释一个我们尚未提到的观测结果。包括冥王星在内，有四个处于太阳系外侧的矮行星，人们将其重命名为"类冥天体"，它们的组分不同。前文提到过，木星的元素组分和太阳最相近。而土星的氢和氦与木星相比就低了三个数量级。至于天王星和海王星这两个太阳系边缘的行星，它们的氢、氦含量就更少了。它们大多由刘易斯列表上排名第八至第十位的物质组成：水（H_2O）、氨气（NH_3）和甲烷（CH_4）。在太阳星云冰冷的外缘区域里，这些物质冷凝成了冰冻的固体，但由于离太阳越远的行星，绕太阳一周的时间也越长，它们的冰冻内核不会像木星的内核一样增长得那么快。因此，早在这些行星形成前，大多数气体和尘埃应该就已从星云中逃逸掉。事实也的确如此，天王星（地球质量的 14.5 倍）和海王星（地球质量的 17 倍）基本上还保留着冰冻内核，如今我们将其分类为冰冻行星，而不是气态行星。第八章中还会讲到，它们的形成过程可能会更复杂，它们的轨道位置可能发生了改变，从原始所在的位置向外侧进行了迁移。太阳系包括木星、土星在内的其他行星，或许在形成之初，在气态的太阳（恒星）星云的引力影响下，也发生过迁移。但是，这种观点是科学界近期提出的，不算是"传统观点"，因此，我们会把它放到后续章节中介绍。

地球之水何处来

刘易斯提出的平衡冷凝模型中的关键，在于解释地球上的水是从哪里来的。刘易斯假设，地球上的水来自硅酸盐矿物的水合物，如蛇纹石（Mg,Fe）$_3Si_2O_5(OH)_4$，绿泥石（Mg,Fe,Al）$_6(Si,Al)_4O_{10}(OH)_8$。从这些长长的化学式中，我们可以看出，这些物质都是把水分子纳入自身的化学结构中。根据刘易斯列表，这些化合物对应的冷凝温度，应在水冰与含铁硅酸盐之间。因此,地球和火星上含有硅酸盐矿物的水合物,而金星上则没有。刘易斯按照自己的这套理论,与其他科学家争论了许多年。他坚持认为金星在形成之初是干燥无水的,或者说,金星刚形成时可能有很多水,就像地球一样,但在温室效应的作用下,这些水逐渐散失掉。第六章中会进一步解释这个理论。

很多观测结果证明,太阳星云中可能含有水合硅酸盐矿物。一些特定类型的陨石,尤其是碳质球粒陨石[IV],都是由这种物质组成的。碳质球粒陨石,就像图2.2所示的阿连德陨石,是一种原始的、未分异的陨石,其中挥发性物质的含量很低,氢和氮的含量也很低。人们认为,这种陨石的成分与原始太阳星云的成分相近(与之相反,铁陨石则被看作是星子铁核的碎片,即星子长到极大后,铁核分裂或分异形成的)。碳质球粒陨石富含水与有机物,如下文所述,它们很可能是地球上的碳、氮、水的主要来源。如今在地球上发现的陨石,一般形成于小行星带的外侧,距离太阳2.5 AU—3.5 AU。从距离太阳1 AU处的星云中冷凝的物质,可能会比陨石干燥得多。其实这是一件好事,如果地球都是由碳质球粒陨石形成的,那么,地球上的水就会太多,几乎是现在水量的300倍。刘易斯认为,组成地球的大部分物质并不是从碳质球粒陨石这种物质形成而来的(澳大利亚的地球化学家特德·林伍德在科学文献中提到过这种观点[2])。地球可能是由普通球粒陨石形成的,这种陨石的含水量比碳质球粒陨石要低得多,但仍能形成相当于地球海洋中的水量(约1.4×10^{21}千克),而地球整体的质量约为6×20^{24}千克。

刘易斯模型的关键,在于解释水合硅酸盐矿物最初是如何形成的。尽管他的模型预测,在距离太阳1 AU处,这些物质在热力学上会更稳定,但如果要在星云中通过冷凝的硅酸盐矿物与气态水的直

[IV] 富含水与有机化合物的球粒陨石,成分主要为硅酸盐,有橄榄石和蛇纹石两种矿物。人们认为其保存了最主要的太阳星云成分。——译者

行星是如何形成的:重大进展

图 2.2　阿连德碳质球粒陨石。一般认为,这种陨石的成分与原始太阳星云的成分最为相近[3]

接相互作用,来形成这些物质,所需的时间比宇宙的年龄还要长。[4]因此,这种化学反应无法在距离太阳 1 AU 处进行。好在碳质球粒陨石中的水合硅酸盐矿物可以用别的理论来解释。水可在小行星带外侧冷凝成冰,只不过要比在木星内核形成冰的时间更晚一些。一旦冷凝成冰,就可以聚合成星子。星子也含有放射性核素,包括寿命很短的铝-26,可以在衰变过程中放出热量。星子中的热量将冰融化成液态水,后者再和周围的硅酸盐矿物发生水合反应。

　　由此可知:行星形成的过程,肯定比我们一开始想象的要复杂。地球的某些成分,包括水和其他易挥发的物质,肯定是从太阳星云中的某个地方冷凝而来,然后形成行星。公平地说,刘易斯 1984 年写书时就已经发现了这一现象。而关于这一切是如何发生的,他还没有提供合理的解释。

行星吸积和水的产生:新的模型

　　这个新的模型把我们带至现代。在过去的 20 年里,在从理论角度理解行星的形成方面,天文学家取得了突飞猛进的进展。这种进展在很大程度上得益于计算机技术的进步。很多读者知道,在过去几十年里,计算机的计算能力呈几何级数增长,后来就有了摩尔定律。摩尔定律指出:基本上每两年,计算机的计算能力就会增加一倍。虽然不会一直持续下去,但近几年计算机发展的实际情况,也证明摩尔定律的准确性。利用计算机技术的进步,天文学家为行星的成因研究带来很多新的认识。

20世纪六七十年代,计算机还未出现时,人们就已经迈出了行星建模的重要一步。俄罗斯天体物理学家维克托·萨夫罗诺夫(Victor Safronov)构建了分析模型,详细分析行星形成的吸积过程(这种分析模型不需要借助计算机,只用铅笔和纸就能解出方程)。[5]萨夫罗诺夫推测,许多小天体运行在靠近现在的行星轨道的吸积区中,通过捕获这些小天体,行星的体积就会增长。所有的行星都有能力清空自己所在的圆形轨道附近的一圈环形物质。结合上文讨论的刘易斯模型,萨夫罗诺夫的理论详细说明了行星应该含有哪些物质。就像我们已经知道的那样,这个假设无法解释地球上水的来源。

20世纪80年代,华盛顿卡内基学院天文学家乔治·韦瑟里尔(George Wetherill)获得了一些研究成果[6—8],极大地改变了行星吸积的观念。韦瑟里尔很早就研究过地球的年龄,后来也研究过陨石的年龄,在地球化学家中的名气很大。成为天文学家后,他用计算机改进了萨夫罗诺夫的行星吸积模型,在天文领域里也享有盛名。那时计算机的运行不如现在快,所以,以现在的标准来看,韦瑟里尔的模型不够精细。不过,韦瑟里尔也是一位数学家,头脑很聪明。他改进了爱沙尼亚天文学家恩斯特·欧皮克(Ernst Öpik)提出的用于计算陨石轨道的数学方法,用它研究行星的吸积过程。鉴于对行星形

行星是如何形成的：重大进展

成的整个过程进行模拟是一件十分困难的事，而且到现在也没有办法实现，因此，他没有模拟行星形成的整个过程，而是从已经长到约月球大小的星子开始研究（月球的质量约为地球质量的1/80）。为使该模型的计算更快，他只考虑了太阳系的内侧部分，也就是有类地行星的区域。与萨夫罗诺夫模型不同的是，在韦瑟里尔模型中，随着星子体积的增长，星子之间会产生引力相互作用。事后他发现，正如他所料，星子之间的相互作用果然给各自的轨道带来了巨大影响。结果，许多星子在形成之初明明是在星云中的这个位置出现，最终形成的行星却在另一位置。这说明，组成行星的物质来自太阳系中到太阳的轨道距离不同的地方。尽管韦瑟里尔的计算有时无法在 1 AU 处形成类似地球的行星，但是，这个位置形成的行星包含的物质，最远可追溯到小行星带区域。这正好是我们所希望的结果，因为可以用它解释地球上水的来源。根据韦瑟里尔的计算结果，含水丰富的小行星带里，一颗中等大小的星子所含有的水量，就足以在地球上填满一片海洋。

韦瑟里尔模型还可以得到另一个重要的预测。他提出，吸积过程的最后阶段受到了大碰撞作用的主导。这里的"大"是真的很大。第九章中会用很大篇幅介绍这部分知识，形成月球的那次撞击，可能涉及一颗至少有火星这么大的星子。火星质量大概是地球的1/10，所以说，这次碰撞真的是一次超级大碰撞。在韦瑟里尔模型发表前，人们还从来没有假设过这种级别的碰撞，就算有人想过，也觉得它只能存在于幻想中。如今我们知道，太阳系历史上很可能发生过这样的事，尽管我们或许无法证明，"撞出月球"这样的事是很常见的，因为这种规模的撞击，不但要有合适的相对速度，还要保持一定的角度。

地球上的水可能来自彗星吗

水和其他易挥发性物质的另一个可能来源,是彗星。彗星是一种小天体,直径从几千米至数万米不等,基本上由冰和岩石以相等比例组成。它们形成于太阳系外侧,也就是在海王星轨道以外(约等于 30 AU)。通常情况下,即使用最好的望远镜也无法观测到它们。但它们有时会运行到太阳附近,经过加热,彗星中那些易挥发的冰就会形成一条尾巴,这样就被我们观测到了。天空中最亮的彗星,如哈雷彗星和百武彗星[V],晚上可以用肉眼观测到,但要选择在远离城市灯光的地方。

如今,我们观测到的彗星都来自两个地方:奥尔特云或柯伊伯带(见图 2.3)。奥尔特云环绕在太阳系周围,犹如由彗星组成的球壳,从太阳延伸至大概 50 000 AU 远,距离太阳已经接近一光年(相当于太阳到最近的恒星——比邻星距离的 1/4)。大多数长周期彗星来自奥尔特云,其中,很多彗星我们只能观测到一次。它们在太空中的轨道随机分布,近似为椭圆形。柯伊伯带位于太阳系黄道面内、海王星轨道之外,里面都是彗星。短周期的彗星大多来自柯伊伯带,多为顺行轨道(与行星的运行轨道方向相同)。而且,这些彗星的轨道平面或多或少都与行星的轨道面齐平。许多长周期彗星会与行星近距离遭遇,由于运行轨道受到扰动,就变成了短周期彗星。比如,哈雷彗星就是一个例子,它的轨道周期为 76 年,是一颗短周期彗星。但这颗彗星的轨道面与黄道面(地球运行轨道所在的平面)成 18°角,

---

[V]　发现于 1996 年 1 月 30 日,发现者为日本的百武裕司,正式编号为 C/1996 B2,远日点距离地球为 3 410 天文单位。——译者

26

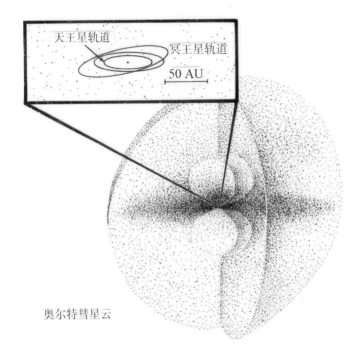

图 2.3　奥尔特云与柯伊伯带示意图[9]（图片来自美国国家航空航天局喷气推进实验室的唐纳德·约曼）

且为逆行轨道,也就是说,哈雷彗星最初很可能是从奥尔特云过来的。

　　由于彗星上含有大量水冰,原则上来说,它们可能是地球上水的来源。多年来,这个理论在行星科学家中很是盛行[10],尤其是它或许还能解释,地球大气中的稀有气体为何那么多。① 彗星还含有其他易挥发性物质,包括复杂的有机碳化合物。因此,有些科学家认为,

---

　　① 欧文等人提出的"彗星物质传输模型"[11],可以合理解释大气中重的稀有气体的含量比值,如氩、氪、氙。比较而言,如果根据地球大气中的稀有气体由小行星带来的模型,目前大气层中的氙含量就显得过高。

彗星对地球生命的起源有直接贡献。[12,13]

过去 20 年间，地球上的水大多来自彗星这一观点不再受到推崇。主要是科学家已经测出了三颗彗星的氘与氢的比例：哈雷彗星、百武彗星与海尔-波普彗星。氘（D）是氢（H）的同位素，原子核中含有一个质子和一个中子。正常的氢原子只含有一个质子。海水的 D/H 比为 $1.56×10^{-4}$。研究发现，这三颗彗星中的 D/H 比约为海水的两倍。[14]① 如果太空中的所有彗星都是这样的话，那么，它们就不可能是地球上大部分水的来源。第六章中会更详细地探讨这部分内容。如果行星上氢的逃逸速度比氘更大，那么，行星大气中的 D/H 比会随时间而增大，不可能是相反的发展情况。与之相比，来自小行星带的碳质球粒陨石中，D/H 比的变化范围很广，但它们的平均值与地球海水的 D/H 比接近。因此，这些数据显示，地球上的水主要来自小行星。

模拟行星吸积的新进展

当今时代，随着计算机技术的飞速发展，模拟行星吸积过程变得越来越精细化。如今，天文学家用所谓的"n 体代码"来进行模拟。

---

① 质疑者或许会说，三颗彗星的样本量太小，不足于得出结论。何况，哈雷彗星、百武彗星和海尔-波普彗星，都是来自奥尔特云的彗星。或许，柯伊伯带的彗星 D/H 比更小呢？这种理论听起来也许很有道理，但它并不正确。富含有机物的尘埃颗粒更像 D/H 比高的星际尘埃。所以，原始太阳星云中物质的 D/H 比，随着与太阳距离越远而越大，因为距离太阳越远的地方温度越低。同时，还有一点很矛盾，尽管奥尔特云到太阳的距离比柯伊伯带还远，但人们仍然认为，组成奥尔特云的彗星都形成于离太阳较近的地方，它们中的大多数形成于天王星与海王星之间的区域。[15] 与之相反，柯伊伯带的彗星就是在如今它们所处的位置形成的：海王星轨道外的地方。因此，据推测，当人们开始着手研究柯伊伯带的彗星时，它们的 D/H 比会比刚刚观测过的彗星的 D/H 比更高。

行星是如何形成的:重大进展

该代码中,给出特定数量(n 个)天体的初始位置和速度,然后,让它们根据牛顿万有引力定律进行相互作用。必要时,可引入爱因斯坦对牛顿定律的修正,如广义相对论(有时,这种修正也是有必要的,如在精确计算太阳系中水星的轨道时)。图2.4给出了不久前的一次分量吸积过程模拟。这次计算从太阳开始,向外延伸至5 AU处,足以包括太阳系最内侧的四颗行星,但不包括四颗巨行星。计算过程从1 885颗不同大小的星子开始算起,每颗星子的平均质量约为月球质量的一半。这些星子在与太阳不同距离的轨道上环绕,在0.4 AU至5 AU之间随机分布(图2.4左上图)。假设计算刚开始时,轨道的偏心率和倾角为0(偏心率是用于度量行星轨道椭圆程度的物理量,偏心率为零的轨道为圆形;倾角是行星轨道面与行星系统轨道平面之间的夹角,夹角采用平均值,或假设值不变)。图中没有把质量相当于木星的行星显示出来,但它应该位于计算结果所在的圆轨道之外,距离太阳约5.5 AU处。含水量为5%的富含水的星子,出现在距离太阳2.5 AU外。

在上述模拟行星形成过程计算中,出现了很多有趣的现象,在这里我们只讲其中的几个。在计算过程中的几十万年后,行星胚胎从它们最初所在的位置,开始向里或向外移动,总是试图移到偏心率大、倾角大的轨道上。原因是它们之间有引力相互作用,或者说,它们会因引力作用而相互影响。最重要的是,2.5 AU以外的富含水的星子,通常向太阳系行星系统的内侧移动。有些星子被合并入离太阳很近的行星。在该模型中,0.98 AU处形成了一颗质量为地球两倍的行星,与地球的实际运行轨道接近。除了比地球大之外,这颗行星比地球更富含水。地球上水的总质量(包括地幔中的水)只占地球总质量的1/1 000,或者说0.1%。与之对应,图中的行星的含水量应该接近1%。如果存在这样的行星,它上面的海洋深度应该可以达到

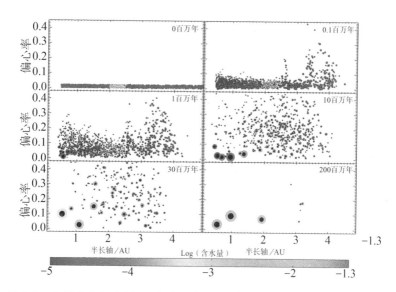

图 2.4 在距离太阳 5 AU 以内的区域,模拟特定行星的吸积过程(原图为彩图)。横轴是行星的半长轴,也就是行星到太阳的平均距离。图中的点表示大的星子,专业术语为行星胚胎,其中有些星子会成长为行星。纵轴上的点表示星子的偏心距,点的大小代表星子或行星的质量。理论模拟只计算到太阳系形成后的两亿年以内(图片来自雷蒙德等,2006[16])

30—40 千米,而地球上的海洋深度只有 3—4 千米。天文学家将这种行星(目前还只是一种假说)称为“海洋行星”。

如图 2.4 所示,模拟计算也给出了其他结果,如在 0.55 AU 处形成一颗质量为地球 1.5 倍的行星,1.9 AU 处形成一颗与地球质量相同的行星。这两颗行星上都富含水。靠里的这颗行星刚好在太阳系宜居带的内侧。稍后,我们会讲到什么是宜居带。如果真实的行星系统中存在这样的行星,那么,它上面的水很可能会由于温室效应而逃逸,详见第六章。靠外侧的这颗行星靠近宜居带的外侧,或者说在宜居带之外,因此,这颗行星表面的水都会被冻成冰。

以上计算结果,只代表太阳星云在一种可能的初始条件下,会出

行星是如何形成的:重大进展

现的特殊结果。天文学家做了很多类似的模拟计算,得到了很多不同的结果。这些结果各不相同,与我们的太阳系也不同。在一些模拟中,类地行星区域会形成三四个地球那么大的行星。在其他模拟中,也有人得出只能形成一颗大的行星的结果。出现不同的模拟结果的部分原因在于人们假设的、计算刚开始时的星子大小不同,人们对这种情况的了解有限,因为这个模型无法呈现行星吸积早期阶段的实际情况。还有一个因素会在很大程度上影响模拟计算的结果,那就是不知道会不会有木星这么大的行星形成于我们的研究区域外。木星实在是太大了,它的引力会影响所有在其内侧运行的星子和行星的轨道。确实,人们认为这就是为什么小行星带存在于距离太阳 2—3.5 AU 的地方。因为木星的轨道位置离这个区域很近,木星的引力对那里的影响很大,星子无法通过吸积形成行星。木星也会扰乱小行星带,有时会将小行星从原先准确而稳定的轨道上甩出去,把它们推送到可能与地球轨道相交的地方。在沃德和布朗利提出的"稀有地球"假说中,这是影响行星宜居性的一个因素,在第九章中还会论述这个话题。

行星吸积过程的模拟计算的结果具有随机性,从本质上讲就是概率。就算人们假设的星子大小相同,也都假设外侧有一颗与木星质量相近的行星,但只要稍稍调整一下星子的初始速度或位置,就会得到不同的计算结果。换句话说,通过吸积形成行星的过程有点像掷骰子。每次计算的结果都有可能不同,其中的原因就在于连续两次掷出相同点数的概率太小了。因此,这些模拟计算的结果说明,行星系统或许千差万别,因为初始条件稍有更改,结果就会不同,同时,引力相互作用(包括撞击)也会对此有影响。

这种模拟计算的另一个收获是,形成于行星系统内侧的行星,含水量可能比地球多,也可能少。因为有些行星刚好吞并了 2.5 AU 以外的富含水的大型星子,而其他行星却没有机会吞并。再说,计算结果有随机性。如果我们做多次模拟计算,数一数形成的类地行星,就会发现,其中含水量大的行星,要比含水量少的行星多得多。[17] 因此,如果这些模拟计算真的能代表行星的形成过程,那一定会有很多岩石行星,含水量至少跟地球一样多。而这样的结果自然预示着,寻找外星生命很有前景。

气候长期稳定

我们有足够的理由相信,其他恒星周围也有可能形成类似于地球的行星。但随着时间的推移,它们能一直保持类似地球的环境吗?这个问题很难下定论,因为它引出了我们在第一章中简单提到过的一个问题"黯淡太阳悖论"。尽管我们现在把太阳看作是持续稳定的能量来源——我们会用"太阳常数"来描述地球大气最上层的辐射通量——一般认为,这个值在长的时间尺度内会有很大变化。具体来讲,大约 45 亿年前,太阳刚刚形成时,它的光度比现在要低近 30%,自那以后,太阳光度近乎以线性增长。[1] 由于其他物理量都没怎么变,这说明,在地球的前半生,地球表面应该是一片冰天雪地。不过,我们也知道,地球表面应该不是完全冰冻的,因为地球上液态水和生命存在的时间,要远比那段时间长。太阳演化理论和地质学之间似乎有点不太协调,我们把这种情况称为"黯淡太阳悖论"。其实,这并不是个悖论,只是个问题而已。而且,我们还会看到,这个问题已经有了很好的答案,还不止一个答案。讨论答案之前,我们需要先弄清楚,为什么会出现这样的问题。

太阳演化理论

恒星演化理论是现代天体物理的一大成就。20 世纪 50 年代至

60 年代,马丁·施瓦茨席尔德和弗雷德里克·霍伊尔等天体物理学家已经为此打下了坚实基础。[①] 以他们两人为代表的天体物理学家,利用第一性原理预测了恒星是如何形成的,又是如何演化的。

驱动太阳演化的物理机制很简单,不过,细究这个过程却很复杂。但有个关键因素大家都认同,即太阳通过核聚变才能获得能量,只有 19 世纪时的开尔文勋爵等人,是反对这一观点的最后几位代表人物。核聚变,是将两个或两个以上较轻的原子核,合并成重原子核的过程。对太阳来说,核聚变反应方程式为 $4{}_1^1H \rightarrow {}_2^4He +$ 能量。这里的 ${}_1^1H$,是原子核中只有一个质子的氢原子,因此质量数为 1。${}_2^4He$ 是原子核中有两个质子和两个中子的氦原子,质量数为 4。一个 ${}_2^4He$ 原子的质量要比四个氢原子的质量稍小,因此,这个核聚变反应过程会释放出能量。爱因斯坦在一百年前就已经阐述过这一观点。核聚变反应在太阳的日核进行(见图 3.1)。能量以辐射的方式向外传输到一定深度,然后,以对流的方式传输到太阳表面。最终从光球层(也就是太阳的可见表面)发射出来,主要是可见光和近红外辐射。

日核发生核聚变的原因,一是温度很高(约 1 500 万 K),二是密度很大,这是发生核聚变反应的必要条件。为什么这样说呢?我们需要先了解核聚变反应的过程才能搞明白。日核的温度很高,高到能使原子完全离子化,也就是说原子核外的电子已经逃逸。这样一来,${}_1^1H$ 就只剩下一个质子,带正电。为了让它和另一个质子聚变,两个粒子必须以相当大的速度朝对方运动,才能克服两个正电荷内部的静电斥力。一旦离得足够近,强烈的原子力就能克服静电

---

① 像我一样资深的科幻迷可能以为,弗雷德里克·霍伊尔是 20 世纪 50 年代的经典作品《黑云》的作者。书中,星际云(后来变成活的了)来到太阳系,从太阳中吸取辐射能为食,并因此切断了地球上的太阳光。很多人也知道,霍伊尔提倡胚种论,他认为生命是从宇宙中某个地方来到地球上的。所以,他太有想象力,当不好真正的物理学家。

气候长期稳定

斥力,将它们结合成一个原子核。高温和高密度就在这个过程中起了作用。密度高意味着质子之间的距离很近,温度高保证了它们的运动速度极大。所谓温度,实际上是对物质组成粒子平均运动速度的测量。

理解了这背后的物理机制,太阳演化的其他理论也就迎刃而解了。这么说,可能有点言过其实,毕竟理论的细节部分很复杂,但就达到我们的目的而言,剩下的部分还是很简单的。随着太阳将氢转化成氦($^4_2$He)的原子核的体积,比四个单独的质子($^1_1$H)所占的空间小,因此,日核的密度变得更大。自身的引力把太阳维系成一个整体,随着日核密度的增加,内部引力也随之增大(而太阳与外界作用的引力基本保持不变,因为太阳的质量变化很小)。这就导致日核逐渐收缩、变热。或者说,换个角度想想,日核被迫加热,这样才能让中心保持高压,来维持太阳内部的稳定性。一般认为,处于稳定状态、燃烧氢的恒星,处在恒星的主序期。我们的太阳形成于45亿年前,目前主序期刚过完一半。在第十章讨论宜居带时,还会讨论主序星的问题。

随着太阳年龄的增大,日核的温度和密度也会增加。这使聚变反应的速度更大,个中原因刚刚已经分析过。由于太阳的年龄越大,产生的能量越多,也必须向外辐射更多的能量,因此,太阳的光度(亮度)也就越大。这种亮度的增加,大多体现在太阳半径的增大,而很少表现为太阳表面温度的增加。因此,尽管太阳越来越亮,但它现在的颜色和40亿年前的颜色几乎是一样的。[①]

---

① 理论上讲,太阳也可以通过增加表面温度的方式来增加亮度,如果是这样的话,现在的太阳应该比它刚开始形成时的颜色更蓝,但即使会产生这种变化,变化程度也很小。最后一条预测,即现在的太阳和它40亿年前的颜色一样,是经过严密计算得到的,计算出能量如何通过太阳的"大气"(对流层的上层)进行传输,所以,这个过程不像我们对太阳光度增加的理解这么扎实。太阳的光度变化,只取决于日核的物理因素,就像我们看到的那样,这方面的理解已经很透彻了。

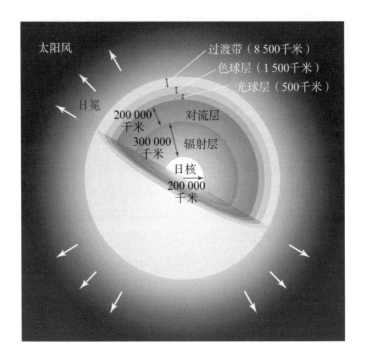

图 3.1 太阳内部结构的示意图。日核发生核聚变反应。能量由深处经过辐射层向外传输,并通过对流层继续提升[2](图片来自塔夫茨大学的埃里克·蔡森)

大约 50 亿年后,日核所剩的氢已经不多了,会少到无法提供保持日核稳定的能量,日核就会开始快速收缩。这时,一切就全乱了,首先遭殃的是绕太阳运转的行星。太阳日核会通过收缩进一步加热,而外层则会扩张并冷却,此时,太阳会变成一颗红巨星。光度会增加至现在的 10 000 倍,大气层也会膨胀,吞噬掉水星,很可能连金星也在劫难逃。这一状态会持续十几亿年,然后,太阳会再次收缩,变成和地球大小差不多的白矮星。当太阳成为红巨星时,地球还能继续存在,但已经不重要了,因为不久之后,它就会像炸薯条一样被烤干。对于那些比太阳稍重一些的恒星,它们的结局更加惨烈。因为它们不会收缩成白矮星,而是发生爆炸,形成超新星。20 世纪 50 年代,天文学家就已经知道,包括地球在内的类地行星都不可能永远宜居。它们最多能保证,当母恒星处于主序期时,可以支持生命的存在。

太阳质量减少了吗

尽管我们觉得,自己已经搞明白太阳演化的标准理论,但这个理论仍然可能是错的,其中的原因有很多。其中,看起来最合理的原因,是太阳的质量可能会减少。质量越大的恒星越亮,刚才已讨论过理由了:日核压力增大、温度升高,聚变反应速度更大。所以,如果年轻时候的太阳比现在重百分之几个点,那么,它的光度应该比标准模型预测的高。科学文献中研究太阳质量损耗假说的论文很少,只有零星发表。[3,4]

年轻太阳的质量可能比现在大,因为太阳总是通过太阳风损耗质量。太阳风是一种带电粒子(大多数为 H^+ 和 He^{2+})流,从太阳极热的日冕层向外发射。目前的太阳风质量很小,大约还要增大 10 000 倍,才能导致在过去 45 亿年中影响太阳的质量。但我们知道,许多年轻的恒星都比我们的太阳更"活跃":它们的冕层更热,耀斑更大、更频繁。通过用火箭和卫星观测其他恒星发出的 X 射线,可以证明上述观点。活跃性增强与恒星的自转速度直接相关,年轻恒星的自转速度比年老恒星更大。比如说,太阳的自转周期是一个月,而年轻恒星的自转周期则在几小时至几天之间。快速自转,再加上内部的强磁场,使恒星的稳定性下降,从而加热外层大气和冕层,强烈的恒星风由此而产生。若太阳以这种方式失去百分之几的质量,就可以抵消掉标准太阳模型所预测的太阳光度变化。

　　然而,在过去的几年中,我们获得了新的观测数据,严格限定了年轻恒星中的质量损耗量的上限。从原理上讲,恒星风无法被直接测量,因为它们基本上是由完全离子化的氢和氦组成的,因此无法产生可被探测到的电磁特征。但是,恒星风最终会和周围的星际介质发生碰撞,后者本身就由稀薄的离子化的氢和氦组成。这些离子在激波前端被分离,从而形成了一定浓度的中性氢,而中性氢可以通过哈勃空间望远镜上的空间望远镜成像光谱仪(STIS)等仪器探测到。根据中性氢探测结果,美国科罗拉多大学布莱恩·伍德(Brian Wood)和同事们提出了年轻恒星质量损耗的上限。[5,6]他们发现,像太阳那样的恒星可以通过这种方式损失掉约3%的质量。根据标准太阳模型的估计,这些质量损耗足以让太阳光度降低30%。① 将中性氢的探测结果与恒星年龄的估值进行相关性分析时,他们又发现,几乎所有的质量损耗都发生在恒星形成的最初两亿年中。如果这样的演化过程也发生在太阳上的话,那么,那时的太阳光度应为标准太阳模型所估计的距今43亿年时的光度,那时地球上还没有地质运动呢。因此,从地质和气候的角度来看,标准太阳模型基本上没有错。

电磁辐射和温室效应

　　太阳早期的亮度比现在小20%—30%,这个事实对地球早期的气候一定会造成严重的影响。在其他因素都没有变化的情况下,早期的地球肯定比现在要冷。但我们也发现,这个假设是错的。下一

---

　　① 类太阳恒星的光度,与自身质量的4.5次方成正比。行星到恒星的轨道距离,与行星的质量成反比。行星上接收恒星光的通量,与它到太阳距离的平方成反比。因此,行星接收恒星光的通量与行星质量的6.5次方成正比。年轻太阳的质量增加3%,地球上接收到的太阳光的通量就会变成$1.03^{6.5} = 1.21$倍,也就是增加21%。

气候长期稳定

章我们会详细讨论这个问题,地球早期甚至比现在还要暖和。最主要的原因是,其他因素显然也发生了变化。地球随太阳一起演化,但原因与我们预测的不同。地球表面的温度,不仅取决于它接受了多少太阳光,还取决于大气的温室效应。如今,我们在谈到全球变暖问题时常常会谈到"温室效应"。因此,这个词对大多数读者来说都不陌生。人类活动,如化石燃料燃烧,向大气层排放了大量 CO_2 和其他温室气体,最近,地球的温室效应越来越严重了。如何解决该问题,成了当今媒体上流行的话题。说句题外话,你要多多关注这些讨论啊! 阿尔·戈尔[1]说得没错——全球变暖真的在发生,我们应该采取措施,尽快将其控制住。

长期以来,人们普遍认为,温室效应是件好事,因为它能控制地球气候,使水保持在稳定的液态。没有温室效应,地球就是个冰疙瘩,地表就不适合生命的存在。因此,我们要想了解行星的宜居性,就必须搞清楚温室效应。首先,让我们简要回顾一下电磁辐射的概念。稍后,我们会用到这一概念,因为要在其他恒星周围寻找类地行星,就要用到电磁辐射这一工具。所以,允许我用一两页的篇幅对此稍作介绍,熟悉这些内容的读者,可以直接跳到下一部分。

电磁辐射是各种能量传输形式的总称,其中,有些形式我们很熟悉(如可见光、无线电波、X 射线),日常生活中也经常用到。从技术上讲,电磁辐射由电场和磁场交互形成,两个物理场沿波的运动方向垂直振荡。与其他形式的波类似,电磁波也能分解为不同波长的光,形成光谱。不同波长的可见光形成可见光谱,也就是我们通常见到的彩虹的颜色。图 3.2 给出了电磁波谱。短波(高频)向左;长波(低

I 阿尔·戈尔是美国环境学家,曾任美国副总统(1993—2001)。著有《濒临失衡的地球》《难以忽视的真相》等。——译者

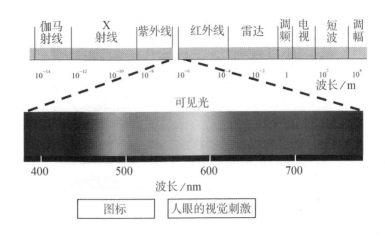

图 3.2 电磁波谱图(原图为彩图)

频)向右。[1] 电磁波谱中,对气候影响最大的部分,在可见光波段,与其相邻、比它的波长稍微长一点的,是红外波段。

像所有其他形式的能量一样,电磁辐射还有一个重要特性,它是量子化的:以一份份光子的形式出现。电磁波也可以被认为是光子流。物理学家把这个概念称为波粒二象性。对研究包括气候在内的许多学科而言,这一点并不重要。光子那么多,没必要计算它们的数量。但对大气化学来说,光子就显得很重要。1900 年,德国著名的物理学家马克斯·普朗克(Max Planck)提出,波长越短,光子的能量越高。[2] 波长较短的紫外光光子可以产生化学反应,如氧气分子的分裂,而波长较长的可见光光子却无法做到,光子的数量再多都不行。由于我们现在正在讨论气候问题,因此暂时略过光子。但要把这件事记在心上,稍后,我们会讨论寻找类似地球的行星,届时,再回过头来讲这个问题。

---

① 电磁波的频率 ν、波长 λ 由公式 $\lambda\nu=c$(c 为光速)联系起来。

② 在技术上,原子的能量 $E=h\nu=hc/\lambda$,其中,h 为普朗克常数。

气候长期稳定

温室效应取决于以下事实,即物质在不同温度下,发射出不同波长的辐射,物质的温度越高,辐射的波长越短。[①] 太阳表面的温度不到 6 000 K,辐射能量大多数在可见光波段,尽管它辐射的能量中有相当大的一部分扩展到波长较长的红外波段,只有很少部分落在波长较短的紫外波段。可见光辐射的波长范围为 400—700 纳米(nm),或者说 0.4—0.7 微米(μm)。[②] 地球表面的平均温度略低于 300 K,所辐射的能量大多数在红外波段。

虽然,太阳和地球都向外发射红外能量,但两者实际上不太一样。太阳发射的红外能量,波长大部分为 0.7—5 微米,接近电磁波谱中的可见光波段,所以,通常称为近红外辐射。地球发射的红外能量,波长为 5—500 微米,我们将它称作热辐射,也叫热红外辐射。后续章节中,讨论远程探测其他恒星周围的类地行星时,还会常常用到这些概念。

为什么温室效应会起作用呢? 这是因为不同波长的电磁辐射会与地球大气发生不同的相互作用。地球大气相对可见光辐射来说,是透明的,因此,入射的大部分太阳光都能穿过大气层。少量太阳近红外辐射会被大气吸收。穿过大气层的太阳光被地球表面吸收,然后以热红外辐射的形式,重新发射出去。但是,这种热红外辐射不太容易穿过大气层回到太空中去,因为它会被各种温室气体吸收。地球大气层中最重要的温室气体,是二氧化碳(CO_2)和水蒸气(H_2O),其他温室气体包括甲烷(CH_4)、一氧化二氮(N_2O)、臭氧(O_3)和各种人造的氯氟烃(CFCs)。

---

① 黑体是在所有波段的发射和吸收完全相等的物体。对黑体来说,这种关系在数学上可以用维恩定律来表示,黑体辐射的峰值波长 $\lambda_{max} \approx 2\,898/T$,其中 λ_{max} 是波长,单位为 μm,T 为温度,单位为 K。

② $1\ nm = 1 \times 10^{-9}\ m$;$1\ \mu m = 1 \times 10^{-6}\ m$。

在最主要的两种温室气体(CO_2 和 H_2O)中,H_2O 的影响效果更强一些,因为它可以有效地吸收掉大部分的热红外辐射。但是,H_2O 对地球气候的影响与 CO_2 不同,因为 H_2O 总是会接近它的冷凝温度。地表温度降低时,H_2O 会凝结,脱离大气层,从而减少温室效应,使地表的温度降得更低。地表温度升高时,更多的 H_2O 会从海洋中蒸发,强化温室效应,使地表的温度升得更高。正因为它以这种方式运行,H_2O 构成了一个正向反馈循环,这个循环会放大由其他因素引起的地表温度变化。例如,如果大气中的 CO_2 浓度增加一倍(可能在 22 世纪就会变成这样),那么,根据 H_2O 的正向反馈,地球的升温幅度会增加至约两倍,即从 1.1℃ 增加至约 2.5℃。

在正常的地球温度下,CO_2 不会凝结,所以,它对气候的影响与 H_2O 相差甚远。正如我们刚刚讨论的那样,CO_2 浓度的增加,将导致地球表面温度升高;因此,在短时间尺度上,CO_2 是一种气候强迫因子。然而,在更长时间尺度上,大气中的 CO_2 浓度能够响应地表温度的变化,且这种情况确实发生过。例如,从几万至几十万年这样的时间尺度上,随着地球从冰期到间冰期,大气中的 CO_2 浓度变化了大约 30%(见第五章)。在温度较高时的间冰期,大气中的 CO_2 浓度较高,而在较冷的冰期,CO_2 浓度较低,因此,这是有关气候变化的另一种正向反馈。对长时间尺度的行星演化而言,虽然,其他过程会主导碳循环,并主导 CO_2 和气候之间的关系。但是,事实上,CO_2 是一个更加强大的负反馈循环的一部分,我们在本章的后面部分会提到这个问题。

行星的能量平衡

我们还需要另一个气候理论来理解太阳光度变化对地球气候

气候长期稳定

的影响,也就是行星能量平衡。行星能量平衡的基本思想很简单:
地球吸收的能量必须等于其释放的能量。[①] 地球被来自太阳的可
见光辐射加热,但从地球表面和大气向外发射热红外辐射。赤道
附近接收的太阳光明显多于两极,但温度差异在一定程度上被风
和洋流平均化了。由于地球的快速自转,夜间一侧的温度与日间
一侧大致相同。对满足这些约束条件的行星,可以使用一个简单
的数学公式,来表示辐射输入和输出之间的平衡。这就是所谓的
行星能量平衡方程。那些不喜欢数学的读者,可以跳过下面两段,
但对那些欣赏它的人来说,这个等式量化了行星温度与它接收的
太阳流量之间的关系。

先想一下,太阳流量对无大气的天体(如月球)会产生什么影响,
这样会比较简单。这种天体的有效温度 T_e(无大气天体的有效温度,
就是其平均地表温度)由公式给出:

$$\sigma T_e^4 = \frac{S}{4}(1-A)$$

其中,S 是大气层顶部的太阳流量(对如今的地球来说,是
1 365 W/m^2),A 是行星的反照率(如今的地球为 0.3),而 σ 是斯特凡
－玻尔兹曼(Stefan-Boltzmann)常数[5.67×10^{-8} W/($m^2 \cdot K^4$)]代入数
字,可以算出如今地球的有效温度约为 255 K,相当于−18℃。

现在,你可能会注意到,计算出来的这一温度(−18℃),比地球
表面的实际平均温度低得多,地球表面的实际平均温度 T_s 大约为
288 K,相当于 15℃。因此,T_s 比 T_e 高 33 K,这种温度差异是由大气
温室效应引起的,我们在前面的章节中已经讨论过了。温室效应本

[①] 实际上,地球吸收的能量和释放的能量并不正好相等。如果正好相等的话,地
球表面的温度也就不会随时间变化。但是,这种收支不平衡的幅度很小,对大多数的研
究目标来说,几乎可以忽略不计。

身是一件好事：如果地球没有温室效应，我们都会冻死。但正如我前面所说的那样，温室效应还有坏的一面：我们正在加速它的进程，这当然不是好事。

黯淡太阳悖论

现在回到我们在本章开头介绍的黯淡太阳悖论。如前所述，恒星演化理论的基本轮廓，是在 20 世纪 50 年代至 60 年代过程中发展起来的。然而，直到很久以后，才有人指出这一理论对行星演化的后果是什么。1972 年，卡尔·萨根和乔治·马伦（George Mullen）写了一篇经典的论文，第一次研究了太阳光度变化对行星气候的影响。[7]

回想一下，现在的太阳光度跟它刚形成时相比，已经小了大约 30%。如果将这个数字代入行星能量平衡方程中，并假设行星的反照率保持不变，那么，地球早期的有效温度应该比现在低约 22 K，即 $T_e = 233$ K。如果温室效应与现在相同，约为 33 K，那么，当时地球表面的平均温度应该是 266 K，相当于 $-7℃$，仍然远低于水的冰点。这个计算结果显然没有考虑实际情况，如果地表温度再低一点，大气中的 H_2O 含量也会降低，而温室效应也会更弱。

在论文中，萨根和马伦提出了一个简单的气候计算模型，这个模型把所有的因素都考虑在内。为了方便起见，他们再次假定大气中 CO_2 的浓度始终保持不变（实际上，地球早期大气中的 CO_2 浓度可能更高，稍后，我们会谈到这一点）。对于 H_2O，萨根和马伦做了一个不同的假设：他们设大气的相对湿度保持不变。相对湿度是空气中水蒸气的含量与该温度下空气中水蒸气最高含量之间的比值。这样，萨根和马伦将前面提到的正反馈循环包含在内：更高的地表温度—

气候长期稳定

更高的水蒸气含量—更强的温室效应—更高的地表温度。

　　萨根和马伦的计算结果极富启发性。根据这些假设,在整个地球历史的一半时间内,地球表面的平均温度都应该低于水的冰点。20世纪80年代,在美国国家航空航天局埃姆斯研究中心,我和詹姆斯·波拉克(James Pollack,萨根以前的研究生)共事,用自己开发的气候模型做了类似的计算。计算结果与萨根和马伦的结果基本相同(见图3.3)。之所以在这里展示我们的计算结果,是因为我们的气候模型要更精细一些,对CO_2和H_2O的吸收系数也作了改进。从图中可以看出,温室效应随着时间的推移而增强,因为水蒸气提供了正反馈。而且,正如萨根和马伦的计算结果预测的那样,大约20亿年前,地球表面的平均温度低于水的冰点。

　　那么,这个计算有什么问题呢?正如萨根和马伦指出的那样,问题在于如图3.3所示的地球表面温度变化,与实际的气候记录完全不符。目前,地球表面存在液态水的证据,可以追溯至44亿年前,或者说,在地球形成后约1亿5千万年(接下来,我会用地质学上的术语来描述时间,用Ga作为"十亿年前"的缩写)。这一证据来自锆石[9](硅酸锆,$ZrSiO_4$)中氧的同位素,虽然,它事实上并不能说明那时的海洋表面是液态的。液态水可能在冰层下存在。然而,在38亿年前,地球上已经形成了沉积岩[10],而在35亿年前,地球上已经出现了光合生物的证据(见下一章)。这两项研究结果都表明,当时地球上的气候很温暖,允许水以液态的形式存在于地球表面。

　　采用另一种方法,也可以得出同样的结论,那就是研究地球上的冰川记录。地球上没有发现29亿年前的大陆冰川的证据(不过,确切地说,这一时期也很少有岩石能保存至今,因此,这项研究结论可能会有偏误)。在28亿年前至24亿年前之间,地球表面似乎并没有冰。在23亿年前至8亿年前之间,地球表面也是没有冰的(见下一

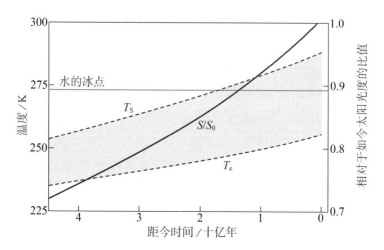

图3.3　黯淡年轻太阳悖论示意图。实线表示相对于如今太阳光度的比值。虚线表示地球表面有效辐射温度 T_e 和地球表面平均温度 T_s。计算时假设大气中的 CO_2 含量恒定，相对湿度恒定不变。T_e 和 T_s 之间的阴影区域，代表地球大气层的温室效应（图片来自卡斯汀等在1988年的研究结果[8]）

章中的图4.2）。与之相反的是，现在的地球在南极和格陵兰岛都有大面积的冰盖。所以，从这个意义上讲，我们今天正处于"冰川"气候（更准确地说，我们正处于长冰期中的间冰期）。因此，尽管太阳早期不如现在亮，但地球早期似乎比现在还要温暖不少。这就是黯淡太阳悖论的本质。显然，图3.3中描绘的简单气候演化模型是不正确的。早期的地球要么是靠额外的温室气体来加热，要么是通过其他机制来加热的。

可能的问题解决方案

　　黯淡太阳悖论有很多可能的答案，其中一些答案比其他答案更合理一些。可能性最大的答案，是我在接下来要讲的，也就是要有更

气候长期稳定

高浓度的温室气体,尤其是 CO_2,可能的话还应该有 CH_4。不过,为了表示我们不会忽略其他可能的答案,我也会提及其他答案。其中最明显的答案,是地球云层的大幅减少。正如我们在前文中看到的那样,地球目前的反照率大约是 0.3,说明它将照射到自己身上的太阳光的 30% 都反射出去。其中大约 0.25(总反照率的 5/6),是由地球上的云层的反射导致的。如果地球早期没有云层,那么,黯淡太阳悖论几乎就已经解决了,因为地球吸收的太阳光几乎和现在一样多。我说"几乎",是因为云层,尤其是高卷云,也会造成温室效应,如果地球上没有云层,对温室效应的这种贡献也就没有了。

有些人直截了当地反对用基本论据来回答黯淡太阳悖论。我们在第二章中提到过,如果地球上的海洋形成得较早,而地球表面的温度又高于水的冰点,那怎么可能没有云呢? 人们通常认为,云像水蒸气一样,对气候有反馈作用,但无法驱动气候变化。

也就是说,有些研究人员仍然支持这个观点。最近,位于丹麦哥本哈根的尼尔斯·玻尔研究所的亨里克·史文斯马克(Henrik Svensmark)认为,地球早期的云量可能比现在少,因为那时候宇宙射线的通量更小,形成云凝结核(CCNs)的离子也少。[11]宇宙射线是一种高能带电粒子,其中大部分是质子,主要来自银河系的各个地方,被太阳的磁场偏转,然后被太阳风带到太阳系中的各个角落。如果在遥远的过去,太阳比现在更活跃,行星际磁场更强,对宇宙射线的屏蔽也更有效,云滴核的形成过程可能会受到抑制。

尽管史文斯马克的假设无法被证伪,但它与前面讨论过的太阳质量损耗理论一样存在缺陷。太阳在最先开始的几亿年中是最活跃的。所以,宇宙射线的通量本来就很大,而且,只有地球历史上最早的时期,云量才会很低。可以肯定的是,我们还能想到让云层减少的其他机制,其中一些机制可能要在更长的时间段里才能发挥作用。

被风吹起的尘埃也可以作为云滴的凝结核,在遥远的过去,地球上的陆地很小,这有助于让云量保持在较低水平。如今,云滴凝结核的形成,还会受到生物成因的痕量气体——二甲基硫(DMS)的调节,它被氧化后形成类似凝结核的硫酸盐颗粒。这种影响在生命起源前就已经消失。但是,在我看来,所有这些可以减少地球早期云量的机制,主观推测性都很强,而且,又都没有必要。因为还有其他能够合理回答黯淡太阳悖论的机制。

地热呢? 地热是来自地球内部的热量。其中大约一半来自地壳和地幔中放射性元素(如铀、钾和钍)衰变所释放的能量,而另一半来自地球形成时留下来的。地球年轻的时候,这两个热源应该都比较强,所以,过去的地热流肯定要比现在稍高一些。只不过不要把这些数加起来。当前,全球平均地热流仅为 0.09 W/m²,应该将其与 240 W/m²的平均吸收太阳流量进行比较。[①] 很久以前,为了将太阳光度降低 30%,地热流量必须高出约 800 倍。然而,模型计算表明,40 亿年前的地热流仅比现在高出 2—4 倍。虽然说,地热流量的增加确实很重要,但是,它的作用是间接的,如影响碳循环和大气中的 CO_2 浓度,下面将进一步讨论。

萨根和马伦认为,地球上过去的大气温室效应更强,这也是解释太阳光度降低的主要因素。这个主意很容易就会想到,绝对没有理由认为地球上的温室效应是始终如一的。在模型中,萨根和马伦主要加上了氨气(NH_3)和甲烷(CH_4)这两种温室气体。过去,它们的含量可能更丰富,因为它们都是还原性气体,都会与氧气反应。例如,甲烷可以通过反应 $CH_4+2O_2\rightarrow CO_2+2H_2O$,转化为二氧化碳。天然气(主要成分是 CH_4)燃烧时,就会发生这样的反应。该反应在室

---

① 地球吸收的平均太阳流量,正好是行星能量平衡方程的右边部分,即 $\frac{S}{4}(1-A)$。

气候长期稳定

温下不会直接发生,如果这样的话,那么,在现在的地球大气中就不会有甲烷。该反应是通过大气中的光化学反应间接发生的。氢气是另一种还原性气体,因为它可以与氧气反应,生成水蒸气:$2H_2+O_2 \rightarrow 2H_2O$。但是,氢气无法解释黯淡太阳悖论,因为它不是合适的温室气体。

正如我们将在下一章中看到的那样(萨根和马伦也知道),地球在其前半段历史上,大气中的 O_2 浓度非常低。因此,会与 O_2 发生反应的气体,在大气中的寿命应该比现在长,所以,这种气体的浓度应该会更高。我们很快就能发现,这个说法更适用于解释甲烷,而不太适用于解释氢气。不过,用还原气体增强地球早期温室效应的基本思路,还是很有效的。

在论文中,萨根和马伦把重点放在氨气上。氨气是一种吸收热红外辐射效果显著的温室气体,像 H_2O 一样。一会儿,我们会看到,甲烷的效果要差得多。根据计算,大气中只要有 10—100 ppm(百万分之一)的 NH_3,就足以使地球早期保持温暖。但后来,光化学家指出了氨气存在的一个问题。[12] 在含有少量氧和臭氧的大气中,氨气会被太阳紫外线迅速分解(光解)。因此,需要大量的氨补充进来,以维持其浓度,但是,我们并不了解当时给大气补充氨气的来源。为了将大气中的氨气浓度保持在可观的水平,必须要使它避免被光解。萨根和他以前的研究生克里斯·希巴(Chris Chyba)一起合作写过一篇论文(在萨根去世后才发表)[13],文中提出一种新的机制——甲烷光解形成的有机霾,可能为大气中的氨气提供屏障。过去几年里,我和我的学生一直希望证明这个假设,下一章我会继续讨论。尽管我们认为,这种屏蔽效果不像萨根和希巴所说的那样有效,但这是萨根卓越科学智慧的又一个例证。

到此为止,我们忽略了另一个明显的可能。CO_2 是目前地球大气中主要的温室气体(排名第二),仅次于H_2O。过去,大气中的CO_2浓度是否会更高?图3.3告诉我们否定的答案,但是,那幅图只是说明了一点。为了回答这个问题,我们需要考虑影响长时间内地球大气中的CO_2浓度的因素。

碳酸盐-硅酸盐循环和大气二氧化碳的调控

究竟是什么因素在调控大气中的二氧化碳(CO_2)浓度呢?答案很明显:碳循环。许多人知道,CO_2一直在大气、植物、动物和土壤之间循环。植物在光合作用过程中,从大气中吸收CO_2,释放O_2。动物,包括人类,呼吸O_2,并呼出CO_2。植物也是如此,因为它们也从呼吸中获得能量。因此,植物既可以是CO_2的来源,也可以是贮存CO_2的容器,取决于当时是什么季节、是否有阳光照射。细菌会通过腐解作用过程,分解死亡的植物和动物,释放CO_2。人们大多了解这部分的碳循环,因为它是我们日常环境中熟悉的一部分。

很少有人注意到碳循环还有很多不同的部分。刚刚描述的循环只是有机碳循环的一个方面。有机碳循环的复杂性,可以分成很多层次。光合作用在很大程度上是呼吸作用和腐解作用之间达到的平衡。如果达到了绝对平衡,那么,O_2就不会产生。但是,一些死去的有机体——约占光合作用生产的物质总量的0.5%,被埋藏在土壤和海洋沉积物中,避免了与氧气的接触。正是这些有机碳被埋藏在沉积物中,从而产生了地球大气层中的O_2。[14]在风化过程中,大气中的O_2,最终还是会被分散的有机碳和岩石中的其他还原物质(铁和硫化矿物)消耗掉(下面会谈到),这使氧气在大气层中可以存留约400万年(即其有效寿命或停留时间)。

有机质的埋藏也会导致大气中CO_2的长期损耗。詹姆斯·洛夫

气候长期稳定

洛克在他的"盖亚"理论中,引入了这个 CO_2 去除过程,来回答黯淡太阳悖论(第一章)。他提出,包括植物、藻类和蓝藻①在内的光合生物,以适当的速度将 CO_2 从大气中排出,从而补偿太阳光度的增加。[15]但是,以此来回答黯淡太阳悖论,会陷入另一个困境。(长期的)有机碳循环,控制着大气中的 O_2 浓度。如果这种循环失去平衡,那么,大气中的 O_2 水平也会发生相应改变,最终达到平衡状态。例如,如果大气中的 O_2 开始增加,海洋中溶解的 O_2 量也会增加,这就会减小有机碳的埋藏速率,从而减少 O_2 的产生。或者,至少可以说,我们认为的循环应该是这样运行的。[14]不止有一本书试图这样解释地球大气层中的 O_2 反馈机制的详细过程。幸运的是,在这里,我们不需要了解这些细节。相反,我们可以提出另一个问题:如果有机碳循环调节了大气中的 O_2,那么,它又怎么能同时调节地球气候呢? 答案是,它可能无法调节地球气候,至少不能长期以可持续的方式调节地球气候。它可以通过暂时降低(或增加)大气中的 CO_2,来减缓地球气候变化,却不能将大气中的 CO_2 维持在特定的某一浓度附近,因为它与大气中的 O_2 浓度紧密相关。在这个循环系统中,并没有多少自由度使有机碳循环可以同时调节两种气体。

　　幸运的是,地球上的碳循环还有另一个完全独立的部分,可以完成这项工作。它有时被称为无机碳循环,更多的时候又称为碳酸盐-硅酸盐循环。要了解它与有机碳循环的差异,就要思考它所涉及的化学问题。有机碳主要是与氢原子或其他碳原子,以化学键的形式结合的碳。葡萄糖($C_6H_{12}O_6$)就是一个很好的例子,碳原子们形成了一条 6 个原子的碳链。相反,无机碳是主要与氧结合的碳。CO_2 是一个很好的例子,碳酸钙($CaCO_3$)也是。在许多地方,碳酸钙(石灰岩)是一种常见的岩

---

　　① 蓝藻是光合细菌,与植物和藻类不同的是,它们缺少细胞核。我们将在下一章中详细讨论它们,因为它们被认为在大气 O_2 浓度上升过程中起到了关键作用。

图 3.4　海洋浮游生物的两个例子,都有碳酸钙形成的外壳。左图:颗石藻(直径约 10 微米)。右图:有孔虫(直径 600 微米)(图片来自美国南佛罗里达大学的伯恩斯坦和培生出版公司)

石类型。在我住的宾夕法尼亚州中部,地下就是石灰岩。这就是这里有很多洞穴的原因。相比构成地壳主体的硅酸盐矿物,碳酸钙更容易被溶解,所以,这种岩石会被含有 CO_2 的地下水掏空。

在宾夕法尼亚州或其他地方发现的碳酸盐岩,最初是由生活在海洋中的微生物形成的。其中最突出的,是生活在表层海水中的颗石藻和有孔虫——一种是微小的浮游植物,另一种是微小的浮游动物(见图 3.4)。浮游植物是进行光合作用的单细胞植物;浮游动物是以吃浮游植物为生的单细胞动物。珊瑚礁和蚌壳也是由碳酸钙组成的。

在碳酸盐-硅酸盐循环中,CO_2 从大气中迁移到碳酸盐外壳,并最终进入碳酸盐岩层,然后回到大气中。在整个循环中,碳一直与氧结合在一起。[①] 因此,不会产生 O_2。这个循环过程就不受有机碳循环

———————

①　化学家认为,碳永远不会改变它的价态,或者说是氧化态。有机碳的价态为零。而在二氧化碳(或碳酸盐)中,碳的价态为 +4 价。

和大气 O_2 的影响,可以单独进行;因此,它可以自由地反馈并影响地球气候,不会对 O_2 的变化作出反应。

图 3.5 说明了碳酸盐-硅酸盐循环是如何进行的。首先,大气所含的 CO_2 溶解在雨水中,产生碳酸(H_2CO_3)——这与苏打水中发现的弱酸相同。一些微酸性的雨水降落在陆地上,溶解了碳酸盐岩和硅酸盐岩。真正的硅酸盐矿物具有复杂的化学式;不过,我们的目的不同,所以可以用最简单的硅酸盐矿物硅灰石($CaSiO_3$)代表它们。其他硅酸盐矿物也可能含有镁,或用镁代替钙。岩石与雨水反应并被雨水改变的过程称作"风化",因此,硅酸盐矿物的溶解过程被称为硅酸盐风化。就像我们看到的那样,碳酸盐岩的风化更快;不过,当我们在很长的时间尺度上进行平均后,会发现这个过程对大气中的 CO_2 浓度产生的影响效应为零,因此可以忽略不计。

其他碳酸盐-硅酸盐循环进行如下:硅酸盐风化的产物,包括 Ca 离子(Ca^{2+})、碳酸氢根离子(HCO_3^-)和溶解的二氧化硅(SiO_2),在地下水中累积,通过小溪和河流汇入海洋。海洋中类似有孔虫和颗石藻的生物,用钙和碳酸氢盐来制造碳酸钙壳,这个过程被称为碳酸盐沉淀(carbonate precipitation),即碳酸盐矿物从海水中沉淀出来。当这些有机体死亡时,它们会落入深海,大部分碳酸钙会被重新溶解。有些贝壳积聚在海床上,形成碳酸钙沉积物而保存下来。海床本身就是地壳系统的运动部分,我们把后者称为板块构造学说。海床形成于海洋中部的洋中脊,然后向两侧缓慢扩散。当大洋板块遇到大陆板块时,大洋板块向下俯冲进入地幔。在此过程中,一些碳酸盐沉积物被刮掉,其中部分被落入压强和温度很高的海底深处。在这种条件下,碳酸盐岩与二氧化硅发生反应。在这一深度,二氧化硅以石英矿物的形式存在,两者发生反应,重新生成硅酸钙和硅酸镁,释放出气态的 CO_2。后一个过程称为碳酸盐变质作用。然后,通过火山活动回到大气层,从而完成整个循环。

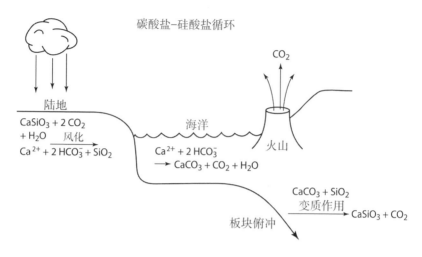

图 3.5　碳酸盐-硅酸盐循环示意图

　　要了解这个循环过程如何影响气候,我们必须知道它的反应速度。对这个问题的简单回答是"缓慢的"。如果相对比较,碳酸盐-硅酸盐循环的速度,仅为有机碳循环的快速光合作用-呼吸作用-腐解作用速度的千分之一。因此,与人类存在的时间尺度相比,这一过程相当缓慢;而且,在接下来的几十年至几个世纪,碳酸盐-硅酸盐循环对吸收化石燃料产生的 CO_2,并没有什么帮助(虽然,这些额外的 CO_2 最终将在几百万年的时间里被消除[16,17])。大气-海洋联合系统可以在约 50 万年的时间里,将所有的碳循环一次。对地质学家来说,这段时间并不长。与太阳演化的时间相比,这个时间尺度很短,后者长达数亿至数十亿年。因此,碳酸盐-硅酸盐循环对太阳变化的响应相当有效。现在我们来看看这个响应过程可能会是什么样的。

二氧化碳对气候的反馈循环

　　这一章刚开始时,我曾经提到过水会对气候进行反馈,而二氧化碳

54

气候长期稳定

(CO_2)则是一个气候强迫因子。在较短的时间尺度内,这个结论是正确的。如果时间尺度很长的话,CO_2本身就是反馈循环的一部分。仔细看看图3.5,就知道原因了。为了简单起见,假设地球早期的海洋处于冰冻状态,如图3.3所示(这不是假设——在雪球地球时期,这是有可能发生的,第五章会讲到这个情况)。碳酸盐-硅酸盐循环会发生什么?如果海洋被冻结,就不会有水分蒸发,大陆上也不会下雨。有的冰会从热带地区升华,高纬度地区会降雪,但地球表面完全没有液态水。所以,硅酸盐的风化会极慢,或者根本就不会发生这个过程。与上一章描述太阳星云的化学过程一样,气体和硅酸盐之间发生直接反应的速率是肉眼无法察觉的。

如果早期地球表面被冻结,又会发生什么?硅酸盐的风化速度会受到抑制,或完全停止,但火山喷发会继续释放 CO_2 进入大气层。图3.5或许表现得不是很明显,似乎整个碳酸盐-硅酸盐循环应停下来。但实际上,碳酸盐岩中蕴藏着大量的碳,在多种地质环境条件下,包括俯冲带、洋中脊,以及夏威夷和西西里岛等地幔热点地区,CO_2都会被释放出来。因此,即使在一个完全冻结的地球上,火山喷发也不会停止。虽然没有证明这一点,但是一旦大气中的 CO_2 浓度积累到十分之几巴的压强后(约为目前大气中 CO_2 浓度的 1 000倍),它所产生的温室效应就应该足够明显,会使硅酸盐重新开始风化,[①]从而让碳酸盐-硅酸盐循环回到稳定状态。

刚刚描述的情况十分极端。就算地球上的海洋曾经被冻结过,历史上应该也只发生过极少的几次。其他情况下,碳酸盐-硅酸盐循

---

① 事实上,雪球地球是否会因大气中 CO_2 浓度的增加而走出冰期,这个观点是有争议的。我们在第五章中指出,这种情况在距今六七亿年前的元古宙晚期至少发生过两次。然而,一些地质学家并不同意雪球地球假说。[18] 另外一些气候模型也表明,要让雪球地球解冻是很难的。[19] 在地球史的早期,太阳还不够亮,连 CO_2 都可能从大气中凝结,那时,要让雪球地球恢复过来可能就更不容易了。[20] 在第八章讨论火星早期气候时,我们还会重新讨论寒冷的富含 CO_2 大气产生的温室效应。

环又是怎样的呢？想了解这一机制如何进行并不难。在密歇根大学攻读博士学位时，我曾经构建了一个简单的气候系统模型，后来，我们在此基础上发表了一篇论文。[21]当地球气候变冷时，蒸发量和降雨量减少，硅酸盐风化速度变小，CO_2在大气中积聚，温室效应加剧，使气候变暖。相反，当气候变暖，蒸发量和降雨量增加，硅酸盐加速风化，大气中的CO_2减少，从而使气候变冷。这个循环的结果，始终与地表温度刚开始时的变化方向相反，因此，这是一个强大的负反馈循环，有助于地球气候的长期稳定。事实上，这可能是自古以来地球一直宜居的主要原因之一。而且，以后我们也会看到，太阳和其他恒星周围的宜居带有多宽，与这个问题也是相关的。这一部分留到第十章再讲。

在结束本章之前，我们再思考一下，这些观点对第一章提到的盖亚假说，可能有什么意义。在洛夫洛克最初的模型中，植物和藻类进行光合作用，然后，变成埋藏在沉积物中的有机碳，使大气中的CO_2以合适的速度减少，从而使太阳光度逐渐增加，达到适宜的光照强度。这个理论或许不对，理由在前面已经给出了：有机碳循环不能同时控制O_2和气候，所以，大气中的CO_2浓度主要受无机碳循环的控制。尽管这些术语有时可以互换使用，但"无机"不等于"非生物"。我们已经知道，无机碳循环显然与生命有关：如今几乎所有的碳酸钙，都以海洋浮游生物和珊瑚的形式沉积下来。事实证明，这一特殊过程无法支持盖亚假说，因为碳酸盐的形成无法控制CO_2从大气中去除的速率。如果地球上没有生命，溶解的钙和碳酸氢盐也会在海洋中形成，直到$CaCO_3$沉淀出来为止。① 但是，洛夫洛克在他后来的

---

① 实际上，由碳酸钙形成贝壳的浮游生物是一项相对较新的生物发明，仅在1.5亿年前进化而成。而蛤蜊等造壳动物则起源于5.4亿年前。在此之前，海洋中的钙和碳酸氢盐可能更为饱和。

气候长期稳定

一本书[22]中指出:硅酸盐风化的过程(即去除大气中 CO_2 时的速度控制)也受到地球生命的影响。树木和草主要通过根系的呼吸作用(root respiration)和植物死亡后根系的分解,将土壤中的 CO_2 浓度提高到大气浓度的 20—30 倍。这提高了硅酸盐的风化速率,有助于降低大气中的 CO_2 浓度。大约在 4.5 亿年前,树木和草都还不存在,所以,这种"盖亚"性的影响相对较新。就连土壤中的微生物也能产生腐殖酸(复杂有机酸),它们溶解硅酸盐矿物的效果比硅酸更好。所以,可能自从地球上出现生命后,硅酸盐的风化速率就一直受到生物群落的影响。

这意味着盖亚假说是正确的吗? 这取决于问这个问题的人想表达什么意思,或者说,这个假设本身有什么意义。毋庸置疑,生命能够影响气候和许多其他环境问题,同时,其确实表现出了相应的影响。下一章讲到甲烷和氧气的时候,会给出一个很好的例子。但是,就算生命不存在,碳酸盐-硅酸盐循环仍将运行,只不过会有些不同而已。没有生命存在的地球可能会更暖和些,因为硅酸盐的风化速度会变小,所以 CO_2 浓度会更高,但气候仍然能稳定在有液态水的状态。因此,如前所述,如果液态水真的是宜居性的关键因素,那么,即使行星上没有生命,它也有可能适于居住。对像我这样曾经是科幻大片《星际迷航》的影迷来说,这个想法的确让我很开心,因为这意味着我们最终可能会找到宜居行星,不用再担心需要赶走土著生命的伦理问题,而后者恰恰违背了自然界的基本规则。

地球气候史的更多波动

上一章中,我们看到,大气中 CO_2 浓度的变化,对保持地球气候的稳定,以及应对太阳光度的变化来说很重要。在不同因素的影响下,CO_2 浓度可能有所不同,这就能解释气候记录的大部分研究结论,尤其是地球气候史的后半部分。但是,当深入研究时就会发现,CO_2 浓度和太阳光度的变化,并不足以解释我们观察到的所有模式。相反,就像萨根和马伦在 30 多年前提出的那样,在地球史的前半部分,当地球上刚刚出现低浓度的 O_2 时,可能是其他温室气体贡献了地球所需的大部分变暖。如我们所见,虽然氨气的光化学性质可能不稳定,但在当时的大气下,甲烷应该能保存很久。在早期气候史上,甲烷可能扮演什么角色呢?它与 CO_2 的温室效应相比又会怎样呢?

这些问题不但对理解地球史很重要,而且,一旦我们找到答案,对理解系外行星也很重要。我和我的学生是这样理解的:如果我们在任意时刻观测地球大气,会看到什么呢?从地球史的后半部分观测,我们可能会看到氧气和臭氧(O_2 和 O_3)。但是,从在地球史的前半部分观测,就可能看不到这些气体。取而代之的是高浓度的甲烷。如果我们看到了甲烷,是否意味着这个星球具有生命的?这是一个

58

更棘手的问题,而且至今都没有得到圆满的答案。我们会在第十四章中谈到这个问题。同时,如果想了解系外行星,就得研究早期地球。地质学家、生物学家和天文学家对这个话题都很感兴趣。

显生宙气候记录

首先,来仔细看看生物和气候演化的地质记录。图 4.1 的地质时序表上,显示出最近 5.4 亿年的地球史。地球上的这段时期,被称为显生宙,意思是"生命的时代"。其实,这个名字是不对的,因为我们现在知道了,地球上的生命史可以追溯得更早——35 亿年前甚至更早。直到 20 世纪 40 年代,古生物学家才发现了古老的微化石,由此推测,地球上的第一个生物体,是在约 5.4 亿年前(即 540Ma,Ma 是"百万年"或"百万年前"的缩写)的寒武纪早期出现的。那段时期正是我们所说的"寒武纪生命大爆炸",多细胞生物首次学会了用碳酸钙和二氧化硅制造外壳。从那以后,地球上的化石记录变得更详细。

从图 4.1 可以看出,显生宙包含三次不同的冰期,我们今天仍然处于其中之一(即"晚新生代冰期")。不过,大多数人并不认为地球现在的气候属于冰期,因为这是个相对温暖的间冰期,即全新世,介于一系列更寒冷的冰期中(更多相关内容会在第五章讲到)。从长远角度来看,晚新生代冰期其实已经持续了 3 500 万年了,也就是从南极洲开启冰川时代开始。从上新世晚期和更新世(即 280 万年前)开始,地球气候变得愈加寒冷。3 500 万年前,也就是中生代的大部分时期和新生代早期,地球上的气候很暖和。中生代是恐龙时代,有些恐龙甚至生活在现在的美国阿拉斯加北坡,当时那里是亚热带气候。在中生代之前,地球上的气候很寒冷,从二叠纪一直到石炭纪,即从

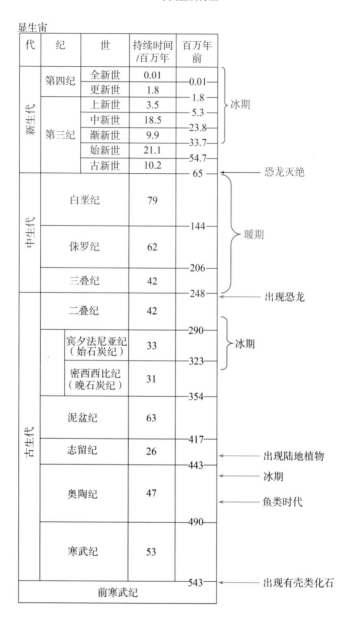

图 4.1 显生宙年代表(包括重大生物事件和三次冰期的发生时间)

地球气候史的更多波动

3.4亿年前一直持续到2.6亿年前,长达8 000万年。更早以前的古生代,地球上的气候大部分时间很温暖,除了在约4.45亿年前的奥陶纪晚期,地球经历了一个短暂的冰期(时间不到一百万年)。

在地质文献中,已经有大量讨论显生宙气候变化原因的论文,尤其是耶鲁大学罗伯特·伯纳(Robert Berner)的论文。[1]气候变化大部分归因于两个因素:大气CO_2的浓度变化和大陆位置的变化。太阳光度随时间持续增强,这一点也很重要,因为显生宙刚开始时的太阳光度与现在相比,低了约5%。大气中的CO_2和陆地位置的变化,在某种意义上相互关联,因为两者都是由板块构造驱动的。当含有碳酸盐的洋壳俯冲[I]或含有碳酸盐岩的大陆板块相互碰撞时,会有多余的CO_2,通过火山活动和变质作用冲入大气。[①]相反,如果在降雨量大的地区形成了高山,就会使硅酸盐风化作用增强,大气中的CO_2浓度可能下降。

"雷默–拉迪曼(Raymo-Ruddiman)假说"是关于显生宙气候变化最广为传播的观点。两位作者分别为麻省理工学院的莫琳·雷默(Maureen Raymo)和弗吉尼亚大学的威廉·拉迪曼(William Ruddiman)。他们认为,气候变化是由喜马拉雅山脉的抬升引起的。[2]喜马拉雅山脉和青藏高原由印度洋板块与亚欧板块在4 000万年前通过碰撞产生。北半球夏季时,喜马拉雅山脉本身就会形成降雨,使整个印度被季风席卷。夏季时,喜马拉雅山脉背后的青藏高原温度升高,使空气上升,并从印度洋上空吸入潮湿的空气。这些空气被喜马拉雅山抬升到上面时,通过降雨的形式释放水分,从而加速了大范围的化学风化。根据雷默和拉迪曼的观点,这些刚刚出露的岩石快速

I　指一个地壳板块俯冲到另一个板块之下的过程。——译者

①　变质作用是指岩石在温度低于其熔点时发生的变化,变质作用可发生在造山带和俯冲带。

风化,可能是新生代晚期大气中的CO_2浓度下降,以及随之而来的气候变冷导致的。所以,这至少可以认为是我们目前处于冰期的部分原因。另一个同样重要的构造变化,是在约3 500万年前,南美洲和南极洲之间的德雷克海峡开启,使南极地区的绕极流[II]得以在南极大陆周围开始流动,减少了温暖洋流输送的热量,使这块大陆更容易被冰川化。

石炭纪至二叠纪的冰期也被认为是大气中CO_2浓度下降引起的,但引发这种情况的可能机制,则完全不同。正如伯纳在其模型中所指出的那样,在此前的志留纪晚期,陆生植物已演化了几千万年,这会从某些方面影响大气中的CO_2浓度,其中有些原因我们在第三章已经讨论过了。陆地植物在土壤中吸收CO_2,加速了硅酸盐的风化过程,因此,植被大规模覆盖土地,应该有助于降低大气中的CO_2浓度。此外,在一些特定条件下,植物可能会被埋藏在沼泽中,形成煤炭。石炭纪也因此而得名,因为在此期间,地球上形成了巨大的煤炭矿藏。煤层从大气-海洋系统中带走了CO_2,因此,石炭纪的有机碳循环也可能会降低大气中的CO_2浓度,进而为石炭纪末期出现的冰期奠定了基础。

对这两个距今最近的冰期,人们解释得较为清楚,与之相比,4.45亿年前出现的晚奥陶纪冰期就完全是一个谜。这次冰期十分短暂,在地质记录中,仅用赫南特亚阶这一个阶段,就可以完全囊括其中。在此期间,发生了地球史上第二大物种灭绝事件。[①] 晚奥陶纪大灭绝可能是由冰期引起的,导致海平面下降约70米。但是,又是什么导致了冰期的来临?奇怪的是,在赫南特亚阶之前,地球上的气候似乎都是温暖无冰的,而在赫南特亚阶之后,地球上的温度又升上来

II　自西向东横贯太平洋、大西洋和印度洋的全球性环流。——译者

①　最大的物种灭绝事件发生在二叠纪末期的2.51亿年前。而6 500万年前发生的恐龙灭绝事件,即白垩纪-第三纪(K-T)大灭绝,只能排到第三位。

了。这与之后的两次显生宙冰期形成了鲜明对比,那两次冰期的气候都经历了数千万年的逐渐降温的过程。

有一种可能的推测很有意思,它认为晚奥陶纪冰期是由某种地外脉冲引起的。亚历克斯·帕夫洛夫(我已毕业的博士生)和他在科罗拉多大学的同事提出,当太阳系穿过宇宙中致密的星际尘埃云时,可能会触发地球上的冰期。[3]星云中的尘埃会被地球捕获,在平流层形成厚厚的壳层,阻挡太阳光。如果地球受到扰动的时间足够长(数十年至数百年)的话,海洋变冷,就会形成冰期。然而,根据估计,太阳系遭遇宇宙中的致密星云的概率约为十亿年一次,因此,在显生宙发生这种事情并不合理。

另一种推测是,晚奥陶纪冰期和大规模物种灭绝,可能是由太阳系附近的伽马射线暴[4]或超新星造成的。这些高能射线暴发射的高能光子,会将地球平流层中的 N_2 和 O_2 分子电离,生成氮氧化物,这种物质可能会破坏臭氧层,让有害的太阳紫外辐射穿过地球大气层。二氧化氮(NO_2)也会吸收一部分太阳入射的可见光,从而使地球表面降温。用紫外辐射增强这一机制,似乎可以解释大规模物种灭绝,但现在还不太清楚的是,它是不是也能诱发冰期,因为紫外辐射增强是一次性、瞬间发生的事情,它产生的氮氧化物可以在几年内从大气中消除。因此,星际尘埃云假说听上去可能性更大。尽管如此,某些地外触发机制也可以解释晚奥陶纪冰期的短暂性。①

---

① 写完这部分的最后两段话之后,我们又发现一篇新论文[5],用地外原因解释晚奥陶纪冰期产生的原因,且这种说法并非不可能发生。朱莉·特罗特(Julie Trotter)与他的同事用磷酸盐矿物中的氧同位素证明,海洋温度先降到现代值一段时间后,再跌落到赫南特亚阶冰期。如果真的是地外原因导致冰期的形成,那么,为什么地表温度要先降一部分,之后再接着降呢?最近,我们有一篇关于火星早期的论文正在审稿,那篇论文中也提到,NO_2使行星气候变暖的可能性要大于变冷(使行星的反照率降低)。这几篇新的论文中都说明,我们应该更多地寻找地球本身的原因,来解释晚奥陶纪冰期为什么产生。

前寒武纪气候

现在,让我们把注意力转向更早的时候。我们对这段时期了解不多,但其占据了地球史的近90%。自46亿年前开始形成地球,到寒武纪曙光乍现,这是一段(毫无意外)被称为前寒武纪的漫长时光(见图4.2)。刚开始人们还不知道在前寒武纪地球上就已有了生命,因此,将其算作一个时代。后来,又将其分为三个时代:冥古宙(45亿年前至38亿年前),太古宙(38亿年前至25亿年前)和元古宙(25亿年前至5.4亿年前)。与显生宙一样,前寒武纪的大部分时期都很温暖。的确,从我们所有的证据上来看,地球史上有90%的时间是非冰冻的。根据黯淡太阳悖论,这个结论尤其引人瞩目。在地球上其他条件不变的情况下,人们会想当然地认为,地球早期应该很冷才对。

说到这里,我们应该注意一个问题。时代越久远,地质记录就越少。据观察,元古宙的22亿年前至8亿年前为间冰期,这一观察结果可能具有统计学意义,因为这一时期有许多出露的岩石,我们可以从中发现冰期存在与否的证据。但在更早些的太古宙,很少有保存完好的地表岩石,所以,在此期间发现的冰期沉积记录可能都是人造的。这就是我们在图4.2的太古宙早期和中期旁标注"暖期"打上问号的原因。

前寒武纪确实有一些冰期的证据。这类文献记录中,最详细的就是在约24亿年前的古元古代,以及6亿—7.5亿年前的新元古代期间。我们在29亿年前的冰期旁标注了问号,因为对它的研究不如对后来的冰期那么透彻。我们只在非洲大陆[6,7]上发现了冰期的确凿证据,所以,它可能只是局部事件(我们将在下面更详细地讨论冰

隐生宙		代	持续时间/百万年	百万年前	
显生宙		新生代	65	65	
显生宙		中生代	183	248	
显生宙		古生代	295	543	出现有壳类化石（寒武纪生命大爆发）
前寒武纪	元古宙	晚期	357	900	雪球地球、冰期
前寒武纪	元古宙	中期	700	1 600	暖期
前寒武纪	元古宙	早期	900	2 500	暖期；大气中的含氧量上升（冰期）
前寒武纪	太古宙	晚期	500	3 000	冰期（？）
前寒武纪	太古宙	中期	400	3 400	暖期（？）
前寒武纪	太古宙	早期	400	3 800	暖期（？）；地球生命起源
前寒武纪	冥古宙		800	4 600	暖期（？）；地球生命起源

图 4.2　地质年代表(含 46 亿年来地球史中的重大事件,已知的冰期均已标明)

期的指示特征）。相比之下，古元古代和新元古代的冰期在不同的大陆上，基本都在同一时间发生。

　　24 亿年前的冰期对本章要讲的故事尤为重要。因为从图 4.2 中可以看出，这次冰期正好发生在大气中的 O_2 浓度首次上升的时候。这不可能是个巧合。因此，人们推测，要么是 O_2 浓度的上升诱发了冰期，要么是冰期导致了 O_2 浓度的上升。[7] 根据下列理由，我支持第一种解释。这两次新元古代冰期发生在约 6 亿年前和 7.5 亿年前时，也就是我们所说的"雪球地球"时期，在此期间，地球上的海洋几乎完全冻结。尽管许多地质学家仍然对这种解释表示质疑，但这方面的证据还是很充分的。发生在 24 亿年前的古元古代冰期，也可能只是一次"雪球地球"事件[8]，只不过证据较少。即使发生了这样的灾难，地球上的生命仍然能以某种方式存活下来，这对理解行星的宜居性问题来说十分重要，我会在后面几章详细讨论这件事。

大气中氧气浓度增加的地质证据

　　我已多次提及，地球早期大气的氧气（O_2）浓度很低，但没有讲过为什么会这样。所以，现在让我们花点时间，讨论一下大气中的氧气浓度升高的地质证据。考虑到关于这个话题的文献可以追溯到至少 50 年前，我们在这里的讨论必然是不完整的。不过，好消息是我们没有必要把所有的文章都读完，因为即使是地质学家，对许多细节也仍怀有疑虑。如今，对这个问题的讨论大部分已达成共识。

　　早在 20 世纪 60 年代后期，加州大学圣塔芭芭拉分校的普雷斯顿·克劳德（Preston Cloud）就已清楚地注意到了古老岩石中的氧化矿物和还原矿物的形式。[9] 回忆一下我们已经学过的知识吧，还原物

地球气候史的更多波动

质是可以与氧气发生反应的物质,而氧化物质是那些已经与氧气反应过的物质。年龄超过 20—22 亿年前的沉积物中含有还原矿物,如黄铁矿(FeS_2)和铀矿石(UO_2),这些矿物起初是碎屑状的。碎屑矿物是岩石被侵蚀形成的颗粒物,在河流的携带下,堆积在沉积物中,永远都不会溶解。如今,只有在非常特殊的条件下,才能形成碎屑状的铀矿石和黄铁矿,因为它们在暴露于 O_2 中会被氧化和溶解。约 22 亿年前,氧化过程没那么容易发生,因为这些矿物在这一时间之前形成的沉积物中十分常见。这一观点与大气中超低的 O_2 浓度相一致。科学家近期的年龄测定结果显示,含氧-缺氧过渡期发生在接近 24 亿年前,但这对克劳德的推论没有影响。已退休的哈佛大学地球化学家海因里希(迪克)·霍兰沿着克劳德的观点继续研究。图 4.3 展示了他总结的大气中 O_2 浓度上升的地质证据,其中包括碎屑状还原矿物。

还有一些其他地球化学证据也能证明,地球前半部分历史中的氧气浓度较低。年龄在 24 亿年前(相比于现在的时间)以内的岩石中,克劳德确定了红层(redbeds)。[III] 红层是指红色砂岩,就像亚利桑那州沙漠中暴露在悬崖侧面的岩石。红色源于微小的赤铁矿(Fe_2O_3,hematite)颗粒包裹着较大的沙粒上。赤铁矿由氧化铁,或者说三价铁(ferric)组成,这说明当时必然有氧气存在。[①] 24 亿年前形成的砂岩呈浅灰色,因为其中的铁呈还原态,或者说呈二价铁的形态。另外提醒一下,用矿物颜色判断其成分时要特别小心。其实,大

[III]　红层建造(redbeds formation)是一套主要由泥岩、粉砂岩和沙砾层岩组成的以红色为标志的陆相沉积。有时还夹杂有薄层白云岩、石灰岩和石膏等。红层建造总体上是在氧化环境下形成的河流、三角洲、湖泊和近海相沉积。——译者

①　请注意,因为铁元素有时候在没有氧气时也会被氧化。比如,某些光合细菌,就能在将 CO_2 转化成有机物的过程中将含铁元素氧化成三价铁。但这个过程无法解释红层中的三价铁。

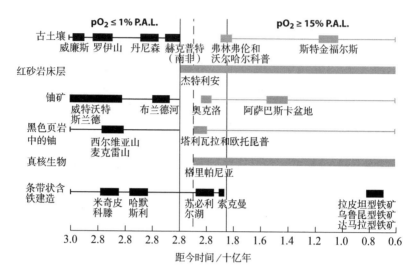

图 4.3　该图给出了大气中的 O_2 浓度升高的常规性的地质证据。黑色方块表示 O_2 浓度低,灰色代表 O_2 浓度高(图片来自霍兰 1994 年的研究[10])

块的赤铁矿看起来很像白蜡,不信可以看看礼品店售卖的赤铁矿石,或者从照片上观察火星子午线平原(Meridiani Planum)的土壤,那里的土壤是黑色的,但富含赤铁矿。2004 年初,火星探测器机遇号(Opportunity)曾在这里着陆。但是,当微小的赤铁矿颗粒包裹在砂粒上时,就会使它们呈现微红色。火星上到处都有微量的赤铁矿,它也由此被冠以别称"红色星球"。

　　奠定克劳德理论基础的另一种岩石是条带状含铁建造[IV],简称BIFs。条带状含铁建造是一种富含铁的大块沉积物,其中的铁(以各种化学形式存在)与硅质岩(SiO₂)交替出现在岩层中(见图 4.4)。

　　[IV]　前寒武纪地层中发现的细条带状硅质磁铁矿(赤铁矿)矿床,呈层状分布,厚达数百米,延续可达 150 千米。主要由化学(或生物化学)沉积的硅质岩和一种或几种富铁矿物(氧化物、碳酸盐、硅酸盐或硫化物)的薄层组成。——译者

地球气候史的更多波动

图 4.4　条带状含铁建造的样品,图中每一个条带宽约 1 毫米,其中的铁以赤铁矿的形式存在(图片来自加州大学洛杉矶分校的绍普夫[11])

实际上,所有岩层中都含有硅质岩,只不过是有些岩层的铁含量高,有些岩层的铁含量低。在图 4.4 中,黑色层富含铁,浅红色层(图中为灰色)贫铁(红色源自赤铁矿,如上所述,赤铁矿含量越低,红色越深)。经济地质学家研究条带状含铁建造已有几十年了,因为它们如今是生产钢铁和汽车所用的大部分铁矿石的来源,其中以澳大利亚西部的哈默斯利铁矿最为著名。条带状含铁建造的形成贯穿整个地球历史的前半部分,这一建造在约 18 亿年前之后的地层中就完全消失了(除与元古宙晚期雪球地球事件形成的少量铁矿之外)。因此,出现条带状含铁建造的持续时间,比出现其他低氧标志物的持续时间都长,可能是由于前者反映的是深海的氧化状态,而不是大气的氧化状态。如果那时的深海没有氧气,那么,铁元素就会处于可溶物的形态,然后,经过长途搬运,抵达形成条带状含铁建造的位置。当富含铁质的深部海水季节性上涨时,就有可能形成这种条带状含铁建造,就像如今纽芬兰海边的大滩,还有秘鲁沿海地区的大型渔场等,很多地方都有这种现象。

图 4.3 还给出了其他 O_2 含量的标志物。古土壤(Paleosols)就是其中一个。在高氧大气下形成的古土壤,倾向于保留铁元素(因为铁被氧化成不溶性的三价铁),而在低氧大气中所形成的古土壤,就缺乏铁元素了。真核生物(具有细胞核的生物体)可以作为 O_2 的标志物,因为几乎所有真核生物都要依靠 O_2 呼吸(下文会介绍关于这方面的更多内容)。真核生物首次出现,是在约 21 亿年前的化石中,与 O_2 的地质标志物一起出现。我们从硫的同位素研究,也可以获得另一个补充证据(此处未涉及),更加有力地证明了大气 O_2 浓度首次升高是在约 24 亿年前。[12] 鉴于此事与本书要讲的主题不太相干,且又与我们之前讲过的内容基本一致,在此不再赘述。不过,对克劳德/霍兰的理论模型持怀疑态度的人,迄今还无法对硫同位素数据作出解释,因此,在本章的后半部分内容中,我们假设两人的理论是完全正确的。

氧气浓度升高的原因:蓝藻

地质上明确地记录了大气中氧气(O_2)浓度首次升高的时间。但是,这件事又是怎么发生的呢? 对这个问题还有各种分歧。但至少有一点是一致的:O_2 浓度升高是由光合作用引起的。如上一章所述,光合作用是植物和藻类利用太阳光的能量来驱动反应,从大气中吸收 CO_2,并将其转化为有机物的过程。

然而,实际情况要比这更复杂,因为光合作用有不同类型。我们一直在谈的是含氧光合作用,可用以下化学反应来表示:

$$CO_2 + H_2O \rightarrow CH_2O + O_2$$

这里的 CH_2O 是地球化学家对有机物的简写[前一章提到的葡萄糖($C_6H_{12}O_6$)可看作是 6 个 CH_2O]。在此过程中,从 H_2O 中吸收电子,通过化学反应,将 CO_2 还原成有机物。这个过程被称为含氧光合作用,因为它的副产物为氧气分子(O_2)。

自然界还有其他形式的光合作用。其中一个例子,是某种依赖硫存活的细菌在进行的:

$$CO_2+2H_2S \rightarrow CH_2O+H_2O+2S$$

这些细菌用硫化氢(H_2S),将 CO_2 还原成有机物。这个反应产生的不是 O_2,而是硫元素。还有一些光合细菌,它们用氢气分子(H_2)或亚铁化合物将二氧化碳还原成有机物。氢气和亚铁化合物在太古宙的地球上含量应该很丰富,所以,这些细菌在早期的海洋中大概十分普遍(基于这一观察推论,条带状含铁建造中出现的三价铁,不一定能证明当时存在游离态的 O_2[13])。我们把这些光合作用的替代方式,统称为无氧光合作用,因为它们不产生 O_2。

这些不同形式的光合作用到底是什么时候发生的呢?对此的争论仍在激烈进行中。光合作用本身的历史相当久远。某些已知最古老的岩石,如 35 亿年前形成的澳大利亚皮尔巴拉群岛沉积物,其中就有层状结构,因此称为叠层石(stromatolites),我们认为,它们代表了微生物光合作用的化石残骸。但仍不确定它们是否会产生 O_2。

从生物化学的角度来看,无氧光合作用显然一定先于含氧光合作用发生。无氧光合作用由不同生物体来实现,以两套完全独立的生化反应方式进行,称为光系统 I 和光系统 II。而含氧光合作用需要这两套系统同时存在,且相互联系。因为用 H_2O 还原 CO_2 所耗费的能量,比用 H_2S、H_2 和亚铁离子等作为还原剂所需的能量要多得多。但用 H_2O 作还原剂的优点很多,因为它几乎可以无限地从海洋中获取,至少在海洋中,可以作为还原剂的化合物相对较少。因此,含氧光合作用的发明,使得生物的生产力急剧增加[14],同时为依赖 O_2 而生的高等生物的诞生铺平了道路。

还有一个基本上每个人都会同意的观点,就是第一种进行有氧光合作用的生物体到底是谁。生物学家对这个问题的答案相当确定,而原因我们很快就会讲到。其中的关键性生物为蓝藻(cyanobacteria),图4.5还给出了一些现代蓝藻的示例。蓝藻是原核生物,没有细胞核(回忆一下,真核生物是有细胞核的)。蓝藻,以前又被称为"蓝绿藻"(实际上这是一种误称,因为藻类是真核生物)。蓝藻还有一种连高等植物都不具备的能力,它既可以进行无氧光合作用,又可以进行有氧光合作用,具体选择哪种方式,取决于环境中 H_2S 或 H_2 的含量。因此,生物学家早就推测它们是第一种生产 O_2 的生物。

与蓝藻的起源相比,还有一个尚未完全解决的难题,关系到大气中的臭氧浓度是从什么时候开始升高的。岩石中发现的各种地球化学标志物证明,氰化细菌和真核生物在28亿年前或更早的时候就已经出现了。[16,17]①蓝藻可以产生 O_2(至少现代蓝藻可以),而真核生物要靠 O_2 才能生存,由此看来,有氧光合作用在这个时期就已经产生了。但是,正如我们所见,大气中的 O_2 浓度在将近24亿年前时才开始升高,O_2 从在大气中出现至 O_2 浓度开始升高,中间隔了3亿年(甚至更长),是什么导致了时间滞后呢?这个问题尚未解决,又有些人质疑28亿年前出现蓝藻和真核生物的证据是否可靠。[19]在他们看来,如果蓝藻在大气中的 O_2 浓度升高前就出现了,这问题就变得很简单了。这种观点的专业性很强,我们在此不加赘述。但是,这与我们要讲的广义上的事情又有关,因为如果要预测 O_2 能否出现在其

① 然而,斯凯·拉什拜(Sky Rashby)及其同事最近发表的文章显示,2-甲基藿烷作为蓝藻出现的标志物,在其他种类的细菌中也可以找到。[18]更近的一篇文章指出,这些化合物是后期随着石油带入岩石中的。[35]因此,蓝藻出现在28亿年前这一推论,不似从前那么确凿无疑了。

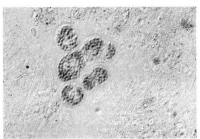

图 4.5 现代蓝藻示例。左图:原型微鞘藻;右图:未鉴定的单细胞蓝藻,见于美国加州巴哈地区的古埃罗。正是这些生物体的近亲,产出了地球大气中的第一批氧气[15](图片来自美国国家航空航天局)

他行星的大气中,就先要明确它为什么会出现在地球大气中。其他行星上能否进化出含氧光合作用,从而拥有富含 O_2 的大气呢? 这是一个值得思考的问题。

甲烷,产甲烷菌,普适的生命进化树

24 亿年前,在 O_2 浓度尚未升高之前,地球上大气是怎样的呢? 上一章里,我们认为,作为黯淡太阳导致的结果,以及 CO_2 与气候之间的反馈循环,当时大气中的 CO_2 浓度应该更高才对。由于 N_2 基本上不会发生反应,因此,它的含量应该与如今的大气大致相同。其他气体呢? 会不会有哪种气体的含量很高呢? 我们对生物成因气体(biogenic gases)尤其感兴趣,就像 O_2 一样,这些生物成因气体是由生物体产生的。我们将重点关注一种气体——甲烷(CH_4)。甲烷被认为是有可能保持早期地球温暖的另一种温室气体。在早期大气中,甲烷含量高吗?

要回答这个问题,我们首先需要考虑 CH_4 的来源。与 CO_2 不同的是,大部分 CH_4 不是由火山喷出来的,至少不是它们直接排放到大气中的。一小部分甲烷可能由海底火山喷出,尤其是位于大西洋洋中脊温度相对较低一侧的(水温约60℃)的火山口。[20]这些甲烷可能通过蛇纹石化反应(serpentinization reactions)产生,即热液与洋中脊深处的富铁岩石(橄榄岩)发生反应,形成绿色的蛇纹石矿物。铁是橄榄岩的主要成分,形成蛇纹石后被分离出来,形成了一种部分氧化的稳定矿物,称为磁铁矿(Fe_3O_4)。[①] 由于在这个反应过程中铁被氧化,因此水必须被还原,产生氢气(H_2)。如果水中含有 CO_2,那么 CO_2 也会被还原,产生 CH_4。对这个问题,我们应该予以关注,因为它直接关系到本章一开始提出的问题,即甲烷是不是判断生命存在的良好指标。显然,如果甲烷来自蛇纹石化反应,那它就不是。最近,这件事又被重新提到,因为我们在邻近的火星上发现了低浓度的甲烷,大气中的甲烷含量约为 10—100 ppb[V](见第八章)。因此,了解非生物过程能否产生甲烷、产出速率是多少,这件事也十分重要。

尽管可能存在明显的非生物成因的甲烷来源,但地球上的大部分甲烷显然是由生物产生的,主要是产甲烷细菌,简称产甲烷菌。产甲烷菌是厌氧型细菌,没有 O_2 也能生存。而且如果它们暴露在富氧环境中,它们就会中毒而死,所以,产甲烷菌不能直接与大气接触。相反,它们大多存在于缺氧环境中,比如,稻田下潮湿的土壤中,还有反刍动物的肠子中,特别是牛。最近有些证据虽然还存在争议,但能表明,有些甲烷是由陆生植物产生的。[21]不过即便如此,也与前寒武纪没什么关系,因为陆生植物是在约4.4亿年前的志留纪才开始出现的。

---

① 磁铁矿(Fe_3O_4),可以理解成由铁锈(Fe_2O_3)和氧化亚铁(FeO)组成。铁锈中的两个铁原子都已氧化,或者说,是三价铁。而原始的橄榄岩中几乎所有铁都是还原状态,或者说,是二价铁。

V ppb 即 10^{-9} 克/克。——译者

地球气候史的更多波动

早期地球上有产甲烷菌吗？答案几乎是肯定的：有。最直接的证据来自大约 35 亿年前在岩石里面捕获的包裹体中的甲烷。[22] 这种甲烷中的 ^{13}C 相对 ^{12}C 强烈亏损，就像现代生物所产的甲烷一样。①

支持产甲烷菌早期进化的其他证据，来自现代分子生物学。显然，许多读者都知道，生物学家已能确定 DNA 和 RNA 中的核苷酸序列。RNA 代表核糖核酸（ribonucleic acid）；DNA 是脱氧核糖核酸（deoxyribonucleic acid）。核苷酸是由糖（核糖）、磷酸盐和四种不同的含氮碱基组成的分子序列，按一定方式排列而成的遗传密码。例如，人类的脱氧核糖核酸，现在经常被用来识别犯罪现场的受害者和犯罪人。

若要回顾生物学历史，就必须从（极长的）DNA 或 RNA 分子中截取正确的部分。20 世纪 70 年代[24]，伊利诺伊大学的卡尔·乌斯（Carl Woese）是这个研究方向的先驱，他将常用于此目的的序列称为核糖体 RNA（rRNA）。（从技术上来说，如今从 DNA 分子中截取编码 rRNA 的部分所用的时间比以前短了，但获得的信息没有变。）核糖体是细胞内合成蛋白质的细胞器。所有自由生活的生物都含有核糖体，因此可以用这个分子进行比较。细胞内制造蛋白质的机器一旦发生突变，对生物体通常是十分致命的，因此，rRNA 不会传递到下一代，rRNA 分子的进化非常缓慢。因此，它对回顾生物进化史是有用的。

通过比较来自不同生物体的 DNA 或 RNA 序列，可以构建进化树。它们可以应用于所有生物体，所以由核糖体 RNA 构建的树，有时被称为普适的生命进化树。图 4.6 给出科罗拉多大学诺曼·佩斯

---

① ^{12}C 和 ^{13}C 是碳的两种同位素，都有 6 个质子。^{12}C 有 6 个中子，^{13}C 有 7 个中子。非生物费托合成（Fischer-Tropsch synthesis）反应中，在催化剂的作用下，H_2 和 CO_2 或 CO 反应生成碳氢化合物，同时生成亏损 ^{13}C 的甲烷[23]，但该报告的作者强调说，这个理论无法解释流体包裹体数据。

寻找宜居行星

图 4.6　基于 rRNA 测序的普适生命进化树[25]

(Norman Pace)所创建的进化树。根据这一分类框架,所有生物体都可以分为三个不同的域:古生菌、细菌或真核生物。古生菌和细菌都由缺少细胞核的单细胞原核生物组成。真核生物由具有细胞核的单核和多核的真核生物组成。人类作为动物,是真核生物的成员,以智人(Homo sapiens)为代表,人属在图中正好置于玉米属(zea)和鬼伞属(coprinus)之间。单细胞草履虫(Paramecium)在进化树上只有一个分支。这表明,rRNA 树确实可以带我们回顾生物进化史。

在地球上,产生大部分 CH_4 的产甲烷菌,都在古生菌的一个分支上。图 4.6 中，给出了五种不同的产甲烷菌，名称都以"产甲烷（Methano）"开头。这些菌都在古生菌的同一个分支上，这说明，它们可能不是最早的生物。然而，产甲烷菌到 rRNA 树推测中的根系部分的距离相对较近，这个根小部分被认为是在细菌的大本营附近，这表明，它们很早以前就已出现，或许在太古宙，甚至可能在冥古宙。

图 4.6 展示了与有氧光合作用有关的后续讨论。大约在生命进化树细菌分支的一半处，有一个聚球藻（Synechococcus）和叶绿体的分支。聚球藻是蓝藻的特殊类型，而其他蓝藻都集中在相同位置。大家应该还能记得，我们在高中生物课上学过，叶绿体不是独立的生物体；相反，它们是植物和藻类细胞内的细胞器，能够进行光合作用。叶绿体有自己的 DNA——这个现象曾经让当时的生物学家困惑不已，但在今天就都能说得通了。叶绿体中的 DNA 包括了能够编码核糖体 RNA 的部分，因此，可以与自由活动生物的 rRNA 序列相比较。科学家进行比较时发现，它与蓝藻正好在同一群组内。只有一种情况可以解释这种现象，即叶绿体是从蓝藻中直接分离出来的。事实上，在 1905 年，俄罗斯生物学家康斯坦丁·梅勒什可夫斯基（Konstantin Merezhkovsky）就提出了这个假说，后来，盖亚假说的共同提出者林恩·马古利斯重新提了一次。[26] 两位科学家都认为，种种现象表明，绿色植物学会通过内共生 VI 的方式进行光合作用：活的蓝藻以某种方式被真核生物所吞噬，从而赋予后者生产氧气的能力。

该理论现已得到普遍认可，这说明：有氧光合作用是偶然出现在地球上的。所以，就像生命起源一样，我们无法判断这件事究竟是不

VI 内共生学说是关于线粒体和叶绿体起源的一种学说。该学说认为线粒体起源于细菌，即细菌被真核生物吞噬后，在长期的共生过程中，通过演变，形成了线粒体。——译者

是这样。它引出了一个关于外星生命的天体生物学关键问题。如果存在外星生命,它们是否学会了生产氧气的光合作用呢? 这对我们在其他星球上可能搜寻到的气体和演化的生物种类来说,至关重要。正如《稀有的地球》的作者所说,只有在有氧气的地方,才会有复杂的生命。

太古宙甲烷温室

如果甲烷确实是在地球早期产生的,那么,这对气候来说应该非常重要。CH_4 与 CO_2 和 H_2O 一样,是一种温室气体,可以吸收并再发射热红外辐射。不像 H_2O 或 NH_3(卡尔·萨根最喜欢的早期温室气体),CH_4 对太阳光的吸收集中在几个相对较窄的光谱区间;所以说,这是一种还不错的温室气体,但还不至于特别优异。有时,气候学家听到这样的描述也会感到有些惊讶,因为通过考察 100 年来 CH_4 对气候的影响可知,现代大气中,CH_4 产生的温室效应是 CO_2 的 20 倍左右。[27]但产生这种现象的原因,在很大程度上可能是现代大气中的 CO_2 比 CH_4 要多得多(380∶1.7 ppmv,体积浓度比)。当这两种气体的比例相当时,实际上 CO_2 才是更好的温室气体,因为它可以在更宽的红外波段,对阳光的吸收能力更强。

假设早期地球中存在产甲烷菌,那么,在低氧的太古宙大气中,估计 CH_4 含量相当高。光化学模型表明,低氧大气中,CH_4 的存在寿命应该是一万年左右。[28]相比之下,现代地球大气中 CH_4 的存在寿命只有 10—12 年。尽管太古宙的生态系统与现在完全不同,但生物成因 CH_4 的产率似乎并未改变。[29]因此,太古宙大气所含 CH_4 应为如今的 1 000 倍,会使甲烷浓度从 1.7 ppm,增加到约 1 700 ppm,这个浓度足以使地球表面产生约15℃的升温[30]，或弥补太古宙减弱的太阳光度的一半效果（见图3.3）。因此，这表明CH_4可能在维持气温方面发挥了重要作用。

真实的太古宙气候问题可能更为复杂。富含甲烷的大气同样含有其他碳氢化合物气体，如乙烷（C_2H_6），这些气体可能会强化温室效应。[30]但大气中也可能含有碳氢化合物烟雾，或光化学烟雾，类似于土星的卫星土卫六（泰坦）的大气霾（见图4.7）。土卫六上的霾，是由浓密的N_2-CH_4大气层，与太阳紫外辐射和土星磁层带电粒子的共同作用产生的。霾层在高空中吸收太阳光，将热量再次辐射回太空，从而使土卫六表面降温，这种现象被称为逆温室效应（anti-greenhouse effect）。[31]

太古宙的地球气候与土卫六的气候相差甚远，主要原因在于地球太热了。土卫六的表面温度是93 K，非常冷，冷到CO_2和H_2O都结冰了。根据我们的推测，早期地球大气应包含大量CO_2、H_2O和CH_4。根据计算模拟[28]和实验室实验结果[32]，只有当CH_4与CO_2的比值略大于0.1时，地球大气中才会形成霾。只有在某些适当的场景下，才有可能发生这种现象。因此，很难断定当时地球上是否出现过这种霾。即便有的话，早期地球上的霾一定比土卫六上更稀薄。厚厚的霾层会使地球表面的温度降低太多，导致海洋结冰，并杀死产生CH_4的产甲烷菌。但是，薄的霾层应该是稳定的，因为任何使甲烷产量增加的扰动，都会增加霾层的厚度，从而降低气温，导致甲烷产量减少（在较高的温度下，大多数产甲烷菌往往会加速繁殖和代谢）。因此，CH_4的温室效应，就像上一章讨论的CO_2温室效应一样，似乎包含一个稳定的负反馈机制。而该机制直接涉及生物群，因此有明显的"盖亚"特征。所以说，洛夫洛克的盖亚假设可能并没有多离谱。如果甲烷确实为太古宙温室效应作出了突出贡献，那么，生物对气候

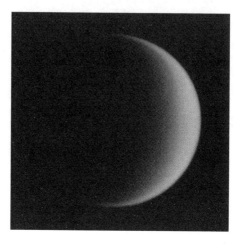

图4.7 1977年旅行者2号飞船飞越土星时,观测到土卫六上橙色的有机灰霾(图片来自美国国家航空航天局)

系统的控制作用可能比现在更强。

古元古代冰川

在本章,我们讨论了地球上长期的冰川记录,因此,现在该回到这个话题上了。回忆一下,图4.2中,约在24亿年前,大气中的O_2浓度首次上升时,古元古代冰期似乎刚刚开始。如今,加拿大南部的休伦系岩层更说明了这个问题(见图4.8)。休伦系岩层包括形成于三个不同冰期的混积岩(diamictites):布鲁斯湖(Bruce)、高甘达湖(Gowganda)和拉姆齐湖(Ramsay)。混积岩是一种含有各种形状和大小岩石碎片的沉积岩,是成片的冰川被沙子和泥土覆盖时形成的。一旦有证据证明它们形成于冰期,就可以称为冰碛岩(tillites)。休伦系岩层有三个这样的冰碛岩,表明这里经历了三个不同的冰期。

加拿大地质学家斯图尔特·罗斯科(Stuart Roscoe),早在20世

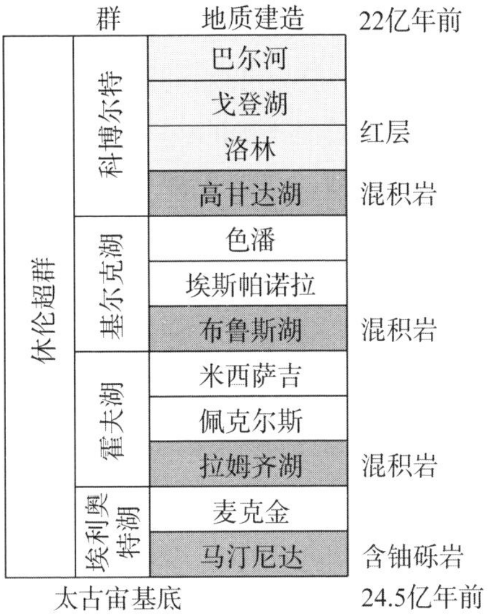

地球气候史的更多波动

群		地质建造	22亿年前
		巴尔河	
	科博尔特	戈登湖	
		洛林	红层
		高甘达湖	混积岩
		色潘	
休伦超群	基尔克湖	埃斯帕诺拉	
		布鲁斯湖	混积岩
		米西萨吉	
	霍夫湖	佩克尔斯	
		拉姆齐湖	混积岩
	埃利奥特湖	麦克金	
		马汀尼达	含铀砾岩
太古宙基底			24.5亿年前

图 4.8　加拿大南部的休伦系,发生在距今 22 亿至 24.5 亿年前。因此,大气中的 O_2 含量首次上升就发生在这一时期[33](图片由宾夕法尼亚州州立大学瓦塔纳贝重新绘制)

纪 60 年代末就对这些岩石进行了地质填图[34],是对它们进行地质标注的第一个人。他发现了一些有趣的现象,在最底部的拉姆齐湖陆源混积岩下的马丁内达建造中,发现了碎屑状的晶质铀矿和黄铁矿。在前文中我们提到过,这些矿物是风化过程中无法溶解的还原矿物,只有在大气中的 O_2 含量很低时才能形成。罗斯科在顶部的高甘达湖陆源混积岩中,还观察到了洛林建造(Lorraine formation)中鲜艳的红层。红层中的氧化矿物赤铁矿,是大气高 O_2 浓度的证明。当时,普雷斯顿·克劳德已经提出了 O_2 演化模型,所以,罗斯科很快就指出,这一系列现象代表了地球上最早的冰川记录,刚好发生于大气中的 O_2 含量首次上升之时。对罗斯科来说,这只是个巧合。但是,如果前文中提到的甲烷温室假说没错的话,那么,这种说法是完全合理的。O_2 浓度上升时，会使 CH_4 浓度下降，所以，冰期的到来也就不足为奇了。其实，如果这个模型可以预测古元古代的冰期，那么，太古宙甲烷温室假说就很可能是正确的。

在结束本章的讨论之前，我们来分析一下，它对行星宜居性这个普遍性问题的影响。本章提到的所有内容都无法推翻第三章提出的观点，即碳酸盐-硅酸盐循环涉及的 CO_2 气候反馈，在保持地球的宜居性方面发挥着关键作用。甲烷温室模型无法独立存在，它要求太古宙大气中的 CO_2 浓度，要比现在高两个数量级以上才可以。[30] 同时，CH_4 温室效应使气候变暖的幅度要足够大，大到可以显著改变地球的气候历史；CH_4 的消失至少可以解释其中一个主要冰期。我们已经知道，CH_4 多数来源于生物，而 O_2 的主要来源，或者说释放氧气的，也几乎都是生物。因此，如果人们觉得这种气候系统合理，那么，盖亚作用在这些时期显然十分活跃。不过，盖亚作用带来的也并非全都是良性影响。如果在太古宙，生物成因的 CH_4 有助于稳定气候，那么，在古元古代，同样是生物成因的 O_2 就明显地打破了气候稳定。很难想象会有什么行星级的灾难事件，会比古元古代的雪球地球冰期还要惨。这对生活在地球表面的生物，包括导致这种现象的生物体（如蓝藻），会造成毁灭性的后果。[35] 从另一个角度看，富含氧气的大气层的产生，为复杂生物的进化铺平了道路，其中就包括了我们人类。如果真的存在地球之母盖亚的话，她可能知道自己正在做什么。

失控的冰期与雪球地球

前两章大致介绍了地球的长期气候变化,目前得到的消息都让人们感到很安心。地球气候系统至少有两个稳定的负反馈环,其中一个来自 CO_2,另一个来自 CH_4。CO_2 的反馈循环大多是非生物成因的,因此需要在有水和碳的行星上进行,同时,这颗行星内核的热量还得足够大,大到可以驱动板块构造。CH_4 反馈循环本质上是生物成因的,只有在地球史的早期才能有效进行。但随着蓝藻①的进化和大气中 O_2 浓度的上升,它所提供的稳定环境最终被打破。

不过,行星气候的其他方面远没有这么稳定,也不这么友好。地球的气候系统至少包括两个强大的正反馈循环,它们常常会破坏地球气候的稳定。我们要了解这些反馈,因为它们可能也会影响其他类地行星的气候稳定。其中之一,是第三章提到的水汽反馈循环:地球表面温度的升高,使大气中的水蒸气含量增加,进一步提高地表温度。第三章也提到,水汽反馈循环加剧了黯淡太阳悖论,因为它意味着早期地球寒冷大气中的水蒸气含量,会比现代大气中的水蒸气更少,温室效应更弱;同时可以预测,在不久的将

①　蓝藻(或蓝细菌,Cyanobacteria)是地球上最早出现的光合自养生物。

来,由化石燃料产生的 CO_2 导致的全球气候变暖会进一步加剧。据我们所知,水汽反馈循环并没有直接导致地球史上出现任何的不稳定气候,但它很可能在金星上导致气候不稳定。由此引发的气候灾难,称为失控温室效应(runaway greenhouse),我们会在下一章讨论。

地球气候系统的另一个强正反馈,是冰反照率反馈循环。产生这一正反馈的原因很简单:干净的雪和冰(至少得是厚冰)反射了大部分太阳光(这就是它看起来是白色的原因),导致地球的反照率(也叫反射率)增加,从而使气候变冷。这样,就会使更多的雪和冰堆积,形成正反馈循环。只要极地冰盖始终限于高纬度地区,这个反馈循环的影响就能得到控制。如果地球上的冰雪覆盖面积太大,正反馈循环就会失去控制,而且会导致灾难性后果。前一章已经说过,在地球史上,这种情况可能已经发生过好几次了。然而,在研究这些极端情况前,我们先看一下这个反馈循环是怎样影响现代气候的。与此同时,我们会研究地球轨道的变化怎样影响极地冰盖在过去几百万年间的进退。之后,我们还需要用这些信息研究月球对地球气候的影响(第九章),以及缺少大卫星对火星气候的影响(第八章)。

米兰科维奇循环与新近冰期

如上一章所述,地球的两极已经被冰雪覆盖了约 3 500 万年。这段时间里,气候变得越来越冷,最终导致周期约为 300 万年的冰期-间冰期的波动。我们目前处于相对温暖的间冰期——全新世,这一时期已经持续了约 1 万年。

200 多年来,地质学家对冰期的产生和消退进行了深入研究,对它们有了更深入的了解。约翰和凯瑟琳·英布里(John and Catherine Imbrie)写了一本关于该主题的书,阐述得十分出色,涵盖了下文所讨论的所有内容。[1]天文学家和数学家对冰期也很感兴趣。早在1875年,苏格兰科学家詹姆斯·克罗尔(James Croll)就已经提出,冰盖的扩大和缩小与地球轨道的变化有关。地球轨道的形状(偏心率)和地球自转轴的倾斜率(或倾角)随时间而变化,这是地球与太阳、月亮和其他行星间引力相互作用的结果(见图5.1)。这些参数一般以10万年为变化周期,偏心率变化周期约为40万年,倾角变化周期约为4.1万年。在这一时间段内,偏心率从0(圆形轨道)变为0.06(更椭圆的轨道),而倾角以现值23.5°为基础,变化±1°。每2.6万年,地球自转轴也会产生进动。目前,地轴指向北极星,也就是众所周知的指北星(North Star)。1.3万年前,地轴指向明亮的恒星织女星(Vega),1.3万年后,地轴将再次指向它。

塞尔维亚数学家米卢廷·米兰科维奇(Milutin Milankovitch)研究了地球轨道变化对气候系统的影响。地球上的大部分陆地集中在北半球,北美洲和亚洲的版图都延伸到了北极。因此,地球气候变冷时,北半球的冰层更容易增厚,并向南扩张。在这些冰川活动中,最严重的一次发生在两万年前,当时,劳伦泰德冰盖(Laurentide)覆盖了北美大部分地区,另一块同样巨大的冰盖覆盖了欧洲大部分地区。然而,南半球的地理位置完全不同。南极洲横跨南极大陆,与其他大陆之间隔着大片的海洋(南极洲与南美洲之间相对狭窄的德雷克海峡除外)。因此,尽管南极洲可以被冰雪覆盖,而且目前已经是这样了,但南半球的大陆冰盖很难向赤道地区扩张。

米兰科维奇意识到地球两个半球之间的地理差异,也知道冰雪的物理性质是高度非线性的,也就是说,冰雪受特定的气候强迫因子的影响,但影响结果与因子本身不成比例。随着地表温度的升高,冰

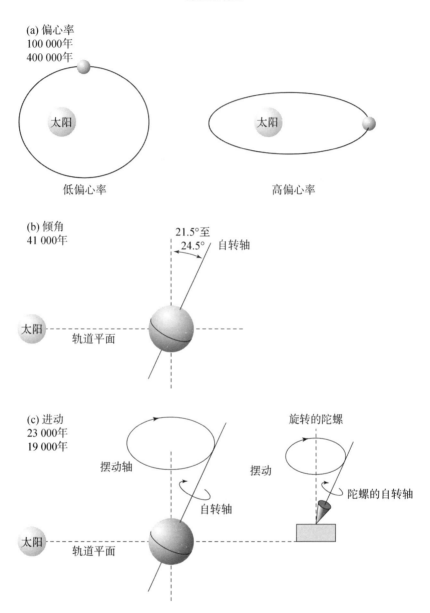

图 5.1　地球轨道参数的变化示意图。(a)自转轴偏心率;(b)自转轴倾角(或倾斜率);(c)自转轴进动[2]

第五章

失控的冰期与雪球地球

雪的融化大大加快。[①] 米兰科维奇推测,这是了解冰期的关键。地球
绕太阳运行的轨道是椭圆形的,而不是圆形的,所以,日地距离会随
时间而变化。当地球北极倾向太阳时,日地距离最短,此处称为近日
点,这时北半球的夏天特别热。这是导致北半球冰盖过度融化,继而
消退的原因。当自转轴倾角大于正常值时,这种效应又会被进一步
放大,因为这时候的季节性周期变化更强烈。

　　早在人们理解气候记录前,克罗尔、米兰科维奇等人就已经做出
过预测。1985 年,海洋学家得到了研究冰期的重要的新工具:乔迪
斯·决心号钻探船(JOIDES Resolution)。决心号在世界各地巡航,
研究人员在海底碳酸盐沉积物上钻孔。通过测量沉积物中的氧同位
素比值,就能确定极地冰盖何时扩张,何时消退。[②] 值得注意的是,氧
同位素数据记录的周期性,与几十年前天文学家所预测的周期正好
吻合,这说明,冰期-间冰期的周期性变化是由地球轨道变化驱动的。
理论和观测之间展现出惊人的一致性,这是现代地球科学的成功案
例之一。

　　然而,只用轨道变化这个因素,无法解释地表温度的大幅波动
(全球平均变化10℃),这就是冰期-间冰期的周期性特征。通过气
候变化的正反馈循环,可以放大轨道变化的影响效果。有些正反馈
我们已经理解得很透彻,但还有一些只是猜测而已。如前所述,有个
重要的正反馈机制,是冰雪反照率反馈。极地冰盖扩大时,会反射更

---

　　①　从技术上讲,导致这种现象的原因是,根据克劳修斯-克拉珀龙方程,水或冰的蒸
气压与温度成指数关系。
　　②　氧有三个稳定的同位素:^{16}O,^{17}O 和^{18}O。回忆一下,同一种元素的不同类同位素
只是原子核内的中子数不同。对研究气候而言,只需要用到^{16}O 和^{18}O,相对于氧的轻同位
素^{16}O,极地冰盖亏损氧的重同位素^{18}O。极地冰盖扩张时,会有过量的^{16}O 沉积在冰盖中,
因此海水中就会富集^{18}O。过量的^{18}O进入那时形成的碳酸盐沉积物中。水温越低,碳酸盐
沉积物中的^{18}O 分馏越强,从而强化气候信号。

多太阳光,使地球气候变冷,促进冰盖进一步扩张。冰盖消退时,同样的反馈机制也会起到反作用:地球表面反照率下降,从而吸收更多太阳光,使气候变暖,冰盖消退加速。

对"冰期-间冰期气候系统"的其他反馈机制,我们还不太了解。通过测量包裹在极地冰盖中的气泡,可以知道气泡中 CO_2 的最低含量和最高含量,约有 30% 的变化。[3]冰期的 CO_2 含量低,间冰期的 CO_2 含量高;所以说,CO_2 含量的变化是正反馈循环的一部分。请注意,这正好与 CO_2 在长时间尺度对气候系统的影响机制相反。在很长的时间尺度(几百万年至几十亿年)内,CO_2 通过碳硅循环,对地球气候进行负反馈,以稳定气候。但在"冰期-间冰期"的时间尺度内,时长仅为数万年,CO_2 给气候带来正反馈,使气候系统变得不稳定。地球上的气候系统很复杂,它与碳循环之间看似矛盾的多重相互作用,就体现了其复杂性。

为何在冰期-间冰期的周期性变化中,CO_2 浓度会有这样的变化?虽然提出过许多假说,但真实原因还不明确。CO_2 控制地球气候的机制,可能与海洋环流或生物生产力的变化有关,或与两者都有关系。[4]冰盖本身也可能为地球气候提供额外反馈。当冰盖变厚时,会压迫下伏基岩,使冰盖和基岩下沉。低层大气中,温度随高度减小而升高,这就使冰盖表面气温变暖,从而使冰盖融化。冰盖底部也会融化,使之滑动,或突然移动。鉴于基岩下沉是 10 万年时间尺度的一项重要反馈,或许可以解释,为什么从大约 90 万年前开始,我们可以从氧的同位素数据中观测到,冰期-间冰期循环的主要周期从 4.1 万年变为 10 万年。由于可能对预测地球本来的气候变化和海平面变化产生重要作用,科学家正在竭力探索冰期-间冰期的气候反馈机制。

冰反照率反馈与气候不稳定性

更新世"冰期-间冰期"的振荡很有趣,它们对地球上中纬度地区的气候产生了显著影响,但并没有对整个地球的宜居性构成威胁。在冰期最强烈的时候,地球热带地区的温度比现在低5℃,但这并没有给生物带来任何难以克服的问题。大约1万年前,在上一个冰期的末期,很多陆地大型哺乳动物灭绝了(如猛犸象和剑齿虎);然而,类似的物种灭绝在显生宙期间也发生过,所以这没什么特别的。气候的周期性循环只是导致物种灭绝的几种机制之一。人类的出现也是其他物种灭绝的原因之一,这或许可以解释,为什么陆地上的哺乳动物在一万年前消失了。

然而,气候学家在很久以前就已意识到,在未来很长一段时间里,也可能会出现后果比这严重的冰期。瑞典气候学家E.埃里克松(E. Eriksson)是第一位在这个问题上发表英文论文的科学家。[5]著名的俄罗斯气候学家米哈伊尔·布德科(Mikhail Budyko)也一直在研究这个问题[6],还有英国的威廉·塞勒斯(William Sellers)。[7]有两个方面的因素,推动了布德科的研究,一是苏联与美国之间的冷战争霸,二是发生核冬天的可能性。这几位研究人员各自得出了相同的结论:如果极地冰盖太大,冰反照率的反馈机制会导致冰期失控。原因前面已经提到过:随着极地冰盖向赤道延伸,地球反照率也在增加。冰盖向低纬度地区扩张时,地球表面反照率的增加量会变得非常大,原因有两个:首先,低纬度地区的表面积比高纬度地区更大(如果不信,找个地球仪看看,数学上也很容易证明);其次,照射到低纬度地区的阳光更多,所以,地球表面反照率的差异变得更明显。

利用简化的气候模型,通过追踪地球赤道与两极之间太阳光的变化,以及极地冰盖的大小,可以定量研究冰反照率的不稳定性。这种模型称为能量平衡气候模型[energy balance climate model (EBM)],由布德科和塞勒斯构建。这个模型对冰反照率的反馈很敏感,因为天气越冷,冰盖面积越大,反射回太空的太阳光就越多。如果冰盖太大(一般说来,扩张至南北纬大约30°时),地球气候就会变得不稳定,赤道附近的海洋就会被冻结。

图5.2展示了能量平衡气候模型的计算结果。横轴表示大气中的CO_2浓度(下轴)和时至今日的太阳流量(上轴),纵轴表示纬度。CO_2和太阳流量以同样方式影响地球表面温度,因此可以并排表示。这些曲线描述的是最南部的极地冰盖(一般认为,这种模型沿赤道对称分布,所以南半球的变化方式与之相似)。实线表示模型的稳定解;虚线表示不稳定解。换句话说,如果极地冰盖延伸到实线上的某一点处,就会稳定在那里;但如果它延伸到虚线上的某一点,冰盖要么扩张(低纬度地区),要么后退(高纬度地区)。

尽管与真实的地球气候系统相比,这种模型被高度简化了,但它能展现出气候系统行为的一个基本方面。由图可知,如果冰线向赤道移动30°,气候就会变得不稳定,极地冰盖就会一直延伸到赤道。若要避免整个地球都被冰雪覆盖,就要大大增加太阳光度或大气中的CO_2含量。如果通过增强太阳光度来避免这种现象,那么,地球复苏会很缓慢。这要求太阳光度增强约25%,而太阳至少需要演化20亿年,因为目前太阳流量每1亿年才增加1%。而通过提高大气中的CO_2含量,则可以更快地脱离这种雪球地球状态。气候模型显示,要消除冰盖作用,需要将大气中的CO_2含量增加300倍。以现在火山喷发的速率来看,假设有机碳没有被掩埋,或没有硅酸盐风化引起的

失控的冰期与雪球地球

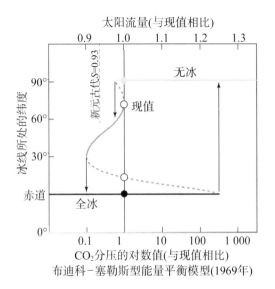

图 5.2 冰反照率导致气候不稳定性的示意图。实线表示能量平衡气候模型的稳定解;虚线表示其不稳定解(图片由哈佛大学的保罗·霍夫曼[9],根据 1992 年卡尔代拉和卡斯汀的图表进行修改而成[10])

CO_2 损失,CO_2 的这种累积可以在短短 300 万年内完成。①

低纬度冰川消融的迹象

冰反照率的不稳定性不仅是一个理论概念,对它产生的强大影响,我们也有经验证据。如第四章所述,翻翻过去的地质记录,就能发现地球史上的冰期比最近发生的要严重得多。最明显的例子来自

——————

① 目前,火山喷发的 CO_2 产率[8]约为 $5×10^{12}$ 摩尔/年,目前大气中的 CO_2 总量约为 $5×10^{16}$ 摩尔,假设 CO_2 分压为 300 ppmv,大气总质量为 $5×10^{18}$ kg,或 $1.7×10^{20}$ 摩尔(1 摩尔是 CO_2 分子的阿伏伽德罗常数,即约 $6×10^{23}$)。因此,想达到现在大气中的 CO_2 累积量要 10^4 年,累积到现在大气中的 CO_2 的 300 倍要 $3×10^6$ 年。

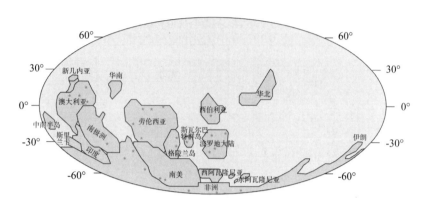

图 5.3 55 000 万年前的大陆重建[13]（图片由斯科特斯绘制，经《自然》杂志允许）

新元古代，寒武纪生命大爆发之前。这段时间里，至少能发现两次冰期的证据，一次约在 73 000 万年前，另一次约在 61 000 万年前，七大洲都发现了冰川的沉积物。[11,12]此外，有些大陆的热带地区似乎也冻成冰了。澳大利亚的冰川记录保存得特别好，据说，那些冰川当时横跨赤道（见图 5.3）。这些沉积物，以及纳米比亚地区（非洲西海岸）类似的沉积物，都显示当时的地球气候比现在冷得多。

证明低纬度地区有冰川的这些证据可信吗？要回答这个问题，就必须了解地质学家是如何确定过去大陆所在的位置的。总的来说，这个过程很难。由于板块构造，地球上的大陆在不断漂移。不同类型的证据都表明，大约两亿年前，地球上所有大陆都是合在一起的，形成了一片巨大的超级大陆，即泛大陆（Pangea）。我们拥有的证据及其他数据包括：南美洲东海岸和非洲西海岸的海岸线形状相似，但这只是能证明这两个大陆过去曾经相连的一种现象而已。

从 20 000 万年前开始，越往前追溯，直接追踪板块运动就变得越困难。不过，还有另一种方法仍然有效——古地磁（paleomagnetism）。许多用过指南针的人都知道，地球的磁场，或多或少有点像条形磁铁

失控的冰期与雪球地球

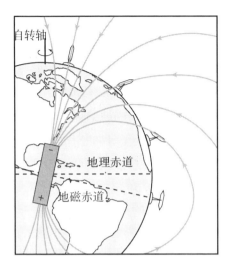

图 5.4　地球的偶极磁场示意图[14]

的磁场(见图 5.4)。地球的磁场不是对称的:地磁北极和地磁南极与地理极点的纬度偏离约 11°。然而,随着时间的推移,磁极在地理极点附近摆动,将这个小小的纬度差平均掉了。考虑到这一点,就能发现,高纬度地区的磁感线几乎垂直于地球表面,而低纬度地区的磁感线则与地球表面平行。即使地球磁极倒转,这句话仍然正确。古地磁专家利用这一观察结果,估计远古大陆所处的纬度。含铁的火成岩(由岩浆冷却形成的岩石)在冷却过程中被磁化。通过测量这些岩石中捕获的或残留的磁场方向,地质学家可以确定它们形成时所处的纬度位置。

低纬度冰川的成因机制

　　热带地区可能形成覆盖整个大陆的冰川,这一想法已经困扰地质学家很久了。澳大利亚地质学家乔治·威廉姆斯(George

Williams)是最先注意到这一点的人。[15]所以,如果他愿意的话,可能早在 20 世纪 70 年代中期,他就能提出"雪球地球假说"了。然而,对低纬度冰川,威廉姆斯提出了一种完全不同的解释:他认为,当时的地球是"躺着"的。我们回顾一下,地球现在的倾角是 23.5°(每41 000年有 1°的变化)。从数学上可以看出,如果倾角大于 54°,地球上的两极就成了最温暖的地方(以年平均情况来看),赤道地区则是最冷的。当然,这与现在的情况正好相反。如果地球过去的倾角大于 54°,那么,在低纬度地区发现冰川沉积物就是很自然的事情。

威廉姆斯的假说之所以吸引人,有两个原因:(1)它解释了低纬度冰川的证据;(2)它还解释了海洋生物是如何度过冰期的。在威廉姆斯的假说中,极地海洋仍然是没有冰的,所以,以光合作用为生的藻类能从这些事件中幸存下来,真是一点问题也没有。这是一件好事,因为在冰期前后都有这些藻类的化石。然而,威廉姆斯的假说有一个严重的问题:地球是怎么"调整到"现在的倾角的? 地球形成之初的倾角很高,是有可能的,因为地球形成时可能会受到撞击。由于天王星的倾角为 98°,所以我们知道,一开始地球就有这么高的自转轴倾角,并非不可能。然而,要让地球恢复到低倾角,则更加困难。让一个火星大小的天体狠狠地撞我们一下,或许能解决这个问题,但肯定会摧毁掉地球上所有的生命,融化掉所有地表的岩石,从而彻底改变它们的年龄。这显然没有发生,因此可以排除这种机制。不过,人们提出了一种更友善、更温和的机制来改变地球自转轴的倾角。[16,17]与正常的米兰科维奇假说提出的地球自转轴的倾角变化相比,如果极地冰盖在适当的阶段扩张或消退,那么,地球的自转轴倾角本身就会经历一个长期的变化。这种机制被称为气候摩擦(climate friction)。不过,许多能力很强的数学家已经仔细研究过这种机制了[18],鉴于与倾角变化相关的冰盖厚度的合理假设,以及冰盖扩张和消退的时长,现在看来,气候摩擦机制显然并没有发挥什么作用。

美国得克萨斯 A & M 大学的威廉·海德(William Hyde)及其同事提出了低纬度冰川的另一种可能解释。[13] 他们构建了一个数值模型,该模型预测,即使周围的海洋上没有冰,一个被冰雪覆盖的澳洲大陆存在于热带地区是可能的。在他们的模型中,冰川先是在温度较低的山区形成,然后沿大陆边缘向外扩张,扩张速度比融化速度更大。许多反对此模型的人将其称作"泥球地球"模型,它也可以解释以光合作用为生的藻类如何在冰川时代存活,因为热带海洋永远不会冻结。正因如此,而且这个模型看起来没有其他机制那么极端,它受到了许多现代地质学家的青睐。但这意味着,在新元古代,地球仍然徘徊在冰反照率不稳定性的边缘(见图 5.2),但没有越过其边界。在我这样的气候学家看来,这应该是不可能实现的。在新元古代,澳大利亚的高山地区基本没有冰川的证据,或者说证据很少。这可以作为反对这个模型更有说服力的依据。此外,下面还会讨论其他地质证据,它们都指向更极端的成因机制。

雪球地球

要是觉得地球自转轴的高倾角假说和低纬度新元古代冰期的泥球地球假说都不对,那么,还有第三种可能性让人惊叹不已:那时,我们整个行星表面有可能被冰雪覆盖,形成一个"雪球地球"。"雪球地球"这个词是由加州理工学院的约瑟夫·科什温克(Joseph Kirshvink)创造的。[19] 科什温克和他的学生唐·萨姆纳(Dawn Sumner)研究了澳大利亚南部埃拉蒂纳建造中的冰川纹泥(glacial varves)。纹泥是在冬季结冰的湖泊中形成的层状沉积物。一开始,埃拉蒂纳建造中的纹泥是平的,但在形成以后,就在构造应力的作用下被弯曲或折叠了。

通过证明残余的磁感应线会随纹泥一起弯曲,科什温克和萨姆纳继而证明了磁场确实是原始的,也就是说,它记录的纹泥形成时的地球磁场,日后不会重置。1990 年,在加州大学洛杉矶分校的一次学术研讨会上,科什温克半开玩笑地指出,当时的地球就像一个巨大的雪球,一边说着,一边放了一张幻灯片,上面是覆盖着冰的巨大的地球。"雪球地球"这个词当时并没有被采纳,不过几年后,其他科学家捡起了科什温克的观点,使雪球地球成为气候思想的主流。

尽管科什温克是提出"雪球地球假说"的第一人,但使它具有科学说服力的地质学家,是哈佛大学的保罗·霍夫曼(Paul Hoffman)。[12,20]霍夫曼沿着非洲西南海岸,在纳米比亚深入开展野外工作,发现了十分清晰的新元古代冰川地质记录。纳米比亚的岩石中有两层很容易辨认的混杂陆源沉积岩层,还有滴石和冰川的其他证据。滴石是拳头大小的岩石,存在于平滑的层状海洋沉积物中。岩石不能飞,那时也没有人把它们扔到海里去,所以研究人员推断,它们一定是由冰山带来的,冰山冻住这些石头,一边移动一边融化,把它们掉在地上(像冰川一样)。在纳米比亚的混杂陆源沉积岩单元中,底部和上部岩石分别代表73 000 万年前和 61 000 万年前的冰期。

纳米比亚的冰川沉积物,还有在澳大利亚等地发现的类似冰川沉积物,有一个特点值得注意:它们被一层厚厚的碳酸盐岩所覆盖。纳米比亚的碳酸盐岩非常厚,有好几百米。碳酸盐岩层最底部的几米十分精细。像保罗·霍夫曼这样的沉积学家立刻就能判断出,这说明它们的形成过程非常快。从碳酸盐岩盖的名字上就能看出来,在显生宙形成的冰川沉积物中是见不到它们的。的确,它们乍一看很怪异。目前,在地球上,碳酸盐岩主要形成于水温较高的低纬度地区,因为碳酸盐矿物,如方解石($CaCO_3$),在温水中不易溶解。然而,冰川混杂陆源沉积岩是一种在寒冷气候中形成的沉积物,一般出现在纬度很高的地方。但霍夫曼竟然在纳米比亚新元古代出露的岩层中,发现了直接覆盖在冰川层顶部的碳酸盐岩盖。这其中到底发生了什么?

霍夫曼重要的洞见是,在现实生活中,这些碳酸盐岩盖是证明"雪球地球"的"确凿证据"。在与他的同事、地球化学家丹尼尔·施拉格(Daniel Schrag)讨论时,霍夫曼意识到,碳酸盐岩盖实际上形成于雪球地球的后果。本章最开始的时候讲过,一旦海洋表面结冰,大陆的硅酸盐岩风化就会停止,从火山中释放的CO_2就会在大气中累积。在几百万年甚至更短的时间内,温室效应会变得极其明显,足以让冰融化,而地球上的冰川也会迅速融化。此时,大气中应该含有大量的CO_2,而且,地球表面颜色应该很暗,就像今天一样,因为冰盖已经消失了。因此,气候应该非常温暖,据霍夫曼的模型预测,温度至少在50℃,大陆上的硅酸盐岩和碳酸盐岩风化也应十分强烈。快速的风化作用持续进行,直到在冰期累积起来的CO_2又被安全地"塞"回碳酸盐沉积物中。这些冰期后的沉积物,就是我们如今看到的碳酸盐岩。它们的存在提供了一个有力的论据,证明"雪球地球"真的发生过。

尽管"雪球地球假说"获得了成功,但问题仍然存在。或许,其中最大的问题是:光合作用的藻类是如何生存的? 我们知道它们当时就有了,因为我们在冰川沉积物的顶部和底部都找到了相同类型的微藻化石。这些观察催生了先前讨论过的地球高倾角假设和泥球地球假说。虽然,霍夫曼的"雪球地球模型"很好地解释了大部分地质证据,但不太清楚的是,它能否证明光合生物可以存在。霍夫曼和施拉格[20]认为,暴露在地表的液态水,可能存在于海冰的裂隙和火山附近,比如冰岛那里会释放大量的地热。但是,他们提出的硬雪球(hard Snowball)模型上的冰,盖厚度至少有一千米,即使在热带地区也是如此，因此，当时显然不可能存在大裂缝。像冰岛这样的火山岛可能会成为光合生物的避难所，但这也取决于火山所在的位置，以及它们是否连接到了液态水源。冰岛在这方面可能表现不错，因为它其实是大西洋洋中脊的一部分。相比之下，像美国黄石国家公园这样的大陆地热的热点地区，水很快就会干涸，因为水温高，蒸发快，雨水也无法弥补空缺。

除此之外，在我看来，更有可能解释光合藻类如何存活在雪球地球时代的假说，是由克里斯托弗·麦凯（Christopher McKay）提出的薄冰模型（thin-ice model）。[21]克里斯是以前我在美国国家航空航天局埃姆斯研究中心的同事，是吉姆·波拉克（Jim Pollack）的研究生。克里斯曾在南极洲从事野外工作，他研究了麦克默多湾西部的"干谷"中被冰覆盖的湖泊。令人惊讶的是，这些湖泊竟然支撑起一个繁荣的光合生物群落，包括常年冰封在清澈湖泊5米深处的蓝藻。通过观察，克里斯改进了自己的假设，以解释在雪球地球事件中到底发生了什么。他提出了一种新的假设：当时热带地区的冰很薄，只有1—2米，大约只允许10%的太阳光穿透冰层，这足以让生活在冰面之下的生物进行活跃的光合作用。太阳光反过来又使冰层维持在很薄的厚度，因为太阳光沉积在海洋中的能量，必须传导回冰盖表面。热传导同样可以限制硬雪球的冰盖厚度，但在硬雪球模型中，太阳光就无法穿透冰层了，所以能传输的只有地热。因此，硬雪球模型中的冰盖至少有一千米厚。①

----

① 到达地球表面的平均太阳流量（第三章中所示）为 1 365 W/m² ÷ 4，即约 341 W/m²。（忽略云层反射的太阳光，因为在雪球地球时期，可能还没有那么多云呢。）热带地区的太阳流量约比这个值大 20%，约为 410 W/m²。假设有 10% 的能量穿过冰层。地热通量大约为 0.09 W/m²，所以两者之比为 41/0.09 ≈ 500。冰层厚度应该与传导的热通量成反比，所以，根据薄冰模型计算得到的冰层厚度，只是根据硬雪球模型计算得到的冰层厚度的 500 分之一，也就是 2 米，而后者的估算值为 1 000 米。

失控的冰期与雪球地球

像所有新假设一样，关于这个话题的辩论依旧很活跃。芝加哥大学的贾森·古德曼（Jason Goodman）和雷蒙·皮埃安贝尔（Raymond Pierrehumbert）指出，在两极附近形成的厚厚的海冰或海洋冰川（sea glaciers），本该向赤道方向移动，或许是为了破坏薄冰层的稳定。[22]这些来自高纬度地区的冰盖更难以融化，因为它覆盖着高反光率的雪。但是，从裸露的大陆表面吹来的灰尘，可能会使雪变暗，使之融化。[23]一些低纬度地区的洋盆，也可能被周围的陆地包围，就像现在的地中海一样。[23]因此，尽管关于雪球地球的薄冰模型的争论仍在继续，但对雪球地球假说来说，好消息是，生命似乎确实可以从这些灾难性事件中得以幸存。卡尔·萨根应该会很满意这种想法吧。真正发生"雪球地球"的可能性，不应该成为我们对寻找地外生命感到悲观的理由。

第三部分:行星宜居性范围

探索一下我们的近邻行星——金星和火星,看看它们哪里出了问题。根据这些得到的信息,提出关于不同类型的恒星周围的宜居行星的普适理论……

第六章

失控的温室效应与金星大气演化

　　为什么金星太热,火星太冷,而地球刚好适合生存? 这个问题被称为比较行星学的"古迪洛克问题"(该名称由林恩·马古利斯提出,她和洛夫洛克一起创立了盖亚假说)。显然,这个问题的答案是,金星离太阳太近,火星又太远,只有地球刚刚好。当然,这只是主要原因而已,还有其他因素在起作用。如第八章所述,可能在太阳系形成初期,火星就已经存在了。尽管它离太阳很远,而那时的太阳也不是很亮。金星也可能像地球一样有海洋,不过这只是推测。所以,让我们仔细看看这两颗行星的历史,力图更准确地理解它们是如何演化到现在这个样子的。

　　重建金星的形成历史是个不错的开端,因为我们现在对这个过程了解得更多了。我们一般把金星称为地球的"姊妹行星",它离地球最近(轨道距离为 0.72 AU),质量也最为接近($M_{金星}$ = 0.81 $M_{地球}$)。不过,若是看看它的表面,你就会发现,它根本不能算是"姊妹"了。金星的平均地表温度为 460℃,简直像地狱一般,热到都能让铅融化。这个温度也远高于水的临界温度[①](374℃),这意味着,就算以前液态

　　[①]　物质的临界温度:高于该温度后,物质的液态和气态之间无明显差别。对纯水来说,该点在压强—温度表中的某个特定位置。此时,它的临界压强为 22.06 MPa,或 220.6 巴(详见下一脚注中对压强单位的介绍)。而海水由于含有盐分,情况要更复杂一些,但它的临界温度仍在 400℃ 左右。

水曾经在金星表面大量存在(其实没有),现在也早已不可能有了。因此,金星上存在生命的所有可能性都被排除了。大气密度极高;表面大气压为 93 巴①,大气成分主要为 CO_2(二氧化碳)和 N_2(氮气),以及 SO_2(二氧化硫)、H_2O(水)和 CO(一氧化碳),见表 6.1 所示。SO_2 在金星大气中被太阳紫外线光解,转化为 H_2SO_4(硫酸)。硫酸会凝结成高反射率的云粒,在可见光波段,金星就是一个毫无特点的白球。在紫外波段,云层中的未知物质吸收了辐射,使行星呈现出如图 6.1 所示的光带。

金星上的水

金星是如何变成这种不适宜居住的状态的? 回答此问题的关键,是要知道它基本上彻底不含水。金星表面没有液态水,就连大气层中的水蒸气含量都极少。20 世纪 70 年代末,先驱者号金星探测任务和地基光谱望远镜[1]都曾对其进行过测量,估算出金星的底层大气中,只有约 30 ppm 的水蒸气,这是迄今为止最准确的估值。这些水蒸气的总质量,只相当于地球表面含水量($1.4×10^{21}$ 千克,大部分在海洋中)的 $1/10^5$。

表 6.1　金星的大气组成

气体	体积百分比
CO_2	96.5
N_2	3.5
SO_2	0.015
Ar	0.007
H_2O	0.003
CO	0.0017

---

① 压强的国际标准单位是兆帕斯卡(MPa)。地球海平面的平均大气压为 0.101 3 MPa。但这么计量很麻烦,于是,行星科学家(包括我在内)常常使用另一种类似的压强单位,1 巴(bar)= 0.1 MPa,这样一来,地球表面的大气压略大于 1 巴,而金星表面的大气压约是地球的 93 倍。

失控的温室效应与金星大气演化

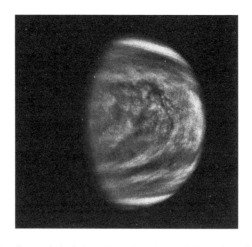

图 6.1 1990 年,美国国家航空航天局伽利略号飞船拍摄的金星在紫外波段的照片(原图为彩图)。伽利略号飞船实际上是在飞向木星途中,它先到金星,从金星附近飞过,以获得引力辅助。当它从金星附近飞过的时候,拍摄了这张照片

　　如第二章所述,20 世纪六七十年代有一场旷日持久的辩论:金星在刚刚形成之初就没有水吗? 还是说,它一开始是湿的,但后来水又消失了。约翰·刘易斯根据行星形成的平衡冷凝模型,预测金星一开始就没有水。因为人们认为,行星都是在自己轨道周围物质的基础上形成的,而金星所处的轨道内没有水合硅酸盐矿物。但如前文所述,这个假说后来被其他理论取代了,他们认为,所有类地行星上的水,是在太阳系深空中(近的还有小行星带)形成的小天体带来的。

　　还有一项观测证据,可以证实金星最初是有水的。主要证据源于 1977 年发射的先驱者号金星大气探测器。其中有一台质谱仪(mass spectrometer),可以测量金星大气中的氘(D)/氢(H)的同位素比。回顾一下第二章:氘是氢的一种同位素,原子核中有一个质子和一个中子。还有,彗星的 D/H 比约为地球上海水的

两倍,我们由此认为,地球上的水主要不是来自彗星。相比之下,根据探测器上的质谱仪的数据,金星上的硫酸云中的 D/H 比约为地球上的 120 倍![2] 而金星电离层中几乎同时检测到质量数为 2 的离子,也就是 D^+,证明这么高的数值是没问题的。[3] 自此以后,用地球上的光谱望远镜观测,能更准确地测出金星大气中的 D/H 比[4],估计值约为地球的 150 倍。

行星科学家看到金星上的 D/H 比后很高兴,在金星最初是湿的还是干的这一问题上,也取得了很大的进展。他们认为,金星和地球都从小行星带获取了大部分水,所以它们最初的 D/H 比应该大致相等。但如果金星最初的含水量比现在多得多,那么,它的 D/H 比可能会随着水的丢失而增大。这种机制被称为"失控的温室效应"(runaway greenhouse)[5],具体的细节是这样的。简而言之,金星的表面非常热,大气中含有丰富的水蒸气。有些水蒸气进入上层大气,被太阳紫外线的光子分解,称为光解(photo-dissociate)。光解后,氢气逃逸到太空中,而氧气则留在大气里,与地壳中的还原性物质(尤其是亚铁)发生反应。有些氧气可能会随着逃逸的氢气被拖曳到太空中,不过,在这里,我们忽略这种复杂情况。关键之处在于,由于氢原子比氘原子更轻,所以,氢原子的逃逸速度更大,导致留在大气中的水的氘含量更丰富。因此,在金星现在的大气中,测出的较高的 D/H 比可以有力地证明,金星早期的含水量较大。

不过,只靠这一个测量值,很难准确地预测金星以前究竟有多少水。如果金星最初的 D/H 比与地球相同,同时,只有氢原子得以逃逸,那么,金星要达到如今比地球上的 D/H 比高 150 倍的效果,则其最初的含水量至少要比现在高 150 倍。即便如此,金星上的含水量仍然只是地球海洋的一小部分(0.2%)。所以,这个模型仍说明,金星早期相对比较干燥。但是,如果有一部分的氘随着氢气

失控的温室效应与金星大气演化

一起逃逸了(实际情况更接近于这样),那么,金星一开始的含水量应该更多,可能和现在的地球差不多。[6] 我们最多也就能说到这里了,因为一旦从金星上逃逸的 H、D 原子数的相对比值发生细微的改变,这个结论就会改变。此外,如果有稍微大一点的冰冻彗星加入的话,都有可能会重置 D/H 比[7],打乱我们之前的分析。所以,我们可以相当自信地说,金星最初是湿的,但无法确切地给出它具体的含水量是多少。

典型的失控温室效应

如果上面关于金星上有水(或缺水)的理论是正确的话,那么,我们可以借此推算出太阳周围液态水宜居带的内侧边缘在哪里。[8] 这个概念我们在第一章就已经引入了,还将在第十章提及。其实,就我而言,关于金星唯一一件最有趣的事情就是,它可以告诉我们太阳系宜居带的边界在哪里。很显然,金星的轨道距离太阳仅为 0.723 AU。离太阳这么近,就无法保持行星上的水。当然,也可以从太阳流量的角度来思考宜居带的边界。行星上的太阳流量遵循平方反比定律(inverse square law),也就是说,行星到太阳距离的平方增加一倍,太阳辐射强度就减小一半。因此,金星上的太阳流量相当于地球上的 $(1\ AU/0.723\ AU)^2 \approx 1.91$ 倍。地球上的太阳流量约为 $1\ 365\ W/m^2$,因此,金星上的太阳流量为 $2\ 607\ W/m^2$。根据我们在金星上看到的情况可以推测,从恒星接收的辐射量超过 $2\ 607\ W/m^2$ 的行星,就不太可能会适合居住。

然而,除了依靠观测结果,理论家感兴趣的不仅仅是观测结果,还有数值模型,因为这样有助于了解事情发生的机制。第一批开展金星失控温室效应建模的科学家,是 S.I.拉苏尔(S.I.Rasool)和卡特林·德贝格(Catherine Debergh)。他们在纽约的美国国家航空航天局戈达德空间研究中心工作。1970年,他们发表了一篇关于这个主题的经典论文。[5]几年后,理查德·古迪(Richard Goody)和詹姆斯·沃克(James Walker)[9]建立了一个更简化的模型,来诠释该模型的基本原理(见图6.2)。古迪和沃克认为,三颗类地行星——金星、地球和火星——自形成之初(那时没有大气)到现在,位置一直没有发生变化,到太阳的距离分别为0.72 AU、1 AU 和1.52 AU。太阳光度随时间的变化忽略不计。① 古迪和沃克进一步假设,这些行星上的大气层是它们各自的火山喷出的纯的水蒸气。如果有足够的水蒸气来产生温室效应,根据下文将详细讨论的温室效应简化模型,行星表面温度就可以随之上升。

简化计算的结果如图6.2所示。图中的三条虚线表示三颗类地行星表面温度的演化过程、火山喷发和水蒸气在大气中的积聚(古迪和沃克忽略了水星,因为我在本章提到过,水星上没有大气层)。深色实线表示水(温度较高)或冰(温度较低)的饱和蒸汽压(saturation vapor pressure)。饱和蒸汽压是大气在一定温度下所能保持的最大水汽含量。在三颗类地行星中,火星离太阳最远;因此,它在形成之初是最冷的,大约220 K 或-53℃。假设这三颗类地行星的反照率为0.17,大约是火星现在的反照率。在古迪和沃克的模型中,一旦火星上的表面大气压达到0.02毫巴(mbar)②,水蒸气就开始超过饱和蒸汽压,进而凝结成冰,如图中虚线和实线的交点所示。这解释了我们今天在火星上看到的现象:它是一颗有稀薄大气的冰冻沙漠星球。

---

① 该研究成果发表时,萨根和木伦关于这一主题的论文还未问世,所以,古迪和沃克可能并不知道这种复杂情况。

② 1 毫巴 = 10^{-3} 巴。

失控的温室效应与金星大气演化

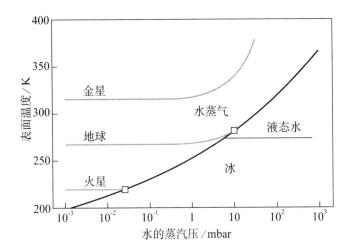

图 6.2 典型的失控温室效应示意图。在该模型中,假设三颗类地行星最初形成时都不含气体,大气都由纯的水蒸气组成。横坐标表示行星表面大气压(单位为毫巴,10^6 dyn/cm^2 = 1 bar)。纵坐标表示温度,单位为 K。虚线表示采用简化气候模型计算的表面温度。深色实线表示在液态水或冰上方的水的饱和蒸汽压(图片来自古迪和沃克于 1972 年发表的论文[9])

　　由于地球离太阳更近一些,它在形成之初比火星稍微温暖一些,大约270 K或-3℃。因此,水蒸气在凝结之前就能在大气中积聚到更高的浓度。对地球来说,积累一定量的水蒸气可以产生轻微的温室效应。这就是为何沿着曲线向右,曲线会稍微向上弯曲。在地球上,水蒸气开始凝结时,由于地表温度大于0℃,它形成的是液态水而不是冰。这又一次符合我们在地球上观察到的现象。地球表面大量的水基本上都保存于海洋中。

　　然而,图中最有趣的是金星表面温度变化的预测曲线。因为金星比地球离太阳近,它最初的表面温度更热,大约为 315 K 或 42℃。这使金星大气中积聚起了大量的水蒸气,在水蒸气达到饱和前,温室效应已经变得十分明显。因此,大气压超过 0.01 巴后,金星的表面温度曲线就急剧上升，所以，它永远都不会与饱和蒸汽压曲线相交。通俗地讲，金星的表面温度在计算中"消失"了（这就是"失控温室"一词的起源）。根据这一计算结果，所有从金星内部释放出来的水都保持在蒸汽相，形成了浓厚的水蒸气大气层。如果假设金星最初的含水量和地球相同，那么，表面大气压约为 270 巴。大约是金星目前大气压的 3 倍，这已经很大了。一旦水蒸气进入大气层，就会在上一节所描述的机制——光解作用下湮灭，伴随着氢气逃逸到太空中去。最终使金星成为类似于我们今天观察到的干燥行星。

另一种失控温室模型

图 6.2 所示的计算结果，可以很好地说明失控温室的基本概念。不过，仔细看看，有些重要的细节并不准确。这些早期提出的理论模型，对温室效应的数值处理过分简化，因为它们都假设水蒸气的吸收系数为常数，也就是我们常说的近似"灰色大气"。但在现实中并非如此：如第四章所述，水蒸气在某些波段的吸收较强，而在其他波段则较弱，因此，需要考虑水蒸气吸收率的这种变化，才能准确地计算温室效应。早期提出的温室模型还忽略了大气层对流作用，导致了对温室效应的估计偏高了很多（如今地球和金星表面的大部分热量，都是通过对流的方式，而非辐射的方式来传导的）。另外，这些早期提出的模型忽略了一个事实，即以前的太阳光度较小。同时，行星可能在其形成过程中产生了大气层，并非从一开始就不存在生命。正如第二章所讲，目前的行星形成模型还包括了挥发性小天体的影响。这些小天体与成长中的行星相撞时，大部分物质会被挥发掉，挥发物（包括水）就会直接释放到大气中。[10] 因此，行星形成的最新模型表明，地球和金星刚形成时可能都被浓密的蒸汽大气层包裹。[11—13]

失控的温室效应与金星大气演化

在美国国家航空航天局埃姆斯研究中心做研究时,我曾和吉姆·波拉克合作了一个项目,他想重新计算失控的温室效应。早在十年前,吉姆就已做过类似的计算[14],我选择去埃姆斯研究中心工作,也是为了向他学习。后来,我们决定从一个全新角度来看待这个问题。我们没有从太阳周围无大气的类地行星入手,而是问了自己一个问题:把一个演化完成之后的地球,逐渐推到离太阳更近的地方,会发生什么呢?① 这个问题避开了有关行星形成的细节,而是直接讨论类似地球的行星可能位于什么位置。如果这样做的话,地球上接收的太阳流量会增加,根据平方反比定律,地球表面会变得更热。水蒸气对气候的反馈也会受到影响,就像前面讲到的典型失控温室的计算一样。这种正反馈很不稳定,很难找到数值解。不过,我们用了一些简单的技巧,解决了这个问题。通常需要确定太阳流量,才能计算行星的表面温度,但我们没有这样做,我们解决了相反的问题:确定行星的表面温度,计算维持该温度所需的太阳流量。这样一来,即使地球受(失控的)水蒸气的反馈影响,气候不稳定,我们也能找到解决的办法。

计算这种失控的温室效应时,最棘手的问题是正确估算水蒸气凝结对大气垂直结构的影响。为此,我们选用了一种巧妙的分析方法。[15]该方法由安德鲁·英格索尔(Andrew Ingersoll)提出,他的论文比拉苏尔和德贝格发表的论文还要早一年。英格索尔是位于美国帕萨迪纳市的加州理工学院的著名行星科学家。他发现,行星大气中的水蒸气越多,它所储存的潜热(latent heat)就变得越来越重要。潜热是为了将液态水转化为蒸汽,或将冰转化成液态水时,需注入的能

---

① 在那些伟大的德国物理学家(如爱因斯坦)出现的时代,这种假设性的问题被称为"思想实验"。爱因斯坦是在头脑中解决这些问题的。由于没有爱因斯坦那么聪明,我们不得不依靠电脑解决问题。

量。水蒸气凝结成云时,潜热就会回到周围大气中,使大气升温。即使在今天,潜热的释放在气象学上也非常重要,尤其是在热带地区。潜热的释放可能是形成飓风最主要的能量来源。

在失控温室效应的模型中,我们考虑到地球表面会逐渐变暖,就利用英格索尔提出的方法,确定大气结构的变化。随着地表温度的升高,饱和蒸汽压升高,大气中的水蒸气含量急剧上升,冷凝时释放的潜热就会显著增加。释放的潜热使对流层升温,使温度随海拔升高下降得更慢一些(对流层是大气层中形成云层及发生对流最靠近地表的部分),使对流层向高处延伸,如图 6.3(a)所示。如今,对流层顶的高度与它所处的纬度有关,在热带地区,对流层顶离地面约 17千米,在两极地区,离地面约 10 千米。大气变暖时,利用模型计算出对流层顶的高度至约 150 千米处,直达平流层,大气中的水蒸气含量大大增加,如图 6.3(b)所示。换句话说,对流层顶的冷阱(cold trap)效率大大降低了。实验装置中的冷阱用于冷却空气或其他气体,使水蒸气凝结。在地球大气中,对流层顶是水蒸气的冷阱,使平流层保持相对干燥。对流层向上移动时,即使温度保持不变,对平流层的干燥效果仍会大大降低。[①]

你可能会问,就算水蒸气进入行星的高层大气,又有什么关系呢?答案是,这可能会使这颗类地行星无法居住,原因有二:首先,水光解得到的副产品会破坏臭氧层。平流层中的水被太阳紫外线分解,形成氢原子(H)和羟基自由基(OH)。这两种化合物达到一定浓度时,就会破坏臭氧层。当然,这对包括人类在内的现代地球生命来说相当危险,因为在太阳近紫外波段,臭氧层可以对人类形

---

① 冷阱中的水蒸气混合比 = 水的饱和蒸汽压/周围大气压。如果冷阱温度保持不变,则水的饱和蒸汽压也不变。但大气压会随冷阱的上移而降低,因此水蒸气的混合比会有所下降。

失控的温室效应与金星大气演化

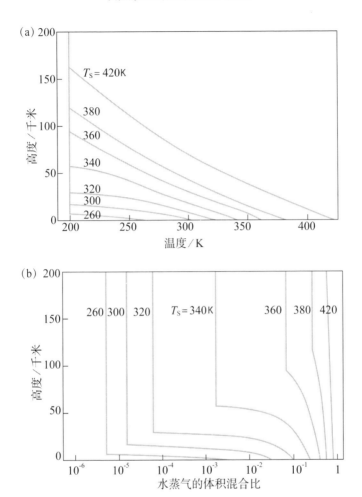

图 6.3 图(a)表示不同表面温度下的温度的垂直廓线(温度随高度变化轮廓的曲线);图(b)表示不同表面温度下的水蒸气含量(图片经爱思唯尔出版集团授权,根据卡斯汀 1988 年发表的论文重新绘制[16])

成保护层。其次,潮湿的平流层也会使氢迅速丢失到太空中。这对行星的宜居性至关重要——因为如果氢消失了,水也会消失。如今,地球平流层的水蒸气含量只有百万分之几,所以,氢气的逃逸很缓慢。但是,如果某颗行星的平流层很潮湿,那么,氢气的逃逸速度就会很大[17],这样一来,行星上的海水在几亿年内就会消失掉。[18]

计算失控温室效应的最后一步,是算出被吸收的太阳流量,以及大气向外的红外辐射通量[别忘了我们是从答案(表面温度和大气结构)入手,反推出支持这种大气结构的太阳流量]。为此,我们参考了波拉克和萨根[14]提出的方法,构建气候模型,结果如图6.4所示。图中横轴表示有效太阳流量(与如今地球上的太阳流量相比),看起来与正演计算别无二致。图(a)中的平均表面温度,一开始缓慢升高,当其表面的太阳流量,达到如今地球轨道处太阳流量的1.4倍时,温度骤然上升到约1 600 K(1 300℃)。这一温度高于水的临界温度647 K;因此,从该点向右,地球上的水都以蒸汽形式存在于大气中。此处太阳流量的变化,与地球到太阳的距离从1.0 AU缩小到0.85 AU有关。① 如前所述,金星轨道上的太阳流量是地球轨道的约1.91倍;因此,根据计算,目前的金星远高于失控温室效应的上限。实际情况下,云层(没有明确包含在模型中)可以通过反射太阳光,来维持行星表面的温度。因此,我们认为,该数值是出现失控温室效应所需的最低太阳流量,在此情况下,海水可以完全被蒸发掉。

不过,失控温室效应并不是行星失去水的必要条件,让平流层潮湿同样可以失去水。按照我们的模型,只要太阳流量达到如今地球上太阳流量的1.1倍就会出现失控温室效应,如图6.4(b)所示。对应的到太阳的距离为0.95 AU(1/0.95² ≈ 1.1)。由此看来,要是地球在刚刚形成的时候,到太阳的距离比现在缩小5%,地球可能就不适宜居住了。但这个结论可能过于悲观,因为前文解释过,我们的模型

① 根据平方反比定律,0.85 AU处的太阳流量是1 AU处的 $1/0.85^2 \approx 1.4$ 倍。

失控的温室效应与金星大气演化

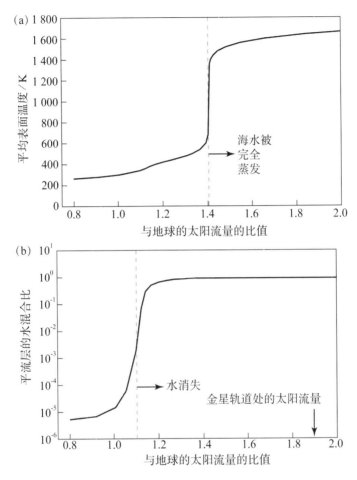

图 6.4　当地球向金星轨道缓慢移动时会发生的情况示意图。图(a)给出平均表面温度随有效太阳流量的变化(与如今地球轨道处的太阳流量的比值)。图(b)给出地球大气平流层中水的含量。平流层中的水含量大时,氢原子快速逃逸,海洋中的水分丢失(图片根据卡斯汀 1988 年的论文重新绘制[16])

中忽略了云层的作用,云层可以让行星表面冷却,从而减缓水的丢失。不过,这也说明,以目前的日地距离为标准,可能会失去水的行星,离地球目前所在的轨道位置不会太远。

金星大气层的演化

现在回到本章开始的问题,看看能否理解金星的大气层是如何演化的。回顾第三章,与太阳系形成之初相比,太阳光的强度降低了约 30%。所以,当时的太阳流量对金星的影响,应该是如今太阳对地球影响的 1.3 倍($0.7 \times 1.91 \approx 1.3$)。这个数值比形成失水行星的临界通量还大,说明金星在刚开始形成的时候,就已经在丢失水分了。但是,这一数值低于达到失控温室效应的值[地球接收的太阳流量(海洋完全被蒸发)的 1.4 倍],所以,金星表面当时应该有液态海洋和生命。至于是否存在海洋,取决于形成过程中吸收了多少水。如果金星形成时的水分和地球一样多,那么,它有一段时间很可能是有海洋的。如果金星形成时的水分较少,那么,它的表面可能一直都比较干燥。不管是哪种情况,我们的模型都预测到,随着时间的推移,金星会通过光解和氢的逃逸两种方式丢失水分。

一旦金星上的水丢失,它的大气层的后续演化,就相当容易理解了。如果没有液态水,金星表面硅酸盐岩的风化就会变缓,火山喷发出的 CO_2 就会在大气层中聚集。如今金星大气中的 CO_2 总量的压强为 90 巴,大致相当于地球地壳中碳酸盐岩中保存的 CO_2 总量。这样一来,似乎金星上的所有 CO_2 都集中在大气中了。金星大气中的 SO_2 的观测值较高(150 ppm,如表 6.1 所示),也很容易理解。含硫气体溶于水,可以通过降雨或直接溶解在海水中两种方式,从地球大气中除掉。因此,地球上大部分的硫,要么存在于海水中溶解的硫酸盐,要么存在于岩石中的硫酸盐矿物。一旦金星上的水分消失,SO_2 就没办法通过这些方式被消除掉,火山喷发的 SO_2 就会像 CO_2 一样,

失控的温室效应与金星大气演化

在大气层中逐渐积累。

为了表示公平起见,在此,我们还应列举其他科学家对金星大气成因的解释。马克·布洛克(Mark Bullock)和大卫·格林斯彭(David Grinspoon)认为,目前的金星大气压,可以通过大气和金星表面之间的化学反应来解释。[19] 在他们的模型中,金星大气中的 CO_2,应与金星地壳中的碳酸盐矿物平衡。① 换句话说,他们假设,CO_2 在大气和地表之间不断地交换,交换速率与温度和压强有关。然而,奇怪的是,根据他们的模型,金星现在的大气应该极不稳定。因为碳酸盐矿物可在低温下保持稳定,而气态的 CO_2 则要在高温下才能稳定。因此,地表越热,进入大气层的 CO_2 越多,使地表温度升得更高。相反,如果地表降温,大气中的 CO_2 就会进入岩石,使地表温度降低。

这是一个典型的正反馈循环,类似于失控温室效应。因此,如果这个模型正确的话,那么,金星表面的大气压就会在一个不稳定的平衡点周围摇摆。不过,这似乎不太可能,因为地表的大气压应该只会偏向某一方向。除此之外,还有一个更简单的解释:气体和干燥岩石之间的化学反应速率非常缓慢(这就是为什么根据刘易斯的平衡冷凝模型预测的硅酸盐水合物,实际上无法形成)。矿物颗粒表面的风化产物逐渐积累,会抑制这种反应继续进行。一旦硅酸盐颗粒被碳酸钙覆盖,它就不会与大气中的 CO_2 继续反应了。在地球上,风化产物可以被液态水带走,但金星上不能。因此,如果把金星大气层看作一个简单的 CO_2 收集器,收集从金星内部释放的 CO_2,同时,地表与

---

① 他们也考虑过其他反应,如 $CaSiO_3 + CO_2 \rightleftharpoons CaCO_3 + SiO_2$。这里的 $CaSiO_3$ 是硅灰石(一种简单的硅酸盐矿物),$CaCO_3$ 是碳酸钙(石灰石),SiO_2 是硅石(石英)。该反应称作硅灰石平衡反应(wollastonite equilibrium)。

大气之间的相互反应又十分缓慢[20],这样看来,问题似乎就简单了不少。

通过地表-大气之间的相互反应,来控制大气中的 SO_2 含量更容易实现,因为 SO_2 的浓度要低得多(150 ppm),因此,控制它的浓度所需的地表岩石不用太多。布洛克和格林斯彭在他们后来发表的论文中[21]提出,金星大气中的 SO_2 含量,由平衡反应"SO_2+CaCO_3(方解石)$\rightleftharpoons CaSO_4$(硬石膏)$+CO$(一氧化碳)"来进行缓冲。如果金星表面存在方解石和硬石膏,这种反应就可以双向进行(符合热力学平衡的概念)。然而,根据该反应预测的 SO_2 平衡浓度,仅为现在大气中观测到的 SO_2 浓度的 1%。[20]因此,若真的发生了这个反应,它只可能朝一个方向进行,即从左到右。同时,还需要火山持续不断地喷发出 SO_2,来维持大气中的 SO_2 浓度。

此外,乔治·桥本龙太郎(George Hashimoto)和阿部·丰(Yutaka Abe)提出,金星大气中的 SO_2,可以通过与黄铁矿(FeS_2)发生反应,以保持平衡[20],即 $3FeS_2$(黄铁矿)$+16CO_2 \rightleftharpoons Fe_3O_4$(磁铁矿)$+6SO_2+16CO$。如第四章所述,黄铁矿是一种还原矿物,它的存在(碎屑形式)可以看作是地球早期氧含量低的标志。虽然,我们不知道金星表面低氧大气中 O_2 的确切浓度,但估计应该远低于如今金星上层大气中的 O_2 含量(约 1 ppm)。[22]所以,这个反应是可能发生的,而且能预测大气中的 SO_2 浓度的平衡值,与实际的观测值相近。[20]黄铁矿也可用于解释金星表面高海拔区域反射率高的现象(这些山顶上像是覆盖了在雷达波段具有高反射率的某种物质)。所以,即使金星大气中的 CO_2 不会受到大气-地表相互作用的影响,SO_2 却能受到这种相互作用的影响。

第六章

失控的温室效应与金星大气演化

不管如今的金星上到底发生了什么,我们对此都很清楚:像金星这样离恒星太近的行星,都有可能因为失去水,而变得无法居住。所以,古迪洛克悖论的结论很简单。而关于火星的另一面则更为复杂,具体细节我们会在第八章讲到。

第七章

地球的未来演化方向

在结束"失控温室"这一话题之前,我们先简要回顾一下对地球的讨论。地球与金星不同,目前它还不会遇到失控温室危机。因为它离太阳已经够远,根本不可能出现这种情况(无论受到何种外力作用,都不可能出现,下文将对此进行详细说明)。有时,我们会产生这样的疑问:是否是因为地球上燃烧了太多的化石燃料,导致进入大气中的二氧化碳大量增加,才引发了强烈的温室效应。比如说,我们可以想象一下,如果地球上的煤炭大部分都在这几个世纪内消耗殆尽,那么,大气中的二氧化碳浓度,就有可能从现在的 380 ppm(当前值)增加到 1 400 至 2 000 ppm 之间。[1—3]二氧化碳浓度的这种增幅,将导致全球气温上升 8℃,甚至更多。[3]这对人类来说是一场灾难,因为它将导致极地冰盖在未来几千年内完全融化,使海平面上升 80 米。但即使如此,地球离失控温室还远着呢,就算为了让地球快速失去水,也用不着达到这么高的升温幅度。人类的生活会变得极其不便,但也不是不能生活。

高浓度二氧化碳大气和生命繁衍的适宜温度

令人惊讶的是,就算地球大气中更大幅度的二氧化碳增量,也不

地球的未来演化方向

会导致失控温室,或导致地球失去水。在美国国家航空航天局埃姆斯研究中心的另一项研究中[4],我们在模拟时,将地球大气中的二氧化碳浓度,增加到如今金星的浓度水平(大气压为100巴)。计算发现,即使地球表面温度升高到230℃,海洋也不会沸腾。平流层仍然相当干燥,从而限制了水的丢失(尽管在二氧化碳浓度达到几十巴时,它能影响的对象几乎只有水了)。地球表面达到了如此高的温度,却不会发生强温室效应,着实令人惊讶,但如果仔细思考这个问题的话,就能发现,这并非没有道理。在这种情况下,地球的大气层就像一个巨大的压力锅。厨师都知道,火鸡在密封的罐子里,比在敞开着的锅里煮得快。这是因为,气密锅内的压强大,水的沸点会升高,从而可以在更高的温度下煮肉。如果地球大气中的二氧化碳含量大幅增加,就会出现类似的现象。温室效应的加强,会使地表温度上升。但根据计算,地表压强上升得更快,因此,地球上的海洋永远不会沸腾。只有当地表液体的蒸汽压超过上层大气压时,液体才会沸腾。仅靠向大气层中注入二氧化碳,永远无法达到这种效果。届时,我们可能都已像火鸡一样被煮熟了,但地球还能保留它的水分。

二氧化碳温室效应的规模大小,还受到另一个因素制约。这是一个技术问题,但在这里我还是要提一下,因为它对理解火星的早期气候至关重要(详见下章)。大气中的二氧化碳可以将入射的太阳光有效散射掉。散射(scatter)是指,粒子(或分子)在不吸收入射光子的情况下,改变其运动方向的现象。当粒子的直径,比与之相互作用的辐射波长还要小得多时,就会发生瑞利散射(Rayleigh scattering),例如,空气分子与可见光的相互作用。该名称取自英国的瑞利勋爵,19世纪末,他用数学方法描述了这个过程。瑞利散射在短波段时更明显,可以解释天空为什么是蓝色的:太阳光中偏蓝的短波比偏红的长波更容易被散射。① 当地球大气层的大气压升高时,瑞利散射量也会增加,从而提高地球表面的反照率。二氧化碳发生瑞利散射的效率,是氮气或氧气的 2.5 倍。因此,我们在研究中模拟的高浓度二氧化碳大气[4],使那时的地球比如今地球的反照率更高,从而有助于防止地表温度升高,避免产生失控温室的后果。

我们知道,生命无法在极高的温度下存活,而二氧化碳浓度与温度正相关。植物和动物能生存的最高温度在 50℃ 左右。[5,6] 单细胞真核生物(有细胞核的生物)能在更高的温度(约 60℃)下存活。[5,6] 我们在第四章提到的许多种蓝藻,能在同样温度下存活,甚至有一种叫聚球藻(Synechococcus)的特殊蓝藻,能在 73℃ 时活下来。[7] 在美国黄石国家公园等温泉环境中,发现了这些耐高温生物。一些嗜热(特别喜欢热)菌可以在 121℃ 下存活。[8] 但由于这一温度已经远高于 1 巴压强下水的沸点,因此,这些生物只能在海底热流喷口中被发现。但是其他行星中生物的耐热性也是这样的吗?这仍然是一个悬而未决的问题。不过,地球生物的耐热温度值,可以作为判断其他行星存在生命可能性的有效标准。

太阳的未来演化与生物圈的年限寿命

虽然如今的地球看起来受到了很好的保护,不会发生失控温室效应,但在遥远的未来,不一定会继续如此。现在的太阳光度,比 46 亿年前太阳刚形成时提高了约 30%,且现在仍在以每亿年 1% 的速率增长。由此推算,10 亿年后,太阳应比现在还亮 10%,如图 7.1(a)所示。正如前一章所讲,这与导致金星早期迅速失水的太阳流量值相

---

① 瑞利界面有个著名的 $1/\lambda^{[4]}$ 参数,其中 λ 是辐射波长。

地球的未来演化方向

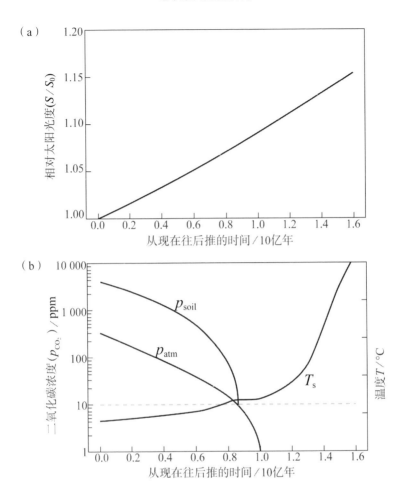

图 7.1 地球系统未来演化情况预测:(a)未来太阳流量相比现值的变化;(b)地球表面温度 T_s,大气和土壤中的二氧化碳浓度 p_{atm}, p_{soil}[9]

同。因此,人们认为,未来地球可能会像金星那样,从 10 亿年后开始失水。

由于大气中的二氧化碳浓度随太阳光度发生变化,地球大气的未来演化也变得复杂起来。第三章讨论过,随着气候变暖,硅酸盐岩

123

的风化速率将会增大，因此，大气中的二氧化碳会随着时间的推移而减少。但大气中的二氧化碳又会因化石燃料的燃烧而迅速增加，这导致预测变得更加困难。不过，我们这里要讨论的时间跨度显然会更长一些。除非我们减少使用化石燃料，或找到新的矿藏，不然的话，化石燃料可能会在几百年内耗尽。燃烧产生的二氧化碳会在地球系统中停留很长时间；甚至要在一百万年之后，最后的沉积物才会消失。[1]但是，这个时间尺度与太阳演化的时间尺度相比，只是短暂的一瞬而已。从长远看，硅酸盐风化的增速会消耗掉大气中的二氧化碳，使之减少。

采用气候耦合/地球化学循环模型，可对地球系统未来的演化进行模拟。[9,10] 1982 年，詹姆斯·洛夫洛克和迈克尔·惠特菲尔德（Michael Whitfield）率先研究了这个问题。毕竟，洛夫洛克对盖亚假说很感兴趣，而又有什么能比人类对地球气候的改变更具有盖亚性呢？根据他们的模型，大气中的二氧化碳浓度在大约一亿年后会下降到 150 ppm 以下。化石燃料产生的二氧化碳被忽略，因为化石燃料相对太阳变化来说，寿命太短了。150 ppm 的大气二氧化碳浓度，可以看作一个临界值，称为二氧化碳补偿点（CO_2 compensation point）。一旦二氧化碳浓度低于该值，C_3植物①就无法存活，因为它们呼吸的速度比光合作用还要大。在地球上，C_3植物约占包括树木和大多数农作物在内所有植物的 95%。因此，洛夫洛克和惠特菲尔德得出结论，地球或许只能让生物圈再活跃一亿年。听起来很长，但从行星演化的角度来看，这段时间已经相当短了。毕竟，地球上的生命本身可能已存在了至少 30 亿年，而植物和动物也至少有 5 亿年

---

① C_3是光合作用初始阶段形成的碳链长度。

了。因此,未来一亿年的寿命期限,意味着地球的生物圈将走向灭亡。

大约 15 年前,我当时的博士后肯·卡尔代拉(Ken Caldeira)[1]打算用我们自己的气候模型,以及风化速率如何随温度变化的假设,进行重新计算。修改后的计算结果如图 7.1(b)所示。肯的计算比先前的更详细,包括了陆地生物泵(terrestrial biological pump)的影响。第三章讲过,如果在土壤中测量二氧化碳,会发现它的浓度通常比大气中的浓度高 20—30 倍。这说明二氧化碳被树木和草根部的呼吸以及土壤中有机物的腐烂过程"吸"了起来。以下给出的计算过程中,肯进一步假设,一旦大气二氧化碳浓度开始下降,C_4植物将成为主要的生长植物。多种热带草本植物、玉米、甘蔗等 C_4 植物,在二氧化碳浓度低至 10 ppm 时仍可进行光合作用,如通过提高叶子内的二氧化碳浓度。按照肯的计算,C_4植物在生物圈最终灭亡之前可以存活约 9 亿年。就连 C_3 植物都还能存活 5 亿年——远比洛夫洛克和惠特菲尔德预测的时间长了 5 倍。所以,生物圈剩下的时间或许还能再长一点呢。一旦大气中的二氧化碳浓度下降到 10 ppm 以下,温室效应就基本消失了,因此,地表温度在接下来的几亿年内会迅速攀升,如图 7.1(b)所示。与前面介绍的二氧化碳引发的温室效应不同,在此过程中水也会丢失,因为背景大气很稀薄。要想让海洋全部蒸发,大概需要几亿年的时间[11],但跟现在的金星一样,地球最终还是会完全干涸。所以,如果这些计算正确的话,那么,生物圈的寿命确实是有限的——15 亿年,甚至更短——除非人类以某种方式介入。

———————

① 肯现在在斯坦福大学卡内基研究院工作,研究用地球工程学应对人类面临的气候变化。

用地球工程学应对太阳光度增加

虽然本节内容与全书不相关,但如果没有这部分内容,不具体说明地球其实没必要按照图7.1的路径演化,又显得有些误导读者了。如果到那时,人类还没灭绝,同时科技在不断发展,那么,通过技术手段来抵消太阳光度的增加可能会相对简单一些。亚利桑那大学的罗杰·安杰尔(Roger Angel)最近对此做出了详细介绍。[12]这些想法的提出,可以追溯到 J. T. 厄尔利(J. T. Early)此前发表的论文。[13]厄尔利和安杰尔都对"应对由二氧化碳引发的全球变暖产生的短期影响"这一更为实际的问题感兴趣,这被称为地球工程学(geoengineering)。我个人认为,应对全球变暖的这些地球工程学方法只能作为终极武器,留到最后才用,具体原因将在下文中介绍。然而,同样的原则也适用于应对太阳光度长期增加的问题。很少有人不相信自己会从失控温室中得以自救,就连我这样的环境保护主义者也不例外。

为了抵消全球变暖,厄尔利提出,我们可以在日-地系统中的拉格朗日 L1 点处,构建一个大型太阳能屏蔽装置(见图7.2)。L1 是引力平衡的 5 个点之一,也就是说,物体放在这里的话,既不会倒向太阳,也不会坠向地球。L4 和 L5 是稳定平衡点(stable equilibrium points),也就是说,物体可以在没有外力作用的情况下保持不变。20世纪70年代中期,普林斯顿大学的物理学家杰拉德·奥尼尔(Gerard K. O'Neill)提议,在这些地方建设大型栖息地,以平衡地球上的人口增长。为此成立了 L5 协会,并坚持了一小段时间。现在,这种想法已经遭到了抛弃,因为即使把人送往太空,也无法抵消地球人口增长了。人口的运输不够快,而且没法养活那些人。或许,L4 和 L5 有一

地球的未来演化方向

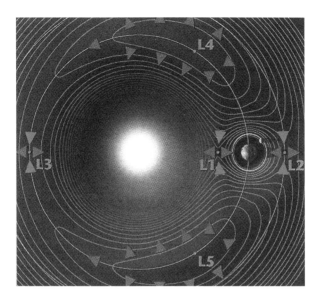

图 7.2　日-地系统中的拉格朗日点。这些点都是引力平衡点,位于平衡点上的飞船不需要输入能量(L4、L5 点),或者只需要一点点的能量输入(L1—L3 点),就可以保持稳定。本图并不是按照等比例来绘制的,从地球到 L1 点的距离大约是 150 万千米,约等于日地距离的 1%[14]

天能成为建设大型空间站的有效位置,但如果把人送到那里的目的,就是为了将人类赶出地球,这么做就没什么必要了。

　　与目前问题关系最大的,是不稳定的拉格朗日 L1 点,它位于太阳和地球之间。物理学家将其称为地球——太阳引力场中的"鞍点"(saddle point)。就像鞍座在一个方向(从前到后)向上弯曲,又在另一个方向(从一侧到另一侧)向下弯曲那样,重力场的重力势能只能从鞍点向某一方向增大,而朝另一方向减小。因此,如果不受其他推力的作用,物体放在 L1 点后,会逐渐远离该点。不过,它有可能在绕 L1 点的轨道上运行,因为这样消耗的能量最小。美国国家航空航天局目前有艘太空飞船,它正是这样观测太阳的 SOHO 探测器。巨幕电影《太阳系争夺战(Solarmax)》中,有很多太阳表面活跃的壮观图像,都是用安装在 SOHO 探测器上的摄像机拍摄的。

安杰尔采取早期的原始太阳盾构想,对其进行了修改,使它的构建和部署更加实用。[12]他设想的并非一个简简单单的大盾牌,而是在 L1 点附近(和周围)绕轨道运行的一系列小透镜。其采用厚度约为一微米的半透明材料制成,并带有非反射涂层。由于这样实在是太轻了,所以,太阳辐射压的作用就变得很关键了,且要把它们送到 L1 点内侧的位置。安杰尔用的镜头是特别设计的,就是为了抵消二氧化碳加倍对气候产生的影响,因此,它的使命是让照到地球上的太阳能消掉 1.8%。若要这样做的话,就要用一组小型透镜,大概 16 万亿个,每个透镜的直径约为 0.6 米。① 安杰尔认为,我们可以在地球表面造透镜,再用电磁炮发射到太空中。虽然有大气摩擦,但可以利用隔热技术,让这些透镜从地球表面以逃逸速度发射到宇宙中。这一点令人称奇。或者,如厄尔利之前所说,这些透镜也可以在月球表面制造,然后从那里发射。尽管在太阳演化前所剩时间已经不多,这是个障碍,但在月球上进行大规模制造似乎并不困难。安杰尔估计,地球发射系统可在约 50 年时间内建成,每年的平均成本为 1 000 亿美元。这虽然听起来像(确实也是)一笔巨资,但这仅相当于当前全球 GDP 的 0.2%。

或许,太阳能盾不是抵消全球变暖的最佳方案。除了造价昂贵、困难重重之外,它本身无法降低大气中的二氧化碳浓度。这可能是个问题,因为二氧化碳含量过高,会使海洋表面酸性更强,反过来,又

① 镜片的总面积/地球的投影表面 $= \pi R_E^2$,结果约等于 1%。但由于物理衍射,每一个镜片会有约两倍的面积。因此,这种镜片组可以抵消两倍浓度的二氧化碳产生的气候影响。

会对海洋生态系统造成重大损害——特别是由碳酸钙组成的珊瑚礁,极易因此溶解。然而,从太阳演化的时间尺度上看,太阳能盾是一个相当棒的主意!我们希望二氧化碳保持相对丰富的状态,便于C_3植物生存,我们也希望地球上的气候能保持凉爽。在太阳剩余50亿年的主序星寿命中,如果人类还能生存一小段时间,这种大型太空项目肯定可以完成。因此,我们不用太担心地球气候的长期演变。乐观一点想,人类可能不但不会使生物圈过早灭亡,而且能成为它最后的大救星呢。估计吉姆·洛夫洛克(Jim LoveLock)和卡尔·萨根都很乐意接受这种想法。

火星气候之谜

现在,让我们把注意力转向地球的另一个邻居——火星。不管是科学家还是公众,一直以来都对火星很感兴趣。因为无论是现在,还是在遥远的过去,在太阳系的所有行星中,火星有生命的可能性最大。由于大家对火星生命一直兴趣浓厚,过去 30 年里,美国国家航空航天局已向火星发射了一系列探测器。最近的任务包括,2004 年抵达的火星探测漫游者任务(MER),也就是勇气号(Spirit)和机遇号(Opportunity)两辆火星车,以及 2008 年 5 月登陆火星北部平原的凤凰号(Phoenix)着陆器。

尽管如此,火星和地球的相似性并不是很高。它的直径只有地球的一半,质量只有地球的 1/9。尽管火星的两极有水和二氧化碳的混合物组成的冰盖(见图 8.1),但它红棕色的地表上并没有液态水。火星的大气与金星一样,主要由二氧化碳和氮气构成(见表 8.1)。火星表面的大气压强只有 6—8 毫巴①,还不到地球表面大气压强的 1%;火星地表的平均温度为-55℃。在赤道附近,中午时的地表温度偶尔会上升到水的凝固点以上。但即便在这些地区,也不可能存在

---

① 地球表面的大气压强为 1.013 巴,或者写成 1 013 毫巴。

火星气候之谜

图 8.1　哈勃空间望远镜拍摄的火星照片（图片来自美国国家航空航天局喷气推进实验室-加州理工学院）

液态水。一是因为火星上的大部分水已经迁移到了两极，二是因为在地表大气压较低的情况下，水冰更容易升华（直接从固态变为蒸汽），而非融化。[1]

表 8.1　火星大气的组成成分

气体	体积百分比
CO_2	95.3
N_2	2.7
Ar	1.6
O_2	0.13
CO	0.07
H_2O	~0.006（变量）

火星地表液态水的证据

尽管火星上的气候很恶劣，表面没有液态水，但行星科学家仍然

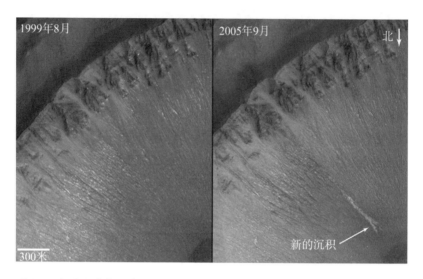

图 8.2　火星全球勘探者号拍摄的照片。这是半人马山地区一个不知名的撞击坑的岩壁上刚形成不久的沟壑。这个撞击坑位于南纬 38.7°、西经 263.3° 附近。左图照片是 1999 年拍摄的。右图是同一位置 2005 年拍摄的，上面有条刚形成不久的沟壑[2]

希望有朝一日能在那里找到生命。因为我们每次探索火星，都会发现惊喜。最大的惊喜，莫过于火星全球勘探者号探测器上的火星轨道相机（MOC）拍摄的高分辨率照片了。除了机遇号和勇气号火星车之外，火星全球勘探者号是有史以来飞往火星最成功的航天器了。从 1997 年 9 月到 2006 年 11 月，它一直在环绕火星运转，为我们传回图像和其他数据。图 8.2 是在半人马山地区，同一个撞击坑的岩壁相隔 6 年的两张照片。[2] 右图的浅色条纹，表示最近刚形成的沟壑（gully）。这里的"沟壑"，是指在一些撞击坑的坑壁上或较大的谷中发现的小型沟谷痕迹，显然是水流经过的特征（注意，图中左下角是300 米的比例尺）。

　　这样的沟壑究竟是如何形成的，仍然是一个有争议的问题。一

火星气候之谜

些科学家认为,可能是由山体滑坡而非流动的液体造成的。然而,仔细分析这些流动结构会发现,它们遇到障碍后会从旁边绕过去,而不是越过去,足以说明滑坡的观点是不对的。还有些人认为,它们是由液态二氧化碳而不是液态水形成的。但这似乎也不太可能,因为液态二氧化碳只有在5.2巴以上的大气压下,才能保持稳定,而这个大气压比火星地表的大气压要高得多。通过比较,纯的液态水可以在高于三种相态的转换点①的温度和压强(0.01℃和6.1毫巴)下存在。

这些沟壑大多发现在纬度大于北纬或南纬30°、面向赤道的斜坡上,这说明,它们是由液体流动形成。白天,太阳光或多或少垂直于地面,斜坡受到太阳能加热。虽然,这个过程的能量传导,我们暂时还不清楚,但可以知道,它会让地下的冰层融化。还有一种可能,液态水可能会从温度较高的火星地壳深处的裂缝喷出。沟壑发现于高纬度地区而不是靠近赤道,可能与火星上水的分布位置有关。目前,火星的自转轴倾角约为25°,与地球的23.5°差不多。所以,火星也像地球一样,极地寒冷,热带很热。因此,靠近火星地表的水冰,会在热带地区升华,在极地附近重新凝华成霜或雪。

火星自转轴倾角的变化幅度,比地球要大得多,因此,火星的气候历史较为复杂。如第五章所讲,地球的自转轴倾角在41 000年间只改变了约1°。相比之下,火星的自转轴倾角在十万年和百万年的周期内,却改变了±10°[3](见图8.3)。自转轴倾角较大时,在夏季,两极会很热,赤道地区的日照会减少。因此,自转轴倾角较高时,火星地表附近的水冰,可能会向赤道移动。反之,当自转轴倾角较低时,水冰会向极地移动。这种现象有助于解释,在过去的几十亿年中,即便

---

① 指三态(固态、液态、气态)同时共存时的温度和压强。含盐(saline)的液态水可以在相当低的温度下保持液态,或许这些沟壑是卤水造成的。

自转轴倾角和气候波动周期性地变化,有些地区仍然会有地表水。

在500万年或更长的时间跨度中,与地球截然不同的是:火星自转轴倾角的变化在混乱中摇摆不定。计算表明[5,6],在这段时间里,火星自转轴倾角的改变量,低至0°,高达50°至60°。图8.3给出了说明这一行为的例子:两个类似的计算过程,只是由于参数稍微有所不同,计算结果就可能完全不同。这些模拟都是用火星自转轴岁差速率的两个不同值,从现在向前推算,得出控制火星自转轴倾角的方程,这两个值都在观测范围内。显然,模拟得到的答案,取决于参数的准确度。

混沌(chaos)一词在这里使用,表示它的数学含义。从技术上讲,这意味着,初始条件或参数一旦有微小变化,就可能导致计算结果在一段时间内发生较大变化。从实践层面来看,这说明,我们无法准确预测时长500万年以上的火星自转轴倾角变化。尽管如此,人们仍然可以从统计上证明:火星的自转轴倾角,要过相当长的时间后,才能变得很大。在此期间,储存在极地的大部分乃至地表的所有水冰,都将迁移至热带地区。火星复杂的表面地形,可能反映了这些水冰在储存处发生的巨大变化。在下一章,我们还会讲到这个话题,因为在某些情况下,地球也会发生类似的自转轴倾角的显著变化。事实上,这是沃德和布朗利"稀有地球"假说的关键因素。

火星大气含有甲烷吗

火星带给我们的第二个惊喜是,最近在火星大气中发现了甲烷的光谱证据。这些测量结果,来自三种不同的仪器:两台安装在地基望远镜上[7,8],第三台安装在欧洲空间局的火星快车号(Mars

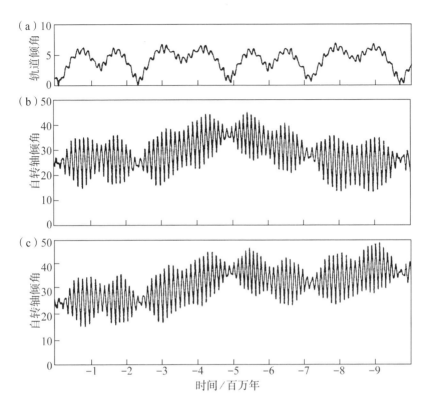

图 8.3　在过去 1 000 万年中,火星的轨道倾角(a)和自转轴倾角(b 和 c)的计算。两次计算分别采用两个略有差别的当前轨道岁差常数[4]

Express)探测器[9]上。这三项研究都专注于火星在近红外波段(波长接近 3.3 微米)对太阳光的反射,其中甲烷表现出强烈的吸收作用。一项研究发现,大气中甲烷的体积浓度平均约为 10 ppbv,另外两项研究发现,甲烷浓度的最高值可达到 200 ppbv。所有测量结果,都几乎到了这些仪器的检测限,因此,这些测量值都可能存在不确定性。未来将要发射的火星轨道器,将进行高光谱分辨率的测量。参与火星表面探测任务的实验室,也会用质谱仪的测量结果,来判断甲烷是否确实存在。

科学家为什么对这些未经证实的测量结果感兴趣呢？这是因为,如果甲烷存在于火星的大气中,就表明火星的地下可能有生命。正如第四章所述,地球上最大的甲烷来源是产甲烷菌。这种生物也可能存在于火星的地下,依赖由地下水与火星地壳中的矿物经还原作用产生的氢气生存。另外,甲烷还能由非生命物质产生,就像我们已发现的、地球上大西洋中脊(见第四章)产生的甲烷一样。在目前阶段,由于测量结果无法对不同假设做出判断,甚至无法证明火星大气中含有甲烷,所以,人们只能进行推测。如果火星大气中确实有甲烷,而且,可以从一个地方迁移到另一个地方(这说明在接近地表的地方,有一个相当大的甲烷来源),那么,生物因素产生甲烷的说法,可能会有些可信度。不过,目前看来最保险的说法是,这项研究很有意思,值得跟进。

火星古代的水流证据

火星近期形成的沟壑,以及大气层中甲烷的观察结果,是当前的热门话题。如果现在火星上确实有生命,这些话题将会引发相当惊人的发现。然而,就我们的研究目的而言,火星的长期历史会更有趣些。无论现在的火星是否宜居,这些证据都表明,在遥远的过去,火星上一定是宜居的。证据部分来自 1971 年水手 9 号(Mariner 9)和 1976 年两次海盗号(Viking)探测任务拍摄的火星照片。两次海盗号任务都包括轨道器和着陆器。两个轨道器上都配备了低分辨率相机,其图像质量与图 8.2 所示的高分辨率图像相比,就较差了。然而,图像分辨率低也有其优势,因为它使得海盗号生成了火星表面的全景地图。相比之下,火星全球勘探者号的高分辨率相机,虽然在 9

火星气候之谜

(a)

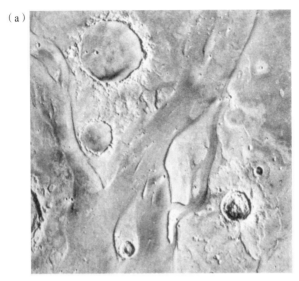

(b)

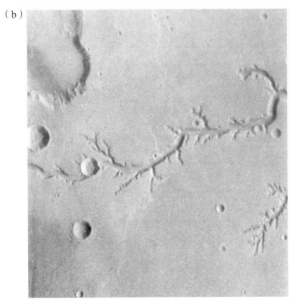

图 8.4 (a)亚利斯谷(外流河道);(b)奈加谷(一条径流河道或谷)。两图都是海盗号轨道器拍的,两者的边框长度都约相当于200千米(图片来自美国国家航空航天局喷气推进实验室-加州理工学院)

137

年内传回了超过 24 万张图像,但它只能绘制一小部分地表。

海盗号的图像显示,火星表面的部分地区,特别是南半球高地,有大规模浮游物的洪积特征(见图 8.4)。其中,一些地表特征[见图8.4(a)]宽达 40 千米。人们认为,这些所谓的外流河道(outflow channels)是由大规模的洪水造成的,类似于地球在最后一次冰期结束时的斯波坎洪水,在华盛顿东部的史卡布地区形成了很多冲沟。[10]人们认为,产生这种现象的原因是,大型冰坝裂开,几乎在一夜间,把现在的米苏拉湖剩余部分的水都放了出来。而这些洪积特征,反过来也被认为是火星上当时低温的证据,因为冲沟的必要原因是冰。

但其他冲积特征看起来完全不同。火星上的奈加谷[见图 8.4(b)]是一个典型的例子。这条谷有几百千米长,宽约 2—3 千米。很显然,它没有图(a)中外流河道那样的冲积特征。相反,在很长一段时间内,水流可能是在控制之下形成的。因此,被称为径流河道(runoff channel)或谷(valley)。又短又粗的支流表明,它是渗流(sapping)形成的。在形成河道前,水是在地下流动的。如今,地球上干旱地区形成的河流(如美国西部)中,就可以看到类似的支流模式。

火星全球勘探者号用更高分辨率的图像,提供了进一步证据,表明火星上的谷类似于地球上的河谷。图 8.5 是高分辨率相机拍摄的纳内迪瓦利谷的一部分。这条谷的总体结构与图 8.4 中火星的谷类似。[11]而且,在此分辨率下,可以看到一条小河在图片上半部分的弯道中间切割过去。这条河是一段不超过 20—30 米宽的河流。那些去过亚利桑那州大峡谷的人,一眼就能看出两者之间的相似之处。大峡谷约 1.6 千米宽,1.6 千米深,由科罗拉多河(大部分地方宽约 20米)冲刷形成。显然,最终形成的峡谷,往往比一开始为了形成河流而冲刷出来的峡谷要宽得多。这种类比也能告诉我们,形成这些特

火星气候之谜

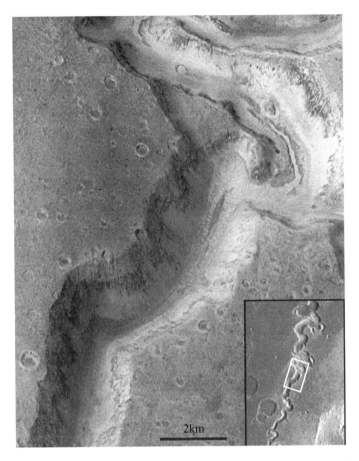

图 8.5　纳内迪瓦利谷(部分)——由火星全球勘探者号近距离拍摄的一条谷,
边框长度代表约 3 千米宽

征要用多长时间。随着科罗拉多高原的逐渐抬升,大峡谷的形成经历
了 1—2 千万年。如果在火星上也是如此,那么,火星上的纳内迪瓦利
谷、甚至许多其他谷,都可能在数百万至数千万年的时间内形成。

　　最后的这个推论很重要,因为如果正确的话,就能排除某些谷的
成因假说。例如,在 2002 年,科罗拉多大学的特里萨·塞古拉

(Theresa Segura)及其大学同事,以及美国国家航空航天局埃姆斯研究中心的同事提出,巨型撞击会导致蒸汽型的大气降雨,形成了火星早期历史上的谷。[12]在此情形下,谷的形成只需要数千年,而非数百万年,说明我们不能将这些谷与地球表面山谷的形成过程类比。未来,我们可以通过派遣地质学家或机器人,攀登峡谷壁,收集岩石样本,然后利用放射性同位素年龄测定技术,来研究这些假设。就目前而言,尽管所有的假设仍不确定,但可以合理猜想:火星上的谷要在足够温暖的气候下形成,这样才能让液态水在火星表面流动数千万年至数亿年。

火星上的谷何时形成

如果火星上的谷确实要很长时间才能形成,立即就会引发另外两个问题。首先,火星的气候什么时候会比较温暖?其次,火星那时到底有多热?第二个问题很难回答,这一点我们会在下文讲到。但是,第一个问题则相当容易。虽然,巨型撞击可能不太容易形成谷,但我们还是能找到一些证据。换言之,谷主要形成于撞击坑密集的地区。这种撞击坑集中在火星南半球的高地地区。相比之下,北半球平原上的撞击坑和谷相对要少得多。

很显然,可以从观察得出的推论是:大多数火星上的谷是在早期形成的,当时形成撞击坑的可能性比现在高得多。幸运的是,我们可以从月球上获得数据,说明火星上什么时候开始出现这样的情况。阿波罗航天员采集的大部分月球岩石,都是 38 亿年前形成的。由此,可以确定,内太阳系形成撞击盆地的高峰期直到 38 亿年前,此后迅速下降。[13]太阳系形成时期(45.5 亿年前),一直到月球岩石形成时期(38 亿年前),被称为重型撞击期(heavy bombardment period)。

火星气候之谜

实际上,对这个问题也有争议。一些科学家(包括许多研究月球岩石的地质学家)认为,大约 38 亿年前,出现了强烈的撞击高峰期。[14]而另一些科学家认为,这只是漫长的天体(尤其是太阳系主吸积期结束时残留的小行星)撞击期的末期。[15]

最近,一组来自法国尼斯的研究人员,提出了一种机制,可能触发这一系列撞击事件,以此支持"撞击高峰期"的假说。[16,17]他们认为,土星最初形成时,距太阳较如今近,且在太阳系早期就开始向外迁移。土星绕太阳的轨道的半长轴为 9.5 天文单位,如今绕太阳公转的轨道周期为 29.5 年。这一数值大约是木星轨道周期的 2.5 倍,而后者的轨道半长轴为 5.2 天文单位,轨道周期为 11.8 年。根据所谓的"尼斯模型",土星形成时到太阳的距离小于 8 天文单位,后来,土星在与较小星子的引力相互作用下,逐渐向外迁移。在此过程中发生轨道共振,此时,土星绕太阳的轨道周期恰好是木星的两倍。轨道共振时,木星和土星会发生非常强烈的相互作用,各自的轨道也会变得更像椭圆。根据这一模型,天王星和海王星刚刚形成时,与太阳之间的距离也很近,后来逐渐迁移到外太阳系,扰乱了冰冻小天体(彗星)的轨道,使它们与类地行星或月球发生碰撞。因此,该理论预测,大约 38 亿年前发生这种轨道共振时,内行星遭受的撞击应该会出现高峰期。如果这一说法正确的话,那么,月球上的许多撞击坑和火星高地上的撞击坑应该形成于同一时期,在太阳系历史中属于同一事件。

不管哪种理论是正确的,它们对火星上的谷形成时间的影响都是相同的:火星上的谷一定是在 38 亿年前或更早的时候形成的。即使火星上的气候曾经是温暖湿润的,如果那时的火星上可能有生命,那段时期也只持续了一小段时间。

早期的火星温度有多高

第二个问题已经困扰了行星科学家多年：早期火星的气候得有多暖和，才能解释我们观测到的河流特征呢？曾经，在这个问题上，科学家们分成了相反的两派："火星早期寒冷队"和"火星早期温暖队"。参加了今天的火星大会之后，我觉得很好笑，因为我发现，我们在这个问题上的进展，跟30年前相比，并没有推进多少。或许，因为我们一直以来都只能靠遥测数据，而非实地观测，来回答这个复杂的问题。我推测，除非机器人着陆器（或地质学家）去火星表面进行更彻底的探索，否则，这种分歧会一直持续下去。

上面提到的特里萨·赛古拉及其合作者[12]，都是火星早期寒冷队的支持者。如果他们提出的撞击机制是正确的，我们就不必再解释火星是如何保持温暖的气候了。卡尔·萨根也支持火星早期是寒冷的说法，或者，更准确地说，他写的论文中，对两个观点都表示支持，直接跳过了选择不同阵营的问题。1972年，他在与乔治·马伦合作的论文中，在第二部分提到了为什么火星早期气候温暖是很有必要的。但是，后来他与大卫·华莱士（David Wallace）合作了一篇论文[18]，文中他提出，谷可能是由被冰层覆盖的河流形成的，当时的气候并不比现在温暖多少。在他们看来，冰盖可以起到隔热的作用，防止水在几百千米的流动过程中被冻住。

这个问题仍然无法达成一致的另一个原因，是证据不同，支持的假说也不同。例如，从轨道卫星获得的许多地球化学数据，支持火星早期是寒冷的假说。而火星奥德赛号飞船获得的红外光谱数据则表明，火星表面广泛分布着橄榄石矿物。[19,20]橄榄石是一种绿色矿物，

火星气候之谜

多存在于地球的地幔和一些火山岩中,暴露在液态水中时,会迅速被风化,并转化为其他矿物(黏土)。[①] 火星表面广泛分布的橄榄石,说明大部分地区未降过雨。大多数谷中,有又短又粗的沟谷分支[见图8.4(b)],乍一看,应该支持这种观点。地球上的大部分地表,都被江河湖海彻底分割。两种数据来源还有很多其他解释。机遇号和勇气号火星车在移动站点的最新观测结果表明,两个着陆点的大部分橄榄石,都被尘埃包裹着,而尘埃则遍布整个火星表面。所以,某些地区偶尔出现橄榄石,并不代表那里从未下过雨。机遇号火星车获得了明显的矿物学证据,结果表明,至少在子午线平原(Meridiani Planum)上,有过液态水。[21]谷周围又短又粗的支流,可能是火星的土壤疏松多孔,降落的雨水还未汇集形成溪流,就迅速渗透进土壤中导致的。

时间尺度也至关重要。如果人们同意,火星上形成谷需要几百万年,那么,就必须持续地把水补给到火星表面。即使水流源于地下含水层——它们也要定期进行补给。地球上的地下水通过降雨而得到补给。火星水循环的一些模型表明,水可能从地下一千米或两千米的全球含水层向上扩散,再形成地下水。[22]这似乎说得有点远。更有可能发生的情形是,早期的火星十分温暖,已经足以形成大规模的降雨或降雪,也就是说,火星的气候不可能比现在还要冷(即使火星上的水最初是以降雪的形式降落,为了补给含水层,它也必须升温至冰点以上)。那么,我们就假设火星早期比较温暖吧,看看我们能否对此进行解释。

---

① 橄榄石的风化不是连续进行的,夏威夷大岛上著名的绿沙海滩就是一个证据。这个沙滩几乎都是由橄榄石晶体组成的,看上去就像《绿野仙踪》里的翡翠城一样。

火星早期温暖的成因

让我们从与地球早期进行类比开始。就如第三、四章所讨论的那样,地球早期保持温暖,可能是大气中的高浓度二氧化碳和甲烷联合作用的结果。部分二氧化碳由火山喷发产生,部分是小行星撞击之后保留下来的。跟地球相比,火星上的重力小到几乎只有地球上的三分之一,因此,小行星撞击对形成浓密的二氧化碳大气层几乎是无效的。[23]但活火山显然存在,它们或许是火星大气中大量二氧化碳的来源。在赤道附近的地区,我们发现了最显著的火山作用证据。太阳系内最大的火山奥林匹斯山(Olympus Mons)及其他几座大型火山,都坐落在塔尔西斯地区。

思考一下地球早期的另一个故事——甲烷温室的时候,就没办法再把地球与火星类比了。地球上的大多数甲烷,是由产甲烷菌产生的,这属于生物过程。但我们不知道火星上是否产生过生命,所以,不能假设火星上存在这种甲烷来源。不过可以肯定的是,非生物来源的甲烷应该是有的,也可能有其他温室气体。然而,让我们暂时保留意见,去看看二氧化碳和水可能产生的变暖效果。

火星早期的升温极具挑战性。因为火星与太阳的距离太远。同时,我们认为,当火星处于温暖期,太阳的亮度像现在这样。火星轨道到太阳的平均距离,为1.52天文单位。因此,与地球相比,太阳流量减少为$1/1.52^2$,即为地球上的43%。而且,如果火星上谷的形成在38亿年前,那时,太阳的光度最多是现在的75%。因此,火星上形成谷时,火星轨道上的平均太阳流量,不会超过地球当前太阳流量的$0.75×0.43=32\%$。

在美国国家航空航天局埃姆斯研究中心工作时,我对此做过计算。[24]最初,我们确定,可能是大气压为 5 巴、由二氧化碳和水组成的火星大气,导致了太阳流量较低的现象。但是,这样的解释显然与事实不符,因为二氧化碳会在对流层的上半部分凝结。但在理论模拟中,并没有出现这种情况(在现实中也是)。尽管冬季时,火星上的二氧化碳会在极地凝结成冰盖,不过,火星早期的太阳流量较低,对流层的上部应该充满了二氧化碳冰云。

在修改包含这一效应的计算时[25],我们得到了一个令人相当惊讶的结果:根本不可能通过增加二氧化碳来使火星变热!问题如图 8.6 所示。该图把火星表面的平均温度,表示成火星表面大气压的函数,给出四个不同太阳流量对应的大气压。假设存在一种由二氧化碳与水组成的大气,其中,水的含量达到大气中的最大饱和量。该模型使温室效应达到最大化,由此计算出的表面温度更高。结果表明,对应目前的太阳流量来说,通过向大气中补充二氧化碳,可以将火星的表面温度提高到任意值。大约 2—3 巴大气压的二氧化碳,足以使火星表面的平均温度高于水的冰点,也就是 273 K。因此,如果我们能从某些地下矿藏中,找到足够多的二氧化碳,想办法将其释放出来,就能使现在的火星发生转型,使它变得适合人类居住。① 但在这样的环境条件下,人们仍然无法在火星上自由生活,因为人类还无法在二氧化碳分压超过 0.01 巴[27]的大气中呼吸。但植物或许能在那里生长。如果人们愿意带着氧气罐,那么,也可以不穿航天服,就能四处走动。

然而,对于火星的早期,大气中二氧化碳浓度增加,效果是完全

---

① 英国牙医兼业余科学家马丁·福格(Martyn Fogg)曾开玩笑说,(要是火星地下存在碳酸岩,)我们可以用几千枚氢弹,每隔一段距离在火星地下炸一次,把地下的碳酸岩都蒸发掉。[26]这确实是个把火星转变成地球的好主意。但这就相当于为了拯救它而亲手毁了它。我们还是希望子孙后代们不要选择这个方法。

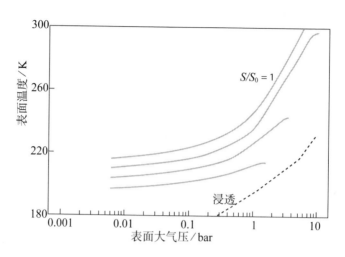

图8.6　二氧化碳和水组成的大气中,火星表面平均温度和大气压之间的函数。S/S_0代表当时的太阳流量与现值的比值。虚线表示能使二氧化碳沉降到火星表面时的温度。在比38亿年前更早的时候,即大多数火星上的谷都还没有形成时,太阳流量还不到如今的75%

不同的。38亿年前,也就是最终形成大部分谷时,太阳流量仍然只有现值的75%,在图8.6中,表现为较低的两条曲线中间的位置。根据这些计算结果,火星表面的最高温度应为约225 K,即-48℃。与雪球地球时期的平均表面温度的估计值大致相同(见第五章)。当然,地球上的生命完全无法生活在早期的火星表面。不过,藻类和其他单细胞生物却可以在冰盖下存活,因为在雪球地球时期,地球上的生物似乎也是那样生活的,因此,也不能说那时的火星完全不存生命。但是,这种情况绝对属于"火星早期寒冷队"的观点。我们回到这个问题:如何解释火星上的河流特征？至少,我一直都对这个结论不满意,总让我觉得好像在计算中错过了什么。

　　仔细看看图8.6,可以发现一件奇怪的事:代表太阳流量较低的两条曲线,都在表面大气压为2—4巴的位置消失了。有人会问,为

火星气候之谜

什么会这样呢？难道不能简单地将更多的二氧化碳释放到大气中，使之变暖吗？答案是否定的，原因有两个。其中一个原因在上文中已经讲到过：高的二氧化碳大气压和低的太阳流量情况下，在理论模型中的对流层上部，二氧化碳会凝结形成冰云。这与冷冻冰淇淋所用到的"干冰"相同。这一过程所形成的冰云，与地球上的卷云相似，不同的是地球上的这些卷云由水的冰晶组成。尽管如此，根据理论模型，冰云本身不会对火星表面温度造成影响。令人惊讶的是，如果二氧化碳的冰云出现在早期大气层中，实际上会使火星表面变暖（见下文）。但形成二氧化碳冰云的过程，本身会有助于限制温室效应导致的气候变暖。正如第六章所讨论的，气体凝结成液体或固体会释放潜热。这适用于二氧化碳和水。在早期的金星上，水汽的凝结，降低了对流层的气温垂直样度（温度随海拔降低的速率），这导致对流层顶的冷阱向高处移动，使水汽得以进入平流层。

在我们的早期火星模型中，二氧化碳的冷凝，也以类似的方式降低了对流层的气温垂直梯度。但这一过程的重要作用，是降低温室效应的强度，而非改变平流层中的二氧化碳浓度。因为人们认为，这些大气几乎都是二氧化碳。平流层的温度，大体上由它接收的太阳能控制，与它辐射回宇宙的红外辐射平衡。该现象可以让我们很容易理解上述过程。表面温度由平流层和地表之间的相互联系决定。如果对流层的气温垂直梯度不大，则火星表面会更冷。这也就是二氧化碳（或水）凝结形成冰云时所发生的情况。所以，这就是图 8.6 中的曲线在大气压为 2—4 巴的位置结束的第一个原因。

第二个原因（也是限制火星早期温室效应强度的重要因素），是二氧化碳对地球反照率（或反射率）的影响。如前一章所述，二氧化碳可以非常有效地对入射太阳光进行瑞利散射。因此，大气压增加时，会有更多太阳光散射回太空，行星表面的反照率增加，气温下降。

正因为这两点,只用气态的二氧化碳和水,很难或者说几乎不可能将早期的火星加热到冰点以上。

如上所述,二氧化碳冰云可以解决这个问题。我们无法通过直觉预测这个因素,因为一般来说,地球上的水云是可以降低气温的。对流层底部(由液态水构成)中的积云和层云,常常会增加地球反照率,从而使地表冷却。另一方面,对流层上部的卷云往往会使地球表面变暖,因为它们可以透过大部分入射的太阳光,但会把从地球表面再辐射出去的红外辐射吸收掉,从而增强温室效应。低层的水云也会增强温室效应,但增强的程度不大,因为它们的温度还不够低。①

火星上的二氧化碳云类似于地球上的卷云,尽管从技术上说它们的效果不同。二氧化碳云倾向于散射红外辐射,而水云则会吸收红外辐射。尽管如此,它们的"散射"温室效应可能很大。计算表明[28],如果二氧化碳冰云覆盖在整个早期火星的表面,表面温度可能会升高 70℃,足以让早期火星的温度如同地球一样温暖。但如果云层的覆盖率仅为 50%(这一数值也是地球上的典型数值),大部分附加的温室效应就会消失了。大气温室就像浴缸:如果它有几个洞,大部分水(也就是红外辐射)很快就会逃逸出去。

让我们回到这一观点吧,也就说,除了二氧化碳外,或许还有其他温室气体,也会使早期的火星变热。如第四章提到的蛇纹石化反应,可能在火星上生成甲烷(回忆一下,温暖的海水,通过海底的热液喷口进行循环时,温暖的海水与玄武岩相互作用,发生了蛇纹石化反应)。又或者,在早期的火星上,生命可能确实演化了,产甲烷菌或其

---

① 温暖的低云和寒冷的高云都会在红外波段向宇宙辐射能量。冷云比暖云辐射的能量少,因此,如果高层有冷云存在,地表就会辐射掉更多能量,这样的话,表面辐射的总能量和云辐射的能量才能是一个常数。所以,当存在高云时,地表的温度一定会更高一点。

他类似的生物,将甲烷排放到大气中。但这些场景似乎又不太合理,而且不论哪种情况,甲烷带来的额外温室效应,大概都不能解释火星上所需要的那种变暖效果。

另一个观点是,二氧化硫可能有助于保持早期火星的温暖。[29]如果二氧化硫的浓度达到百万分之几十到几百,那么,它就能成为性能良好的温室气体。[30]火星含有丰富的硫,在像地球早期那样的时期,火星可能会释放出大量的二氧化硫和硫化氢。然而,含硫气体可以溶于水,所以,如果火星上的气候真的像地球上一样温暖,那么,降雨可能会溶解掉二氧化硫,限制它在大气中的丰度。最近有人指出,火星海洋中的二氧化硫达到了饱和浓度,事实情况也是如此。[29]那是因为二氧化硫会通过光化学反应,转化为其他含硫气体和颗粒,而这些气体和颗粒本身,会通过降雨从大气中消失。我们提出的早期地球理论模型预测,即使海洋中的二氧化硫浓度达到饱和,也只会有大约 1—2 ppb 的二氧化硫。[31]所以,二氧化硫可能使早期的火星提高一点温度,但它似乎不可能创造出真正的类似地球的气候。①

碳酸盐在哪里

二氧化硫的理论模型有一个优点,即它或许有助于解释如今火星表面没有发现碳酸盐岩的原因。各种不同的火星轨道探测任务,已经用光谱学的方法,寻找裸露在地表的这种岩石,但我们从未找到过它们,只是在火星尘埃中发现了微量的碳酸盐矿物。[32]在过去的

————————

① 在写作本书最后部分内容时,我们也获得了新的计算结果,目前仍在审稿中。最新研究显示,二氧化硫光解反应产生的硫酸盐气溶胶粒子,反射了太阳光,产生的效应不只是抵消了二氧化硫自身产生的加热效应。因此,二氧化硫加热早期火星的理论假说,应该是不对的。

30多年中,这已成为科学家们面临的主要难题。其实,目前提出的火星升温的所有机制,都要求火星大气中富含二氧化碳。而且,我们已经看到,火星表面的许多地方曾经都有液态水。如果二氧化碳和水都有,为什么没有形成碳酸盐岩呢?

在火星上有二氧化硫的理论模型中,碳酸盐矿物无法在火星表面形成,因为溶解在水中的二氧化硫[形成亚硫酸(H_2SO_3)],使海洋保持很强的酸性。碳酸盐岩可能在地下形成,然而,地热会使地下水加热,并与火星地壳中的硅酸盐发生反应。法利恩(Farien)等人根据该假设作出推论,认为硫酸(H_2SO_4)使海洋保持酸性,阻止了碳酸盐的形成。[33]他们认为,火星上的二氧化碳已经全部逃逸到了太空中,所以,从未进入岩石中。由于磁场较弱,火星上层大气直接与太阳系早期强烈太阳风相互作用,火星上的气体,包括二氧化碳和氮气,会加速逃逸到太空中。机遇号和勇气号火星车发现的酸性地表环境,为这两种理论模型提供了大量证据。[34,35]

事实上,即使没有输入含硫气体,火星表面也可能呈酸性。如今,地球上未受污染的雨水的pH约为5.6,也是弱酸性的。① 地球上的雨水呈酸性,是因为雨水中含有碳酸(H_2CO_3),与浓度为380 ppm、气压为$3.8×10^{-4}$巴的大气中的二氧化碳相平衡。大气中的二氧化碳的分压每增加十倍,雨水的pH预计下降约0.5。对于早期的火星来说,二氧化碳压强的最佳估计值约为2巴[28](尽管人们仍然对这个数值无法达成一致),比地球当前的二氧化碳浓度高出至少5 000倍。因此,预测火星上的雨水的pH应该降低约1.9,下降至约3.7。即使没有加入任何含硫气体,这也已经是高度酸性的了! 所以,也许火星

---

① pH定义为H^+离子浓度的负对数。pH为7时溶液呈中性;小于7时溶液呈酸性;大于7时溶液呈碱性。

火星气候之谜

上确实形成过碳酸盐岩,但是,在晚些时候,又被酸雨溶解掉了。随着地下水的渗透,碳酸盐矿物可以重新沉积在火星的地下,并与周围岩石反应后失去酸性。像二氧化硫的假设模型一样,这个理论模型表明,碳酸盐岩应该存在于火星的地下。因此,通过深入钻探火星的地壳,提取样品进行分析,可以验证这两种模型。但机器人是很难做到这一点的。而且,或许要等到将来可以把人和重型装备同时发送到火星上时,我们才能做到这一点。

结束这一章之前,让我们来总结一下学到的知识吧。显然,火星气候和表面演化的历史很复杂,人们对此知之甚少。我们已经谈到了一些问题,提出了一些推测性的解决方案,但大多数重要的问题仍未解决。不过,我们已经了解到可能是很重要的两件事。首先,如果将足量的二氧化碳(约 3 巴,即地球表面大气压的 3 倍)泵入大气,那么,火星就能实现类似地球那样的气候条件。但是,人类实际上几乎无法实现这一点,而且,这样做也不人道,因为它不仅要在火星的地下找到碳酸盐类的矿物,而且,还要用原子弹将它们炸成碎片。因此,尽管很多科幻小说描述了这一做法的实现手段,给了我们无限的启发,但改变火星表面的地形并非明智之举。[36]

不过,如果我们让火星的体积再增大一点,事情就会变得容易多了。如果火星的体积大小与地球相同,那么,火星上或许还会有活火山,应该可以像在地球上一样,把二氧化碳注入大气层中。火星也可以更紧密地吸引贴近地表的大气,所以,从火星表面向太空中逃逸挥发性气体的问题并不会很严重。因此,即使没有人为干预,如果在火星的运行轨道上,存在与地球大小相似的行星,它也能达到温暖的标准,从而使它表面维持液态水。换句话说,可以确定的是,现在的火星位于太阳系的宜居带内。火星存在的主要问题,不是因为离太阳太远而不宜居住,而是因为它的体积太小了。

寻找宜居行星

　　本章的第二个重点是,虽然二氧化碳能稳定地球的气候,但这种作用并非是无限的。随着行星接收的太阳流量减少,二氧化碳变得越来越容易凝结,从而限制了温室效应的强度。哪怕太阳流量只减少25%,也很难保持火星表面的平均温度,并使之高于冰点。至于其他温室气体,或许有助于解释火星早期气温较高的特征,但我们仍然很确定,太阳系宜居带的外缘不能超出火星轨道太远。

地球是一颗稀有行星吗

迄今为止,我们对行星宜居性的讨论,主要集中在气候上,以及液态水能否存在于行星表面的问题。这些问题至关重要,我们在以后的章节中探讨其他恒星周围的宜居带时,会再次讨论这些问题。但除此之外,也有其他因素会影响行星的宜居性。沃德和布朗利在他们合著的《稀有的地球》中,列举了一些因素,在第一章中我们对此作了简要论述。

正如第一章提到的那样,对是否能在银河系找到高等生物(动物),沃德和布朗利持悲观态度。他们认为,地球上有很多让生命成为可能的因素,在其他地方可能并不存在。在本章中,我们将重新思考他们提出的一些因素,并探讨他们没有提及的其他因素。①

行星的大小与磁场

在这里,我们首先探讨沃德和布朗利提出的一个问题,这个问题

---

① 《稀有的地球》首次付梓后,我写了一篇很长的书评。[1]本章的后半部分中,有很多内容都是在那篇书评的基础上扩展的。大家也可以读一下那本书,我们相互对比各自的观点,就能得到更客观的结论。《稀有的地球》语言风趣,信息量大,不管大家是否赞同书中的结论,花点时间去读这本书,都会很有收获。

其他人也提及,即如果没有磁场的话,行星是否仍然可以宜居? 一般认为,地球的磁场由地球液态外核中的磁发电机(magnetic dynamo)生成。地球的外核和固体内核一样,都由铁、镍组成,因此具有导电性。但需要地球自转和对流传热,才能产生类似发电机的效果。当处于引力场中的液体,从下面加热,或从上面冷却时,对流传热才能发生。就现代地球而言,外核的热量大部分由固体内核的结晶过程提供,随着地球冷却,内核会增大。地幔向温度较低的地球表面,继续往上对流传热,这也有助于地球的外核保持较高的温度梯度。相反,火星没有内禀磁场,可能是因为外核的厚度太薄(也就是说,外核已经固化成固体内核)。金星也没有内禀磁场,也许是因为它的自转速度太小(见第六章),也可能是因为金星的内部都是液体(由于缺少板块构造,也因为严重的温室气体效应,以及随之产生的很高的表面温度,金星内部的热量很难释放出来)。在地球形成的最初几亿年里,如果固体内核尚未形成的话,地球本身也可能没有磁场。[2]

我们认为,地球磁场的重要作用之一,是保护了地球免遭宇宙射线(cosmic rays)的轰击。宇宙射线是来自外太空的高能带电粒子和光子,来源可能是太阳,也可能是银河系中更遥远的地方。相较而言,太阳宇宙射线是低能粒子,主要是光子,由太阳风(solar wind)带来。太阳风是从太阳极度炙热稀薄的日冕,吹出的一股带电粒子。银河宇宙射线是高能粒子和伽马射线,来自太阳系以外的银河系。长时间暴露在以上任何一种射线中,都会导致健康风险,包括癌症。对身处外太空的航天员,危害尤为严重——他们必须严格限制暴露在射线中的时长。航天员特别容易遭受太阳质子事件(solar proton events, 缩写为SPEs)的伤害,即太阳在短时间内爆发释放出大量高能带电粒子的现象。

地球是一颗稀有行星吗

在一定程度上,地球磁场确实可以使地球免遭宇宙射线的轰击。原因是当带电粒子垂直进入磁感线内,将沿着弯曲路径出去。但是,只有在面对能量相对低的粒子时,地球磁场才会有偏转带电粒子的效果。这是因为,粒子在磁感线里,运动轨道的曲率半径(或回转半径)与入射能量成正比。最强的宇宙射线带有几千兆电子伏(GeV)的能量,所以,它们几乎可以笔直地穿过地球磁场,这意味着它们几乎不会发生偏折。太阳宇宙射线的能量较低,因此更容易被地球磁场偏转。低纬度地区的磁感线比高纬度地区的磁感线对地球的保护效果更好,因为邻近赤道的磁感线与地球表面更加平行(见图5.4)。高纬度地区的磁感线与地球表面垂直,所以,入射的带电粒子,只会简单地绕着地球表面旋转,并进入地球。

那么,是什么保护地球表面免遭辐射呢?答案是大气层本身!大多数宇宙射线,包括两极的射线,都被厚度超过80千米的大气层吸收了。高能粒子会产生大量的次级粒子流,其中一些粒子确实会抵达地球表面。可是,等到抵达地球表面时,能量已经减少了很多,剩下来的危险只相当于正常人在一年里所受辐射的百分之十。[3] 相比而言,人从氡(地壳中铀衰变释放的一种气体)和医用 X 光中受到的辐射,要远比这大得多。就像你在纽约中央火车站搭乘火车时,受到的辐射会更大,是因为车站的花岗岩墙壁中含有丰富的铀。如果你经常乘飞机,受到的辐射又会大大增加,因为你处在相对稠密的低层大气所提供的防护层之上。

行星的磁场还有一个功能,可能对保持行星的宜居性更加重要。地球磁场阻止太阳风直接与大气和电离层相互作用,如图9.1所示。换言之,磁场保护地球免受太阳宇宙射线的轰击。火星,由于缺乏内禀磁场,就缺少像地球这样的保护。也正因为这样,火星的大气层可能已经被太阳风吹走了。[4] "溅射",是用来描述行星上层大气的离

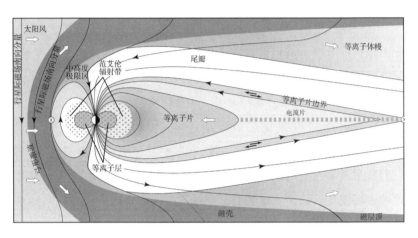

图 9.1　地球磁场与太阳风相互作用的示意图。太阳风在弓形激波处发生偏转,然后围绕地球的长磁尾流动[5]

子与太阳风粒子发生碰撞,使气体丢失的术语。沃德和布朗利推断,没有磁场的行星很可能不适合居住,部分原因就基于这种观察。

可是,这样的论证忽视了显而易见的反例——金星。金星虽然没有内禀磁场,但是它的大气层非常厚,厚度是地球大气层的 100 倍! 此外,相较于地球和火星,金星离太阳更近,所以,受到的太阳风更密集,也更强烈。如果太阳风的溅射作用这么有效的话,那么,为什么金星没有失去大气呢? 答案可能与行星的大小有关。金星的质量与地球大致相同,所以,它的上层大气更稀薄,不像火星大气延伸得那么宽。因此,太阳风难以吹掉金星大气中的气体。金星和火星都有感应磁场(与太阳风相互作用后,在电离层中产生的磁场),金星的感应磁场明显已经足以保护大气层了。火星的问题是它既缺乏内禀磁场,体积又很小。这种双重不利条件,预示着这颗行星显然是不宜居的。

让我们回到行星的大小这一问题。我们在前一章中指出,火星因为其质量小(约为地球质量的 1/9),所以比地球冷却得快。内部没有足够的热量维持火山活动,就没有办法将碳酸盐转化成二氧化碳。似乎在 38 亿年前,火星就已经冷却下来。没有人能够确切地知道,行星究竟需要有多大,才能使火山活动像地球那样持续活跃 45 亿年,但我们可以猜想,这颗行星至少要有地球的 1/3 大。质量越大,行星的磁场越能得以持续,因为内核的固化需要经历更长的时间。另外,正如我们已经看到的那样,质量大有助于行星保持大气层。所有这些要素都指向一个显而易见的结论——行星是否宜居,大小很重要!除了在远古时期可能宜居之外,像火星那样大小的行星不太可能宜居。

那么,相反的问题呢:一颗宜居行星在质量方面是否有上限?下一章会探讨史蒂文·多尔(Steven Dole)于 1964 年出版的书《人类宜居行星》中的估计,即质量达到上限的宜居行星,表面重力不大于地球的 1.5 倍。[6]这意味着这颗行星的质量上限应该为地球质量的 3 倍左右。可是,作出这样的限制,只是为了人类还能直立行走。微生物和其他生命形式,并不会受到这种限制。类似地,气候系统对行星的大小也没有明显的上限。与较小的行星相比,大的行星理应有更热的内部圈层,因此会有更多的火山活动。如果其他条件都不变的话,大的行星应该会有更厚的二氧化碳大气层,更加温暖的气候。但是,这些都不意味着这颗行星一定会宜居。

一个更严重的问题是,如果一颗类地行星能长大,又不会变成气态的巨行星,这本身就有实际的限制。在行星吸积的数值模拟中,如果这颗行星周围仍然有这样的气体,质量是地球的 10 到 15 倍,更易于快速吸积周围的太阳星云。比如,一般认为,木星和土星的内核分别是地球质量的 15 倍和 20 倍,这两颗行星就会吸积周围的太阳星云。天王星和海王星的质量分别是地球质量的 14.5 倍和 17.2 倍,大致与巨行星的内核相当。虽然,天王星和海王星吸积得更慢,因为它们距离太阳更远,周围可供吸积的气体更少。在太阳系外的其他行星系统形成的岩石行星,如果在周围星云消失之后形成的话,这些行星的质量应该比地球质量大10倍以上。但这种现象是不是普遍的,最终还需要更多的观察才能解答。

臭氧和紫外辐射

与行星的宜居性有关的另一个问题,涉及恒星发出的紫外辐射及其在大气中的过滤。

在地球的大气层中,氧气占21%,拥有充分发育的臭氧过滤层。所以,地球表面的紫外线通量相对较低。20世纪60年代和70年代,人类使用了大量含氯的氟利昂,如果一直持续使用的话,地球上的臭氧层可能已经被毁坏了。自从1985年在南极洲发现了臭氧层空洞之后,人类很快就吸取了教训。我们用其他对臭氧层破坏更小的化合物,代替了氟利昂,人类由此踏上了一条非常明智的环保道路。今天我们面对的全球变暖问题,也应该得到这样的解决!

可是,在氧气含量小于地球上的那些行星上,又是什么情况呢?它们需要多少氧气,才足以使之免受恒星的辐射?对地球而言,在过去几十年里,很多大气化学家研究了这个问题。[7—11] 最近的模型暗示,随着氧气浓度的增加,臭氧层的发展相对更快(见图9.2和图9.3)。其实,这个结论并不是最新提出来的。早在35年前,迈克尔·拉特纳(Michael Ratner)和詹姆斯·沃克用了一个简单的光化学模型——纯 N_2-O_2 大气层,已经证明了为什么是这样的结果。[8] 两人指出,当从大气层中去掉氧气时,分解氧气的太阳短波辐射会深深地穿透进大气中。因此,在氧气减少的过程中,臭氧层并不会立即消失——只是会往下移动。确实,拉特纳和沃克预测,氧气值减少到

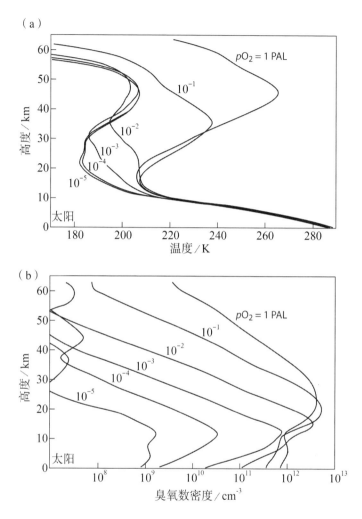

图 9.2 不同氧气浓度下地球大气层的垂直温度剖面（a）和臭氧数密度（b）。这里的"PAL"的意思是"现在地球大气的水平"[11]

现在地球大气水平（PAL）的千分之一时，臭氧柱深（垂直柱中臭氧分子的数量）实际上还上升了。原因与生成臭氧的三体碰撞反应有关：

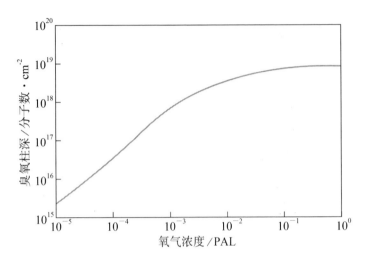

图 9.3 臭氧柱深(分子数/cm²)与大气中的氧气浓度之间的关系(图片根据塞古拉等 2003 年的数据绘制[11])

$$O+O_2+M \rightarrow O_3+M$$

这里,M 是将反应产生的多余能量带走的第三种分子。臭氧层往下移,空气中的分子密度增加,所以,生成臭氧的反应速度变得更大。

在更加复杂的理论模型中,这种速度更大的臭氧生成反应,在低氧气含量的情况下,是要被其他因素抵消的,所以,对臭氧柱深的影响就不那么明显了。特别是,一旦大气中的氧气浓度降至 0.01 PAL 之下,臭氧层的峰值则移到对流层(10 000 米以下)。那里是地球上大部分水汽的所在地。在这一高度,水开始被光解,破坏臭氧的过程会被反应的副产品所催化。当某些少量的化学物质参与反应时,会以某种方式加大反应速度,我们称这种现象为催化。在如今的大气中,氟利昂光解产生的含氯化合物,能使臭氧的破坏过程被催化。这就是全世界一致禁止生产大部分此类物质的原因。

重点在于,如果要让臭氧的柱深接近现代值,就要让大气中的氧气浓度高于 0.01 PAL,也就是现在地球大气水平的百分之一。这意味着地球上的臭氧层,可能形成于 24 亿年前(见第四章)大气中氧气浓度升高后不久。因此,即使行星大气中的氧气含量很少,也能很好地抵御恒星的紫外辐射。换个角度来考虑这个问题,在大气中氧气浓度很低的情况下,臭氧含量依然丰富,那么,臭氧就可以作为氧气浓度的敏感指标——我们会在第十四章讨论这个想法。

氮的获取与氮气的重要性

到目前为止,我们的讨论完全没有涉及我们这颗宜居星球中的另一个要素:氮。以氮气形式存在的氮,几乎占地球大气的百分之八十。各种事实表明,氮也是生命的必需元素。

组成蛋白质的氨基酸和形成 RNA 和 DNA 的核酸,富含氮原子。尽管地球大气层中的氮含量丰富,但生物体很难获得氮。要想获得氮,生物首先必须将氮气分子中强劲的叁键 N≡N 打破,或依赖其他生物为它们做这件事。生物学家称这种过程为固氮(nitrogen fixation)。有趣的是,现代海洋中最重要的固氮剂是蓝藻,这在第四章中已经讨论过。这是因为,它们是唯一可以断开氮键的好氧(利用氧)生物。许多厌氧菌也能固氮,但植物和其他真核生物就不能。因此,今天的生物圈,仍然依赖于数十亿年前在太古宙就已经主宰地球的生物。而它们的存活一直依赖于充足可用的氮。

氮在恒星中含量丰富,在尘埃盘中的含量也很丰富,尘埃盘是形成行星的来源。地球上的氮可能与其他挥发物(如碳和水)一样,都来自于形成行星的星子,也就是小行星的组成物质。在第二章中,我们曾经讨论过,在碳质球粒陨石中,氮同样与含有碳的有机化合物进行化合反应。只要行星形成的过程,跟我们太阳系内的行星形成过程相似,太阳系外的"地球"可能会以同样的方式获得氮。

氮气本身还有其他用处。首先,它会限制行星高层大气中的水含量,通过稀释地球表面附近的水汽,减小氢逃离行星的速度。氮气含量增加,整个大气压都会随之增加,因此降低了水蒸气的浓度。正如英格索尔在很多年前说明的那样[12],只有当水蒸气在地球表面的混合比超过百分之二十,高层大气中的水蒸气含量才会变得充足。今天,地球大气中水蒸气的平均混合比按体积计算为百分之一左右。如果地球大气中没有氮气,那么,水蒸气的绝对含量应该与目前一样——因为地球表面的温度不会大幅改变——但是,水蒸气在大气中的混合比是现在的 5 倍,在这样的温度下,地球将面对水的逃逸,但仍然不会过度丢失。

氮气对扑灭野火也很重要。如果我们把所有的氮气(或一半的氮气)从地球的大气中移走,但不改变氧气的浓度,那么大火会极其迅速地烧起来。[13]原因是氮气不会助燃,但会从大火中带走热量,而氧气可以助燃,而使火烧得更旺。美国国家航空航天局经过惨痛的经历,才重新认识了这一现象:1967 年,在休斯敦的测试台上,阿波罗计划首批三名航天员由于一场意外大火而被烧死了。那次事件之前,美国国家航空航天局曾在飞船中使用纯氧,以使飞船内保持低气压。那次事件之后,他们又重新使用空气,因为对人和机器而言,这都更安全。①

---

① 顺便说一句,我从小就对太空和 NASA 的活动产生了兴趣。我在亚拉巴马州亨茨维尔(马歇尔空间飞行中心的所在地)长大,就读于格里森高中。在休斯敦大火中失去生命的三位航天员是:格斯·格里索姆(Gus Grissom)、爱德华·怀特(Ed White)和罗杰·查菲(Roger Chaffee)。亨茨维尔有学校以他们每个人的名字命名。

地球是一颗稀有行星吗

关于氮气的一个关键问题是:如果没有生物的帮助,氮气能否存在于大气中。吉姆·洛夫洛克在他 1991 年的书《地球:实用行星医学》(*Gaia, the Practical Science of Planetary Medicine*)中指出,经过非生物过程和生物固氮两种方式,氮气被从大气中移走。[14]特别而言,闪电将氮气和氧气转化成一氧化氮。之后,一氧化氮被氧化成硝酸(HNO_3),顺着雨水从大气中掉下来,最后,硝酸溶解在海水中。洛夫洛克估计,如果没有生物脱氮作用的逆向流动,地球上的氮气则会在16 亿年之后,通过这种非生物过程被消耗完。即使在没有氧气的情况下,也会发生同样的事情,因为氮气会与二氧化碳中的氧原子结合。如果推理正确的话,不适宜居住的行星可能无法在大气中保存氮气。换言之,只有有人居住的行星,才是宜居的(only inhabited planets would be habitable)。这当然是非常"地球化"的概念——与洛夫洛克的世界观十分吻合。

然而,洛夫洛克忽略了地球氮循环的另一方面。通过洋中脊,海水持续不断地进入热液系统参与全球循环,冷却最新形成的海床。由于循环的海水中含有可溶性的亚铁和硫化物,这些排出的热液是高度还原性的,热液中溶解的氮因此会被还原成氮气或氨气。如今,海水里的硝酸盐含量较少,是因为生物消耗了硝酸盐,但是,在一个没有生物的行星上,海水中的硝酸盐含量就会大大增加。热液从海底排出口出来后,含有氮气和氨气的水,就会与海水重新混合来到海洋表面,两种气体随之释放到大气中。正如在第三章描述的那样,那时,氨气会发生光解反应,重新变成氮气。如果我们控制合适的海水循环速率和气体溶解度,简单计算之后,就可以知道,当地球上没有生物维持稳定状态时,最后只会有不到百分之一的氮在海洋中以硝酸盐形式存在,剩下百分之九十九的氮,则会存在于大气中。[15]如果计算结果准确的话,那么,如果要维持一个氮含量充足的大气层,其实并不需要依赖于生命。反过来,这又会支持另一个提法,即没人居住的行星可能是宜居的——这一断言我们曾在之前的章节(第三章)中,根据其他论据提出过。

板块构造很普遍吗

沃德和布朗利分析的核心论点是,地球可能有独特的板块构造。正如在本书中看到的一样,他们辨认出碳酸盐-硅酸盐循环在调节大气中二氧化碳的重要意义。正如在第三章中讨论的那样,板块构造在物质循环中起到了关键作用,通过把碳酸盐沉积物拖下俯冲带,并以二氧化碳气体的形式释放出碳。所以,一颗没有板块构造的行星,可能无法维持稳定的气候。

为了论证地球上板块构造的独特性,沃德和布朗利指出,在太阳系前 20 个最大的岩石星球中,包括行星和它们的大卫星,地球是唯一显示出板块构造证据的星球。两人同时指出,要想有板块构造,可能就会需要有液态水,原因有二。首先,流过洋中脊热液系统排出的水,能够冷却刚刚形成的海底,因此有助于固化海洋板块。其次,软流圈的上方是岩石圈板块,水能润滑部分熔融的软流圈,并因此使得岩石圈板块能够滑动。从某种意义上说,水对板块构造的作用,就像石油对内燃机一样:没有它,发动机或者说固体地球,就会失灵且停止运作。

我们的邻居——金星,就是一个很好的例子。根据 1994 年麦哲伦号探测器获取的金星表面雷达图像,没有证据表明金星有板块构造。这与地球存在明显的对比(见图 9.4)。地球表面的海拔高度呈现明显的双峰分布,大多数的海底位于海平面以下 4 千米,大陆海拔平均高于海平面 1 千米。相比之下,金星表面 60% 的地区,位于平均

地球是一颗稀有行星吗

(a)

(b)

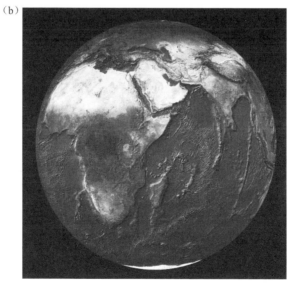

图 9.4　(a)为金星的雷达图,(b)为地球的地形图(原图为彩图)。金星图像来自 http: // photojournal. jpl. nasa. gov/catalog/pia00158[17],地球图像来自 http: // sos.noaa.gov/gallery[18]

海拔高度 500 米以内。[16]地球上的山脉连绵成线性,如阿巴拉契亚山脉(图中未显示),就是由大陆板块碰撞形成的。更重要的是,地球上有洋中脊,比如图 9.4(b)显示的是印度洋的中央洋脊和西南洋脊。新的海底正在这些地区形成。相比之下,金星[图 9.4(a)]上有低地(蓝色)和高地(棕色),却没有地球上板块构造的明显特征。在分析这些图像时,我们必须小心,因为这张金星地图是根据雷达反射成像的,而不是海拔高度,这只是一张地形图,虽然不那么漂亮,却同样可以显示很多模式。[16]

关于金星缺少板块构造的进一步证据,是金星表面的撞击坑分布提供的。图 9.4(a)显示的图像,是麦哲伦号上的合成孔径雷达提供的,空间分辨率将近 100 米,所以,能在直径几百米的范围内寻找撞击坑。然而,我们没有找到直径小于 3 000 米的撞击坑。这种观测结果很容易解释:厚厚的大气层保护,使金星表面免受任何直径小于 30 米的小天体撞击。[16]更让人惊讶的是,金星表面的撞击坑呈随机分布(见图 9.5)。

自从大碰撞结束(约 38 亿年前)后,一般认为,内太阳系的撞击概率几乎保持恒定。因此,根据行星表面给定范围内的撞击坑密度,可以用来估计它的年龄。金星表面的撞击坑随机分布,这一事实意味着,金星表面基本上所有地区的年龄大致相当,在 5 亿到 10 亿年之间。相反,在地球上,海底要比大陆年轻很多:海底的平均年龄是 6 000 万年,而大陆的年龄在几亿到几十亿年之间。这当然是板块活动的结果:海底不断被重新创造出来,又不断地被毁灭;大陆却浮在水面上,保存的时间要长得多。

为什么金星表面各个地区的年龄相差不大? 康奈尔大学的唐纳德·特科特(Donald Turcotte)之前提出[20],原因与金星缺水(也与金星缺少板块构造)有关。我们知道,金星与地球的大小相当,金星内

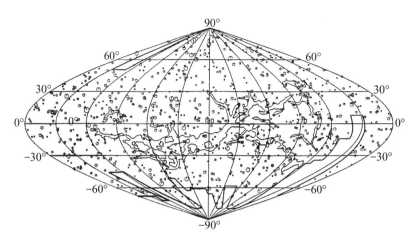

图 9.5　金星的等面积投影,显示出了 842 个撞击坑随机分布在金星表面[19]

部幔和核的放射性物质含量也许与地球相当,所以,应该可以产生与地球上大致相当的内部热量。与地球一样,内部热量由对流向上传导到金星的幔,但必须通过金星的壳传导出去。由于岩石进行热传导的效率不高,所以,需要有其他传热机制起作用。在地球上,大部分热量由板块构造散发出去:当新的海底生成时,约有百分之九十的地热沿着洋中脊散发出去。这一过程并不是很顺畅——因为地球不像自动化的现代机器那样有润滑剂——但是,从地质时间尺度来看,算是比较持续的了。在迅速扩张的洋中脊上,海底的平均扩张速度约为每年几厘米。

　　与地球相反的是,金星上很干燥,所以,板块也不够润滑。因此,特科特认为,金星经历了漫长而断断续续的热循环过程。在大多数时间,金星的表面就像我们今天看到的那样——或多或少是静态的。然而,这意味着由放射性衰变产生的热量在金星内部逐渐积累。可能在未来几亿年里,内部会热得发生大规模的熔化。那时,大规模的火山运动将在金星表面再次活跃,同时,金星内部会开始冷却。之

167

后,内部开始固化,整个循环又会重新开始。根据火山口的数量来看,最近的一次火山活动循环,发生在 5 亿年到 10 亿年以前。

地球板块构造的活跃,暗示着什么? 我得承认,这并不能说明什么。很显然,行星必须足够大,才能保持强劲的内部热流,使板块发生移动。这就是太阳系中 20 个最大的岩石星球中,有 18 个都没有表现出板块构造的原因——它们都太小了。然而,对于体积足够大的金星来说,它没有板块构造,是因为缺少液态水。但这是另外一个问题——缺少液态水跟金星到太阳的距离有关(见第六章)。因此,证明太阳系天体中板块构造很少的逻辑基础并不成立。这也可能是大型岩石星球(像地球一样有液态水的星球)上不可避免的过程。但是,在行星是否有板块构造这一问题上,要证明谁是谁非很困难,难道不是吗? 在系外行星上,判断它们是否有板块构造,比研究它们的大气成分还要困难。

行星的撞击环境

沃德和布朗利指出,太阳系的巨行星,特别是木星,改变了地球被小行星和彗星撞击的频率,从而影响了地球上的生物进化。正如第二章所讨论的,这些小行星产生于小行星带,彗星则来自奥尔特云和柯伊伯带(见图 2.3)。

在《稀有的地球》中,沃德和布朗利最担心的是彗星。主要是因为华盛顿的卡内基学院(这个机构现在已经没有了)的乔治·韦瑟里尔(George Wetherill)指出,木星可以很高效地使地球免受彗星的撞击。[21] 奥尔特云里的彗星离太阳很远,因此会受到邻近的恒星和银河系潮汐作用的影响。这些来自不稳定轨道上的彗星,就像阵雨一样,可以穿越太阳系的主要区域。相似地,柯伊伯带的天体有时会受

地球是一颗稀有行星吗

到附近天体相互撞击的干扰,或者位于柯伊伯带内侧的天体会被海王星的引力作用"啃食"掉。只要在太阳系内,这些天体都被称为彗星。彗星的直径一般在几千米或更长,移动速度比行星的轨道速度更大(至少每秒60千米);因此,如果与地球相撞,会造成很大破坏。幸运的是,它们大多数都不会进入太阳系内侧。正如乔治·韦瑟里尔指出的,原因在于多数彗星会先接近木星,来不及进入太阳系更内侧的区域。一旦它们接近木星,不是与木星发生相撞(如1994年的苏梅克-列维9号彗星),就是由于木星强大的引力,而被弹射出太阳系。单单一颗行星,竟然就可以这样保护整个太阳系,似乎有些匪夷所思,但这是事实,因为多数彗星都围绕太阳运转,因此,在它们进入类地行星所在区域之前,会有很大的概率与木星相遇。

韦瑟里尔在他的论文中提到,如果没有木星,那么,进入太阳系内侧的彗星数量,将会是如今的1万倍,彗星对地球的撞击,也因此可能是今天的1万倍。根据现有的彗星统计数字,能够造成大规模物种灭绝的彗星,每1亿年可能会发生一次。[22]因此,如果韦瑟里尔的分析正确的话,在没有木星的情况下,能够造成物种灭绝的彗星撞击,应该每1万年发生一次。根据这些统计数据,沃德和布朗利认为,如果没有木星,那么,地球上也不可能有高等生物,因为频繁的大型撞击可能会阻碍生物的进化过程。这个想法可能是正确的,到目前为止,人类文明已经持续了将近1万年。假设地球在此期间遭遇了彗星的巨型撞击,那么,你也不太可能坐在这里读这本书了。

但是,木星的故事还不止这些。地球仍然有可能被小行星和彗星撞击。确实,根据地层中铱元素的明显异常,能造成恐龙灭绝的撞击,几乎可以肯定来自小行星,而不是彗星。[23]这次撞击,因为发生在白垩纪(Cretaceous,"K")和第三纪(Tertiary,"T")之间,而被称作K-T界线的小天体撞击,大约发生在6 500万年以前。墨西哥尤卡坦

寻找宜居行星

半岛的希克苏鲁伯陨石坑,被认为是这次撞击的产物。陨石坑的直径约为 200 千米,大小恰好是地球被一颗直径为 10 千米的小行星撞击后产生的撞击坑的大小——这个大小正好可以用来解释铱元素的异常。因为彗星只有不到一半是岩石,又因为彗星的撞击速度远远高于那些穿越地球的小行星(彗星和小行星的速度分别为每秒 60 千米和 20 千米),要撞击形成希克苏鲁伯陨石坑这样大小的彗星,含有铱元素只是实测铱元素的一小部分而已。

现在,这个撞击故事开始变得复杂起来。正如我们在第二章看到的,小行星带的形成有赖于木星的存在(木星的形成时间更早,阻止了小行星带形成一颗行星)。而且,小行星从小行星带进入与地球轨道相交的路径,也部分受到了木星引力的影响。小行星彼此之间会发生撞击,这会将它们撞到与木星轨道共振的轨道上。比如,半长轴近 2.5 天文单位的小行星,绕太阳三圈时,木星正好绕太阳一圈[①]。一旦一颗小行星发生共振,木星的引力会扰乱它,使其进入一条最终穿越地球的轨道。所以,木星不但会保护我们免遭撞击,也会导致地球上的大型撞击。毕竟,有的撞击是有益的。这对我们人类可能是件好事。毕竟,有些撞击是有益的。如果没有 K-T 界线小天体的大型撞击,导致恐龙灭绝,使哺乳动物得以繁衍,我们人类也就不会存在了。

这种说法好像是在说木星对我们的有益影响。但是,另一方面,有些小行星大到足以让人害怕。谷神星的直径超过 1 000 千米,灶神星和智神星的直径约有 500 千米。因为天体的质量与其直径(或半

---

① 我们可以从开普勒第三定律推出这一点。如果用地球上的"年"表示行星的公转周期 P,它的半长轴为 a,用天文单位(AU)表示。那么,它们之间的关系可以写成:$P^2 = a^3$。木星的半长轴是 5.2 AU,轨道周期是 11.8 地球年。半长轴是 2.5 AU 的小行星,轨道周期是 3.9 地球年,是木星轨道周期的三分之一。

径)的立方成正比,谷神星的质量,约是造成 K-T 界线陨石坑的小行星质量的 100 万倍,释放的能量也相应地高出 100 万倍。确实,这样的能量足以使地球上的海洋完全蒸发[24],形成一个水蒸气大气层,就像早期的金星上失控的温室气体一样。灶神星和智神星都足以造成这样的影响。幸运的是,这些巨型天体没有一个是在允许它们搞破坏的轨道上。这样规模的大撞击,可以毁灭整个地球上的所有生物,可能只有那些生活在深海环境的微生物,才能得以幸免。

那么,这个故事意味着什么? 在行星系里,有一颗木星大小的行星,似乎让人喜忧参半。木星能以某种方式激发附近的类地行星上的生物进化,也会以其他方式阻止生物进化。不过,所有的天文学家几乎无一例外地认同这一点:如果我们想理解绕某一恒星运转的一颗类地行星,那么,我们也需要了解那个行星系统中巨行星的信息。幸运的是,寻找这些巨行星,也是寻找其他"地球"的必要组成部分,我们稍后会讲到。

月球对地球自转轴倾角的稳定作用

最后,让我们考虑沃德和布朗利在《稀有的地球》中提出的另一个关键问题:月球在稳定地球自转轴倾角中的重要性。回顾第五章,我们知道,地球的倾角——自转轴倾角——每 4 万 1 千年,在 22°至 24.5°之间振荡变化。这种振荡,就是经过大量研究之后被证实的米兰科维奇循环,这个循环是更新世冰期的"心脏起搏器"。之后,在第八章,我们会看到,火星自转轴的倾角变化,要比地球大很多(±10°),循环周期为数千万年,变化幅度更大,变化方式则没有规律。

地球的自转轴倾角变化小,而火星的自转轴倾角变化大,部分原因在于地球有一颗大卫星——月球。火星有两个卫星——火卫一和火卫二,但这是两颗被捕获的小行星,由于它们太小了,所以对火星没有什么大的影响。法国天文学家雅克·拉斯卡尔(Jacques Laskar)领导了一个团队,曾细致地研究了火星自转轴倾角的无规律变化。[25]他们还研究了如果月球不存在,那么,地球的自转轴倾角会发生什么变化。[26]在图9.6中,我以示意图的形式来讲这个故事。这些天文学家在他们的一篇论文中用过这张示意图。

在讨论之前,让我先讲一下沃德和布朗利讲述的故事。如果有人做一个数学实验:月球突然消失,那么,地球的自转轴倾角将会变得像火星那样无规律,而且只会更甚。如果时间尺度为几千万年,那么,地球的自转轴倾角变化将会在0°到85°之间无规律变化(地球自转轴倾角的最大值甚至比火星的倾角还要高,因为火星的倾角从未超过60°)。地球的倾角为85°时,则几乎倒下,很像现在的天王星(倾角为98°)。当地球在轨道上围绕太阳运转时,地球表面高纬度的地方,将发生巨大的变化。地球的两极要么被炽热烘烤着,要么被冰冻着。现在的热带地区将出现新的四季:有两个夏天和两个冬天。在春秋分的时候出现夏天,那时,太阳正好在赤道上方。冬天则在夏至和冬至的时候出现,那时,太阳在地球两极的其中一极的上方。

沃德和布朗利令人信服地证实,这种情况会让地球上的生物更加艰难。现在地球上高纬度的任何地区,几乎将不再适合居住,这是季节温度极端变化的后果。低纬度地区应该还能居住,因为那里的温度变化没有那么极端。但是,由于板块构造,大陆漂移,大陆板块或早或晚,都会到达两极,之后,几乎地球表面的所有生物都会遭到灭绝。所以,这种情况可能真的会对陆生动物的进化产生实质性困难——陆生动物是作者的兴趣所在。

沃德和布朗利进一步提到,月球的形成只是一次偶然的彗星撞击事件——在多数类地行星的形成过程中,这不太可能发生。

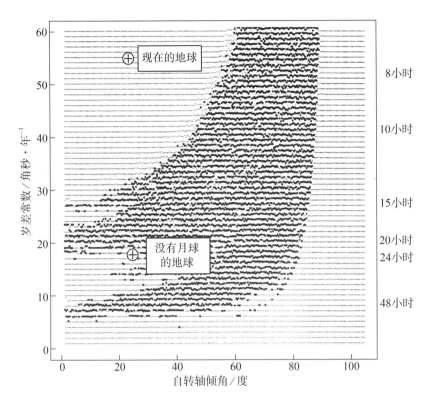

图 9.6　月球对地球自转轴倾角影响的示意图。左边的纵坐标,是地球自转轴岁差速率的测量值。右边的纵坐标,表示在没有月亮的情况下,地球相应的自转周期。模糊区域是地球自转轴倾角发生无规律变化的范围。在清晰区域,地球自转轴的倾角变化更有规律。见本书中进一步的解释(图片修改自拉斯卡尔和洛布特尔 1993 年[25]发表的论文)

他们这么说是完全正确的。一般认为,月球的形成,是在地球形成过程中一次大型撞击的结果。[27]证据包括,月球和地球岩石中相似的氧同位素、地月系统大的角动量,以及月球上缺铁、缺少挥发性物质(包括水)的事实,还包括推测出来的月壳的高温起源。很多学者都进行过大撞击的精细数值模拟。[28]这些模拟结果表明,与月球形成有关的星子,可能有火星那样大小,甚至会更大一些。虽然,有人认为,在地球的形成过程中,发生过很多次撞击,但很少能达到这样大的规模——否则,地球本身应该比现在更大些。另外,撞击角度,即撞击参数刚刚好的可能性,也相对较小。如果是迎头撞击,那么,撞出来的物质只会重新落回到地球上。只有以缓慢的相对速度撞击,才能在环绕地球的轨道上留下大量物质,之后才能堆积形成月球。

所有这些,对其他星球上的生命意味着什么?首先,应该明确的是,自转轴倾角的大变化主要影响陆地动物。微生物的生存很少会受到影响,因为微生物可以生活在行星的表面以下。另外,海洋生物,包括鱼类和海豚,可能也只会受到较少的影响。气候模型的模拟计算表明,即使地球的自转轴倾角达到90°,海洋在一年中的温度变化也很小。[29]我们在第一章讨论过,这是因为海洋的热容量很高。由于大多数具有生命特征的气体(后面会提到),是由微生物或由海洋生物产生的,行星自转轴倾角的高度变化,对探测遥远星球上的生命的影响会很小。

不过,沃德和布朗利的核心观点是:这真的是在暗示,在宇宙中,动物,尤其是智慧生命很稀有吗?要回答这个问题,我们首先要理解,是什么原因导致了行星的自转轴倾角变化。简单来说,情况是这样的。行星自转轴倾角的变化,主要有两个原因:1.在赤道隆起的地方,太阳的引力(对地球而言,还要加上月亮的引力);2.轨道平面的倾角随时间的变化(根据角动量的定义,行星的倾角是自转轴与太阳小轨道平面之间的倾角的平均值)。这里,我们考虑第一个原因。因为地球和火星的自转都很快,它们的赤道附近比两极附近略鼓。这种现象被称为赤道隆起。太阳和月球的引力均会拉扯地球的赤道隆起,使地球的自转轴约每26 000年扫掠出一个圆锥。火星的自转轴也会变化,不过变化速度很小,大概每

170 000年扫掠出一个圆锥。火星自转轴的扫掠速度比地球小，部分原因是因为火星没有一颗像月球那样的大卫星，也是因为火星离太阳更远，所以，太阳在火星的赤道隆起处的引力也就减弱了。

火星自转轴倾角的无规律变化，是因为自转轴的岁差速率，大致相当于其他七颗行星的自转轴岁差速率。[25]这里略去细节，行星的轨道，可以类比为我们将盘子翻过来，让盘子在桌子边缘自转，看到的盘子周围的运动。如果火星自转轴的岁差速率，等于另一颗行星轨道的摆动速率，那么，两者之间就会发生共振，行星的自转轴倾角也会发生很大变化。① 正如我们在本章所看到的那样，不同类型的共振，在行星的演化过程中扮演了不同角色。共振跟整个系统的所有行星都有关，而不仅仅是被研究的那颗行星。所以，太阳系外另一个系统中的行星，到底会不会经历无规律的自转轴倾角变化，要看整个行星系统的性质。

关于地球自转轴倾角的问题，我们还能讨论更多。地球赤道隆起的幅度取决于地球的自转周期：地球自转越快，赤道隆起幅度就越大。因为岁差速率取决于地球赤道隆起的幅度，这意味着地球的自转速率和它的岁差速率成比例。两者之间的关系显示在图 9.6 中，纵坐标上有两套不同的刻度。左边的刻度是岁差常数，与岁差速率相关。② 右边的刻度代表了没有月球时的地球自转周期，或者叫日长。地球的岁差常数与现在的日长之间没有出现这种方式，毫无疑问是因为地球的周围有月球。

---

① 在这里，"摆动速率"一词用来表示行星轨道的两个特征运动：近日点的岁差速率和节点线（行星轨道与太阳系平面相交的地方）。与这两种运动之间的共振，称作长期共振，与两个天体轨道周期相等时发生的平均运动共振不同。

② 严格来说，岁差速率等于行星的岁差常数乘以自转轴倾角的余弦值。

寻找宜居行星

如果地球周围没有月球,且一天有 24 小时,倾角为 23.5°,那么,地球会出现在标准"没有月球的地球"的那一点。地球的岁差常数将为每年 18″(18 角秒①)左右,会出现在图中大片模糊区域的中间。模糊区域是地球自转轴倾角无规律变化的地方。如果我们在模糊区域的任一位置开始模拟实验,进行数百万年尺度的数学计算,那么,地球的自转轴倾角可以从模糊区域的最左边变化到最右边。对地球而言,这是自转轴倾角从 0—85°的变化。从图像来看,好像在混乱区域有一个缺口,一直持续到左边;然而,这只是因为计算公式只积分到 1 800 万年。整个图都是无规律的。

相比之下,有月球时的地球在图中的左上角,解是正则的。这是因为地球实际的岁差常数是每年 55 角秒,约为没有月球时的 3 倍多。该岁差速率比任何其他行星轨道的"摆动"要大得多,所以,地球自转轴的倾角受它们的影响也小些。

最后,有了这些额外的知识,让我们再来回顾一下,如果没有月球,地球的自转轴倾角会发生什么变化。现在,答案没有那么显而易见了!最开始,由于海洋中潮汐能量的耗散,地球的自转速率随时间减小。潮汐与自转轴的进动一样,都是由太阳和月球导致。从图 9.6 可以看出,如果地球附近没有月球,再加上日长短于 12 小时,那么,地球的倾角会更稳定。也许,地球在太古宙早期的自转速度曾经有这么大。所以,如果有人在那时将月球从地月系中移走,那么,地球的自转轴倾角可能还是稳定的。但这还是没有回答问题,只是引向了另外一个问题:如果形成月球的撞击没有发生,那么,地球最初的自转得有多快?那次事件可能导致地球的自转周期在 4—5 小

---

① 术语"角秒"会在第十一章中给出定义。目前,我们就只需要知道,一个整圆有 1 296 000 角秒即可。

时——只是比导致整个地球分崩离析的速度稍小了一点。没有月球时的地球,理应会自转得更慢一些,但很难说清楚会慢多少。

那么,以上讨论会把我们带到哪里呢? 我不得不说,这并不会带来实质性进展。在不知道行星的自转速率,也不知道该行星所在系统中其他行星的质量和轨道参数的情况下,不管它有没有一颗大卫星,想要预测它的自转轴倾角是否稳定,几乎是不可能的。唯一可能使我们获得这些信息的办法,是用未来的空间望远镜进行详细的观测和研究。在第十五章,我推测了这样的望远镜,但在有生之年,你我都不可能见到这些望远镜。同时,有一件事似乎已经明了:我们不能仅仅因为类地行星周围不太可能拥有大卫星,就认定这些行星上没有生命存在。没有大卫星,其实只是行星要宜居必须克服的小小困难而已。

要解决本章讨论的众多问题,尽管不容易,但我们仍然可以得出一些基本结论。最重要的是,行星轨道与恒星的距离恰当,只是行星宜居的第一个要求。其他要素,包括该系统中其他行星的质量、轨道,可能同样重要。当我们在本书最后一部分介绍各种搜寻宜居行星的方法时,必须将此牢记于心。但是,同时要指出的是,我们没有理由持极度悲观的看法,甚至像《稀有的地球》一书中表现的略微悲观的看法,也没有必要。我们目前对地球的研究中,没有任何证据表明,地球有特殊的能力来支持生命的出现,不管是支持简单的、复杂的,还是智慧的生命。在卡尔·萨根的一生中,他都在强调这一观点,我们不认为有任何理由可以推翻它。

恒星周围的宜居带

在第六、第七、第八章,我们回顾了金星和火星的气候史,两颗行星如今都已不宜居。我们也遥想了地球的未来,到那时,如果人类不用科技干预的话,地球有可能也不再宜居了。之后,在第九章,我们探索了影响地球宜居性的种种其他因素。这里,我们再次回顾气候演化的长期过程,借鉴前几章的结论,估算太阳和其他恒星周围宜居带的范围。回顾第一章,哈洛·沙普利(Harlow Shapley)把能在恒星周围的行星表面能够拥有液态水的区域,定义为"液态水带"。我们认为,把宜居行星的搜寻范围限于依靠液态水存活的生命,这种思路是合理的,因为水分子有独特的化学特性。同时,我们也认为,行星表面维持生命的水,必须是鲜活的,才能被远程探测到。这样的液态水行星,存在的可能性有多大?

历史上对宜居带的定义

几乎在沙普利写他的书的同时,一位名为胡贝图斯·史特拉格(Hubertus Strughold)的医学研究者,定义了太阳周围的生态圈(ecosphere)。[1,2]这片区域与沙普利的液态水带完全重合,史特拉格

恒星周围的宜居带

也强调了行星表面液态水的重要性。奇怪的是,史特拉格相信,金星、地球、火星都在宜居带内。他估计,金星的表面温度为 −10 至 +100 摄氏度之间,火星的温度在 −70 至 +25 摄氏度之间。对火星而言,这一估计值与真实值应该相去不远,但对金星来说,他估计的温度则太低了。对于这种错误,我们不该太过于责备史特拉格,因为在 1962 年,水手 2 号(Marine 2)最终采用微波辐射计测量金星表面温度之前,这种错误很常见。不得不说,即使金星表面温度在正常范围之内,史特拉格还是预测到它可能不适合居住,因为他意识到,金星的大气里完全没有水蒸气。

20 纪 50 年代后期,天文学家黄授书(Su-Shu Huang)开始研究这一课题。[3,4]黄授书讨论了一系列关于其他恒星周围行星的宜居性问题,虽然有些粗略,但推理过程十分严密。比如,他指出,双星或多星系统比单星系统更难拥有宜居行星,因为那些系统中的行星轨道多数不太稳定。我们发现,他也得到了正确的结论,即,那些质量与太阳相当的恒星,更有可能拥有宜居行星。但是,他最大的贡献是定义了术语"宜居带"(等同于"生态圈"和"液态水带")。他还创造了"天体生物学"一词,用来描述对外星生命的探索。第一个术语已被采纳,成为如今描述恒星周围液态水带的首选词汇。1996 年,NASA 准备在这个研究领域开辟新的研究方向时,采纳了第二个术语。所以,这个领域的进步在某种程度上应该归功于黄博士。

之后不久,史蒂文·多尔(Steven Dole)写了一本名为"人类宜居行星"的书[5],在前面的章节里,我们也提到过这本书。多尔对一个更具体的问题感兴趣:我们周围有多少恒星会拥有可以让人类移居的行星? 因此,他为宜居性设立的条件完全以人类为中心。其中包括,行星表面超过百分之十的地区,年平均气温要在 0 至 30 摄氏度之间,大气中的氧气要充足,表面重力要小于地球表面重力的 1.5

倍,以便人类还能直立行走。多尔建立的气候模型相当粗糙:他考虑的是大气稀薄(没有温室效应),以及百分之四十五有云层覆盖的黑色行星。尽管如此,多尔还是提出了不少至今看来仍然有效的观点。尤其是他重申了黄授书关于双星系统中轨道稳定性的担心,指出了行星绕暗红恒星旋转时产生的潮汐锁定问题。这些内容我们在本章都会加以讨论。所以,从很多方面来看,他的书都颇有远见。

这些早期的研究人员,都没有尝试过用真实的气候模型来定义宜居带。而这方面真正的先驱,是 NASA 戈达德空间飞行中心的研究员迈克尔·哈特(Michael Hart)。20 世纪 70 年代末期,哈特就这一主题写了两篇论文。[6,7]这两篇论文颇具影响力,不是因为从气候模型的角度来看,它们很明确——大多数气候模型的结论显然并不明确——而是因为哈特展现这一问题的方式很清楚,激起了很多人深入研究的兴趣。我以个人名义作证,因为在密歇根大学读研究生期间,我曾读过哈特的论文,正是他点燃了我的兴趣。我还记得,我曾因哈特的悲观结论,而感到沮丧。我跟那些像卡尔·萨根的人一样,愿意相信宇宙中的生命是广泛存在的。我写这本书的动力,部分原因就是想弄清楚哈特的结论有没有可能是错的。

在论文中,哈特做了一件有价值的事,他定义了一个新的术语——连续宜居带(Continuously Habitable Zone,简称为 CHZ,传统的宜居带可以简称为 HZ)。哈特明白,太阳和其他主序星一样,随着年龄增长,会变得更亮。因此,随着时间推移,宜居带必然会向外扩张,如图 10.1 所示。假设太阳周围第一个宜居带出现的时间为 t_0,覆盖范围如图所示。此后在 t_1 之前,宜居带一直在向外扩张。连续宜居带是两个宜居区域重合的地方。注意,宜居带由时间点表示,而连续宜居带只有占据一定长度的时间段才有意义,是用时长来表

恒星周围的宜居带

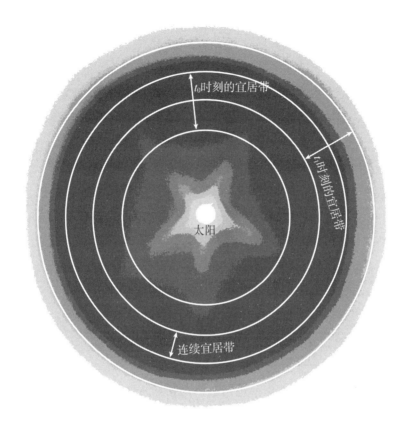

图 10.1　太阳周围宜居带和连续宜居带的概念示意图(图片来自迈克尔·哈特的研究成果[7])

示的,这里的连续宜居带所占据时间长度是 t_1-t_0。对太阳而言,我们一般把连续宜居带的时间长度,限定在整个太阳系 46 亿年的历史中。

在第一篇论文里[6],哈特试图模拟地球大气的演变过程,估计太阳的宜居带和连续宜居带的宽度。因此,他建立了一个计算机模型,将我们在第三章到第六章探讨的很多现象融入其中,包括随火山喷发释放的二氧化碳、二氧化碳与行星表面矿物的反应、地球早期较低含量的温室气体甲烷和氨气、有机碳的掩埋、大气层中增多的氧气、太阳的光度、冰的反照率等。所以,哈特的模型里有很多化学和物理方面的知识。哈特首先给一颗行星,设定了一些特定的初始条件,随后,通过解一系列随时间变化的微分方程,来推进行星的演化。特别地,在模型中,他假定了一颗处于 45 亿年前、没有空气的地球。接着,他以 250 万年为间隔,对自己的模型方程进行积分。之后,他又改变自己关于火山气体成分的假设,再多次运行计算程序,直到出现地球大气和气候演化的"最佳模拟值"。这个最佳模拟值,成功地解释了地球目前的表面大气压、大气成分、海洋的质量、碳酸盐岩中的二氧化碳储量,以及地球形成约 20 亿年后氧气含量的上升。回忆一下第四章的内容,迄今为止,普雷斯顿·克劳德已经勾画出这次重要事件发生的地质证据。

在得到这样一个令人满意的结果后,哈特又改变了地球与太阳之间距离的初始值,其他条件不变,以此优化模型。模型优化过程中,他发现,所有设定地球与太阳的距离小于 0.95 AU 的模型,都会得到失控温室效应的结果。令人惊奇的是,这种灾难性的现象,只出现在地球史的早期,那时的太阳流量较低,而后来变得越来越高。所以,这与第六章讨论的计算并无可比性。第六章的计算结果显示,太阳辐射为现值常数的情况下,当地球距太阳 0.95 AU 时,地球内部的水将会丢失。哈特的模型中,也出现了真正的失控温室效应,这说明海洋会完全蒸发,而第六章介绍的计算模型中,在这样的日地距离下,仅仅推导出地球含有一个潮湿的平流层。在哈特的模型中,失控的温室效应仅仅发生在地球史的早期,这是因为,在地球原始大气条件中有高浓度的还原性温室气体。

另一方面,哈特发现,如果地球形成于距离太阳 1.01 AU 或更远的地方。那么,20 亿年前氧气出现在地球大气中时,它将遭受一次

恒星周围的宜居带

失控的冰川作用,使得还原性气体的浓度下降。根据第四章,我们知道,在 24 亿年前,地球上的低纬度地区出现了冰川作用,而这正是我们用现在的模型推测到的那时发生的事。不过,在哈特的分析中,这是一个致命的问题,因为他模拟的行星无法从这样的状态中恢复过来。的确,在一个段落中,他写道:

> 有好几次在运行计算的过程中,都出现了失控冰川作用。每一次,计算过程都会继续下去——常常连续计算 20 亿年的时长,甚至更久——随后,来自火山的二氧化碳都在大气中累积起来,导致温室效应。但在所有的计算过程中,没有一次,地球可以从失控的冰川作用中得以恢复。

哈特的模型难以从失控冰川作用中恢复,原因还不明确。不过,这个模型已经高度简化,它对辐射和对流的处理还可以有所提升。如果哈特的气候模型更详尽复杂的话,他得到的结果可能会不同。在天文学中,不同方法建立的模型,得到的结果之间的差异真的会很大!

哈特把所有的模拟结果结合起来,估算了太阳周围的连续宜居带,只从 0.95 AU 延伸到 1.01 AU。[6] 在后来的论文中,哈特把这些计算拓展应用到其他主序星。[7] 在第二轮计算中,他采用的策略还是一样:选定用于地球的最佳模型,针对绕不同质量和光度的恒星运转的行星,再次运行模拟程序(在本章的后面部分,我们会深入讨论这样的恒星)。运行程序时,哈特发现,那些质量小于太阳的恒星周围的连续宜居带,要么很窄,要么完全没有。质量大于太阳的恒星周围的连续宜居带范围更宽,但存在的时间都很短,因为这样的恒星演化很快。哈特所做的计算的关键结论,已经总结在他 1979 年发表的论文的最后一句话中:

由此看来,在我们的银河系里,适合进化出高等文明的行星,可能比之前认为的更少。

确实,如果悲观地看待哈特论文的内容,我们可以得出结论:地球是唯一一颗特殊的行星。

太阳周围宜居带的现代模型

在念研究生时,我读到哈特的论文,并深受鼓舞。后来,我在NASA 埃姆斯研究中心工作,一直致力于解决这个问题。多年研究的成果凝结成一篇论文,这篇论文的合作者,是来自西南路易斯安那大学的丹尼尔·惠特迈尔(Daniel Whitmire),以及来自 NASA 埃姆斯研究中心的雷·雷诺兹(Ray Reynolds)。[8]以下简要描述我们的计算过程。

估计太阳周围宜居带的边界,与理解金星和火星上的气候长期演化紧密相关。所以,第六章和第八章的很多讨论同样适用于本章,这里我们简要总结一下。行星演化出一个潮湿的平流层时,由于水被光解而丢失,光解产生的氢原子,又逃逸到太空中,这时,宜居带的内界就已经确定了。在第六章中,我们描述了一个假设的数学实验,实验中,我们将地球缓慢地推向太阳。在我们的模型中,当地球接收的太阳流量,比地球上现在的太阳流量高百分之十时,地球就开始迅速失去水分。通过平方反比定律,可以推出,太阳系现代宜居带的内界可以延伸至 0.95 AU。

顺着这个推理逻辑,想要找出宜居带的外界,很像我们理解火星早期气候的过程。尽管第八章(见图 8.6)的气候计算并没有用到这种形式,但我们可以想象一个类似的数学实验,缓慢地将地球推向火星的轨道。在哈特的模型中,行星变冷时,就会不可逆地被冷冻起

恒星周围的宜居带

来。与他的模型不同,我们的模型有一个内置的负反馈机制:当气候变冷,硅酸盐岩的风化会放缓,大气中由火山释放的二氧化碳会逐渐积聚起来。毕竟,我们认为,地球上的生命正是通过这样的方式,才能在年轻的太阳还比较暗弱时存活下来。在我们的模型中,只要太阳流量高于临界值,就可以避免全球化的冰川作用。我们可以使用前面章节中的火星气候的计算结果,来估计这个临界值。回顾一下图 8.6,我们可以看出,考虑到那时的太阳流量还不到现在地球上太阳流量的85%,火星的全球平均温度要想高于水的冰点是不可能的。而且,火星气候的计算结果针对的是火星大小的行星,而不是地球大小的行星,还缺少氮气,但是,后来的结果证明,这些差异并不会对计算结果造成明显影响。[8] 火星轨道上的太阳流量只有地球轨道上的43%。因此,如果要使火星表面温度高于冰点,那么,就至少要让火星上的太阳流量是现在地球上太阳流量的 $0.85 \times 0.43 \approx 37\%$。根据平方反比定律,这一太阳流量对应的宜居带的外界距离约为1.65 AU[因为 $(1/1.65)^2 \approx 0.37$]。可是,火星到太阳的距离只有 1.52 AU,小于1.65 AU。所以,正如第八章所指出的,如果火星上的二氧化碳可以循环的话,那么,今天的火星很可能是宜居的。

虽然,我们可以尽可能用气候模型,把宜居带的内界和外界计算得更准确,但我们仍有理由认为,这两种估计可能太过保守。正如第六章所讨论的,当行星温度上升时,水云使得行星的反照率大大上升,那么,可能将宜居带的内界再向太阳推进至 0.8 AU,甚至更近。如果二氧化碳冰云或其他温室气体,可以让行星表面的温度变得更高,那么,宜居带的外界可以远到距离太阳2.0 AU,甚至更远。[9,10] 从某种意义上来说,这种不确定性的影响不大,因为即便我们对宜居带宽度的估计十分保守,这一数值也已经相当大了。如果宜居带的外界将近 1.65 AU,而内界将近 0.95 AU,那么宜居带的宽度应该在

0.7 AU 左右。在我们的太阳系中，距离太阳 0.4 AU 和 1.5 AU 之间有四颗类地行星，所以，这些行星之间的平均间距只有约 0.35 AU。这表明，从统计意义上来看，可以有两颗行星处于宜居带（这正好与我们的研究结论一致，因为根据我们的计算，地球和火星都处于宜居带中）。如果其他行星系统中也存在岩石行星，相互之间的间距也与在太阳系中的行星间距相同，那么，至少有一颗行星处于宜居带的可能性会很高。

我们也可以利用这些气候模型的结果，来估算约 46 亿年中太阳周围的连续宜居带。如今的太阳亮度比以往任何时候都高。因此，太阳周围连续宜居带的内界，与现代宜居带的内界一样，为 0.95 AU。可是，外界会比现在更靠近太阳一些，因为在 46 亿年前，太阳的亮度仅为如今的 70%。因此，一颗行星要想接收与现在相同的太阳流量，就需要再向太阳靠近 $0.7^{1/2} = 84\%$。如果现在太阳周围宜居带的外界距离太阳 1.65 AU，那么，在 46 亿年前，宜居带外界距离太阳为 1.65× 0.84 ≈ 1.4 AU。

所以，根据我们的宜居带模型，预计 46 亿年中围绕太阳的连续宜居带，至少从 0.95 AU 延伸至 1.4 AU，仍然比太阳系类地行星的平均间距大很多。这说明，至少有一颗宜居行星（地球）位于连续宜居带。这又一次与我们的研究结果相一致。相比之下，在哈特的模型中，连续宜居带从 0.95 AU 延至 1.01 AU，意味着在六个行星系统中，只有一个行星系统可能包含一颗宜居行星。真实数字可能会更小，因为他的模型预测，太阳是拥有宜居行星的最佳恒星。显然，两个模型之间的显著差别，在于连续宜居带外界的位置不同。这再次说明，碳酸盐-硅酸盐循环，对大气中的二氧化碳和气候负反馈作用的重要性。如果没有这样的负反馈作用，那么，哈特的模型就是正确的，适合宜居的行星可能确实不常见。

赫罗图和主序星

那么,其他类型的恒星怎么样呢?它们周围是否可能拥有宜居行星?根据哈特的模型,大多数恒星周围是没有的,但这个结果,至少部分原因是他的模型是为太阳和地球量身定制的。在我们试图回答这个问题前,首先,应该回顾一下天文学家是如何对不同的恒星进行分类的。

天文学家喜欢把恒星标在赫罗图上(见图10.2)。之所以叫做赫罗图,是因为这张图在19世纪早期,由埃纳尔·赫兹斯普鲁格(Ejnar Hertzsprug)和亨利·诺里斯·罗素(Henry Norris Russell)分别独立研究得到。赫罗图上的每一个点,都代表一颗恒星。横轴是 T_{eff},T_{eff} 是恒星的有效辐射温度——实际上就是指恒星的表面温度。纵坐标是恒星相对太阳的光度。偶尔也会用恒星的质量来代替光度。恒星的质量越大,内核越热,光度越大(原因是核聚变反应越快)。所以,只要理解了两个变量之间的关系,我们就可以在赫罗图的纵坐标上用质量代替光度。[1]

在赫罗图底部的横坐标上,显示了恒星的光谱分类。起初,这是我们唯一知道的、关于不同恒星的知识。在可见光和紫外线中,不同恒星显示出不同类型的吸收特点,由此可以把恒星归为不同的分类:O,B,A,F,G,K,M。这些光谱分类可以通过"哦,做个好姑娘,吻我吧!"(Oh, Be a Fine Girl, Kiss Me)这样的口诀来记住。在现代社会里,还有更加政治正确的说法,比如"只有男生接受了女权主义,接吻才

---

[1] 恒星的质量与光度的关系,沿着主序列有所变化,平均来说,恒星光度约是质量的四次方。

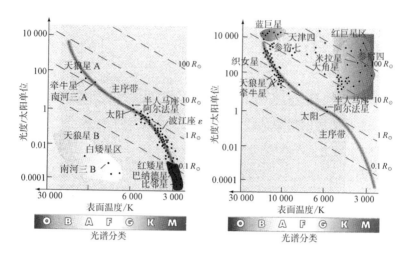

图10.2 这张赫罗图给出了(a)最近的恒星和(b)最亮的恒星(原图为彩图)。在图中,假设太阳的光度为1,有效温度为5780 K。虚线表示恒星的半径与太阳半径的比值[(图片来自《当代天文学》(第6版,蔡森与麦克米伦合著,培生出版公司[11])]

有意义"(Only Boys Accepting Feminism, Get Kissed Meaningfully),或者还可以用我最喜欢的一条:"只有无聊的天文学家,才会觉得用记忆法很有意思"(Only Boring Astronomers Find Gratification Knowing Mnemonics)。因为这种记忆法需要反复默念,所以,不管用哪一句话,只要能牢牢记住就行。

不管怎样,赫兹斯普鲁格和罗素最重要的洞见,在于他们意识到,这些不同光谱分类的恒星,意味着它们的表面温度不同、光度不同。赫罗图上的大多数恒星,落在从左上到右下的条带上。这个条带称为主序,包括了所有内核燃烧氢的恒星。回顾第三章,我们明白,恒星一生中的大多数时光就是这样度过的。但是,已经走完了主序星阶段的巨星和超巨星也在图中(右上角),同样,也有代表着多数恒星寿命终结阶段的白矮星(左下角)。

第十章

恒星周围的宜居带

主序星(我们的研究兴趣所在)的光度(或质量),与它的有效温度之间的关系明确。这种关系,从主序星的外观可以反映出来。因为物体的颜色,由其温度决定。那么,越亮(质量更大)的恒星温度越高,显得更蓝(这直接遵循第三章里讨论过的韦恩定律)。这些恒星中,包括特别亮的 O、B、A 型恒星,也包括更像太阳的 F 型恒星。而黯淡(质量更小)的恒星,则温度更低,因而显得更红。这些恒星中,包括 K 型恒星,也包括那些非常黯淡的 M 型恒星。在每一个光谱分类中,恒星还由亮变暗的顺序标记为 0—9。我们的太阳是 G2 型恒星,有效温度为 5 780 K。

从行星的宜居性来看,恒星的另一个非常重要的特点,就是它们的寿命。正如我们所看到的那样,太阳有望在主序星阶段继续待90—100 亿年。因此,我们现在大致处在太阳作为主序星的寿命中段。多少有点矛盾的是,恒星的质量越大,燃烧越快,尽管它拥有更多的核聚变燃料。这是由于恒星的光度随着它的质量变化很大。又亮又蓝的 O 型恒星,可能仅仅只需要 1 000 万年,就会"烧"光内核所有的氢,之后,变成一颗壮观的超新星。而又暗又红的 M 型恒星则相反,预计会有数十亿年的主序星寿命——甚至比宇宙寿命的估计值(140 亿年),还要更长久。质量更大的恒星比质量更小的恒星,光度变化更快。因此,它们的宜居带向外扩张会更快。所以,只有在很短的一小段时间里,又亮又蓝的恒星才会有连续宜居带。几乎所有思考过这个问题的人都会指出,在绕着又亮又蓝的恒星运转的行星上,可能没有足够的时间来诞生生命,更没有时间进行进化。最亮的蓝色行星,主要的能量集中在紫外区域,而不是可见光区域,这可能会给行星的宜居性问题带来更多麻烦(见以下深入讨论)。所以,主序星区域的远端——O、B、A 型恒星周围的行星上——可能已经超出生命存在的极限了。而另一方面,F 型恒星不应该被排除在外。

确实,F 型恒星因为它的固有亮度,可能成为寻找宜居行星的最佳对象,我们将在之后的章节里验证这一点。

其他恒星周围的宜居带

在其他恒星周围的宜居带中,又会是什么情况？在这些宜居带中,找到类地行星的概率有多大？要回答这个问题,我们要沿着迈克尔·哈特建立的气候模型,模拟其他恒星周围行星的气候。[8]然而,与哈特试图计算某些行星具体的演化路径不同的是,我们只以地球和与地球很不相同的行星为例,将它们放在到太阳不同距离的位置。显然,在一颗又亮又蓝的恒星周围,恒星通量更高,所以,宜居带必然处于更远的位置。（天文学家把这样的恒星,称作"早期型"恒星,因为这些恒星位于主序星的起始位置。类似地,"晚期型"恒星,是指那些颜色更红的 K 型和 M 型恒星。）但是,变化的不仅仅是恒星的光度。恒星辐射的光谱也会发生变化,因为恒星的表面温度会发生变化。图 10.3(a) 是绕 F2 型恒星、G2 型恒星(太阳)、K2 型恒星运转的行星上的辐射分布。（有时候,我们在一颗主序星旁添加 V,代表这是一颗小的恒星或矮星,而不是巨星。所以,"F2V"代表 F2 型矮星。）正如之前提到的,F 型恒星的辐射会向蓝色变化,而 K 型恒星的辐射会向红色变化。由于瑞利散射,蓝光更容易从行星上反射回去,而红光或近红外线,则散射得更少,部分会被行星的大气层所吸收,所以,气候计算结果也会受到影响。因此,如果只考虑光度,蓝色恒星周围的宜居带,会离恒星更近一点,而红色恒星的宜居带,会更远一点。

图 10.4 总结了不同类型恒星的计算结果。这里,横轴代表行星与恒星的距离,纵轴代表恒星与太阳的相对质量。可以看出,宜居带呈条状,从图的左下方延伸到右上方。图中还显示了太阳系里的九

恒星周围的宜居带

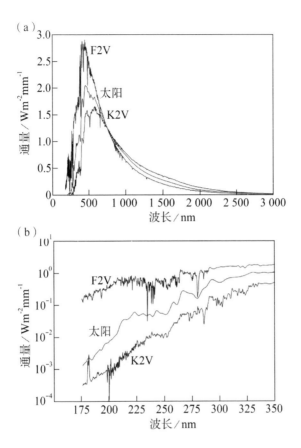

图 10.3　F2 型恒星、G2 型恒星(太阳)、K2 型恒星周围行星的恒星通量分布。我们假定该行星接收到的光度与现在的地球一样。(a) 整条波长的光谱;(b) 光谱里的紫外线比例[12]

大行星(在冥王星被降级为"矮行星"这一多少有点尴尬的地位前不久,这张图刚好制成)。对于不同质量的恒星来说,宜居带以不同速度,随时间向外扩张,我们必须选定恒星一生中某个特定的时间段来标记宜居带的位置。图 10.4 中,标记恒星周围的宜居带的时间,正好是这颗恒星刚刚进入主序星阶段。

寻找宜居行星

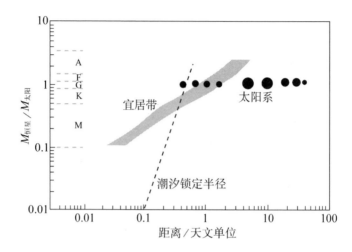

图10.4 本图描述了不同类型恒星周围的宜居带范围。纵轴代表恒星相对太阳的质量。图中的恒星刚刚进入主序星阶段。太阳系的九大行星(包括冥王星)也在图中(图片根据卡斯汀[8]1993年发表的论文改编而成)

从图10.4我们可以看出,恒星的质量越大,它的宜居带所在的位置越远,恒星的质量越小,它的宜居带所在的位置越近。这一点在意料之中,因为这颗行星要想变得宜居,必须接收与地球大致相等的光照。但是,这幅图也显示出一些不是那么明显的事情。比如,这幅图证实了先前的一个观点——与行星之间的距离相比,我们太阳系的宜居带相对较宽。注意,图中的轨道距离采用了对数坐标。那是因为太阳系的行星之间的距离符合对数形式。有时,这也被称为"几何"间隔,因为每颗行星到太阳的轨道距离,比它到内侧的邻居行星的轨道距离更大,大致是同样的倍数(平均为1.7倍)。

火星和木星之间存在一个空白地带,似乎少了一颗行星,但那里填满了小行星带。当然,这个研究结果一点也不新鲜。很久以前,望远镜发明后不久,这些行星轨道之间的距离关系就已经被人们所注意,并以数学形式,表达为"波得定则",有时也称为"提丢斯-波得定则"。波得定则常常被天文学家所排斥,因为定则最先只是为了与观测结果相符而做的简单的经验拟合。可现在,我们认为,该定则是有物理基础的(至少对于巨行星而言是正确的)。如果要避免行星的轨道不稳定,行星之间的排布方式就不可能比现在更紧密。[13,14]类地行星之间的间隔是否应该符合几何形式,是一个有争议的问题。类地行星之间的间隔,更有可能受到它们与巨行星之间共振的影响,而非它们的互相作用。只有当我们能够观测到其他恒星的内行星系时,才能最终回答该问题。

当我们遇到一颗与太阳迥然相异的恒星时,行星轨道之间的间隔问题,就会变得极为重要。正如图 10.4 所示,当以对数形式呈现轨道距离时,宜居带的宽度基本上就是一个常数。如果以实际的距离单位来表示,那么,与太阳周围的宜居带相比,M 型恒星周围的宜居带确实很窄,F 型恒星周围的宜居带却很宽。也正因此,黄授书博士得出结论:要找到 M 型恒星周围的宜居行星,可能性很小。[3]但是,得到这样的结论似乎并不成熟,又或者,这样的结论是建立在错误的前提下的(见下文)。当以对数形式表示轨道距离时,M 型恒星周围的宜居带,与 G 型恒星周围的宜居带,正好大小一致。至于我们能否在其中找到类地行星,就是另一个议题。

关于早期型恒星周围行星的问题

环绕质量远大于太阳的恒星运转的行星,面临一系列可能影响行星宜居性的问题。对于早期型恒星而言,我们已经提到过两个主要问题:(1)主序星的寿命很短;(2)产生大量的紫外辐射。从行星宜居的角度来看,O 型恒星、B 型恒星,以及很多 A 型恒星,由于受到第一个问题的影响,都不够有意思。可 F 型恒星不同。F0 型恒星的主序星寿命约为 20 亿年,从地球史(第四章)来看,这段时间已经足以让生命起源和进化了。虽然,根据我们在地球上的经验,这段时间可能还不足以演化出复杂的多细胞生命,但那是另外一个问题了。因此,当我们开始寻找宜居或有生命居住的行星时,F 型恒星可能在我们的搜寻之列。

恒星的紫外辐射对生命来说,也是一个严重问题,但并非一定无解。图 10.3(b)说明了这个问题。距 F 型恒星约 1 AU 的行星,接收波长短于 315 纳米的紫外辐射量,约是地球上的四倍(表 10.1)。这个波段,包括了危害生物的紫外 B 辐射和紫外 C 辐射。此时,波长为 250 纳米的相对通量,也就是 DNA 吸收的辐射量达到峰值,达地球上接收的紫外辐射量的 10 倍,甚至更高。对于像早期地球那样缺少臭氧层的行星来说,这会导致地球表面的生物发生基因突变的风险大增。在卡尔·萨根等天文学家眼里,这个问题似乎很严重。然而,对很多生物学家、包括萨根的第一任妻子林恩·马古利斯在内,这不是个问题。马古利斯在她的论文[15,16]中证明,生物体可以通过形成叠层的结构,来避免紫外辐射的伤害,这就像我们在第四章提到过的那些形成叠层石的生物体。如果地球上的生物能够运用这样的策略,那么,F 型恒星周围的行星上的生物,也许可以同样存活下来。

表 10.1　不同恒星周围的类地行星上,紫外辐射通量、臭氧、DNA 剂量率的相对值

恒星类型	入射紫外辐射通量	臭氧柱深度	行星表面紫外辐射通量	相对剂量率[*]
G2 型恒星(太阳)	1	1	1	1
K2 型恒星	0.26	0.79	0.43	0.5
F2 型恒星	3.7	1.87	0.68	0.38

[*] DNA 受损的剂量率。所有数值来源于塞古拉等(2003 年)的文献

恒星周围的宜居带

　　然而,如果 F 型恒星周围的行星上有生命起源,如果地球上产生氧气的光合作用也能在那颗行星上发生,那么,恒星紫外辐射的问题,可能就不是问题了。因为,F 型恒星发出的大多是波长短于 200 纳米的辐射——大概是太阳发出的紫外辐射的 100 倍,如图 10.3(b)所示。波长这么短的光子的能量,足以把氧分子解离开:

$$O_2+光子→O+O(波长<\lambda\ nm)$$

　　然后,就像在之前章节讨论的那样,氧原子再与氧分子结合,形成臭氧。结果是,F 型恒星周围的行星会像图 10.5(a)展示的那样,形成厚厚的臭氧层。臭氧会保护行星表面免受波长在 200—300 纳米的紫外辐射,正是这些紫外辐射,导致了大部分生物受损伤。根据行星表面的紫外辐射通量和影响生物体的效率,可以估算出受损量。[17]令人惊讶的是,预计在 F 型恒星周围的类地行星表面,能导致 DNA 受损的相对剂量率,比地球上的 40%还要低(见表 10.1)。K 型恒星周围的行星上,预计导致 DNA 受损的辐射剂量,也低于地球。因此,由这些计算结果推测,对于那些拥有现代地球那样的大气层的行星来说,类似太阳的恒星反而是其中最危险的恒星! 所以,地球也许并不是所有可能的宜居行星中条件最好的。我们现在以为地球是最好的,只是因为我们没有可以比较的对象!

　　图 10.5(b)还展现了 F 型恒星、G 型恒星、K 型恒星周围的行星上,温度随大气层高度的变化。现代地球平流层的上层很暖和,是因为臭氧吸收了紫外辐射,加热了这个区域的空气。相比之下,K 型恒星周围的行星上,平流层的温度较低,而 F 型恒星周围的行星中,平流层的温度非常高。温度上的差异,是由臭氧含量不同,以及不同恒星发出的紫外辐射通量引起的。尽管我们发现,平流层的温度对气候的影响很小,但对行星发出的光谱影响较大。行星的光谱是指从远处观测行星得到的结果。这是我们在后面章节中会讨论到的问题。

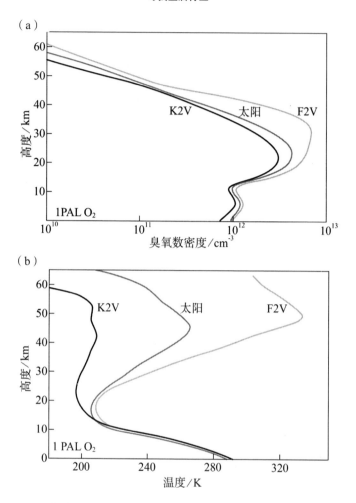

图 10.5　不同类型恒星周围的类地行星(氧气含量为 21%)上臭氧数密度(a)和温度(b)的垂直剖面图

关于晚期型恒星周围行星的问题

晚期型恒星周围的行星，面临的问题则完全不同。直接从一开

恒星周围的宜居带

始就可以发现的一个问题,展示在图 10.4 的一条点线中。M 型恒星周围的宜居带,与晚期型 K 型恒星周围的宜居带,都位于恒星的潮汐锁定半径内。这意味着,经过一段时间,行星总会以同一面对着恒星,即每公转一周,就要自转一圈。更确切地说,恒星的潮汐锁定半径,就像连续宜居带一样,是与时间有关的概念。如果潮汐锁定的行星像地球上的潮汐那样以相同速率释放能量,那么,图 10.4 所示的虚线,就是一颗行星在 45 亿年后经历潮汐锁定时、与恒星之间的距离。

我们熟悉的一个潮汐锁定对象,是地球的卫星——月亮。不管我们在任何时刻观测,我们都只能看见月球的正面。那是因为,月球处在地球的潮汐锁定半径内。同样的情况,在行星与恒星的距离很近时也会发生:行星上的一面总是有光照,而另一面则总是处于黑暗之中。那时的危险是行星的大气和海洋会被冻结,在黑暗的一面形成一个巨大的冰盖。如果发生那样的情况,行星的表面将没有一个地方是宜居的,即使在晨昏线上(光照和黑暗的交界处)也不行。如果潮汐锁定在 M 型恒星周围的行星中较为普遍的话,那么,拥有宜居行星的恒星数量将大为减少,因为 M 型恒星是所有的恒星类型中,拥有宜居行星最丰富的一类恒星了。

幸运的是,这个特殊的问题可以通过几种不同的方法解决。我们太阳系中的水星,就可以用来说明其中的一种方法。正如图 10.4 所示,水星处在太阳的潮汐锁定半径之内,然而水星没有被潮汐锁定。相反,水星每绕太阳公转两周,就会自转三圈。如果用术语解释,就是因为水星正好处于自旋轨道共振的位置。我们认为,这是在水星形成过程中,遭受小天体的暴力撞击后形状改变的结果。这些撞击使水星的质量分布呈非球形。我们可以这样想象水星的形成过程:水星像一个足球一样被压扁后,有一条长轴和两条短轴。水星的

寻找宜居行星

轨道是高度椭圆形的($e \approx 0.21$),而且,我们可以看到,当水星的长轴在近日点指向太阳时,水星的引力势能稍微偏低。以目前的自转周期,水星每绕太阳一圈,就会出现一次这样的情况,而每次水星的背面都会面向太阳。最初形成的时候,水星可能自转得非常快,之后,由于太阳引起的潮汐作用,自转变慢了。[①] 但是,还没来得及被潮汐锁定,水星就被限制在 3:2 的自旋轨道共振位置上了。因此,即使现在的水星上还有任何明显的大气层,也都不会在其中的一面形成冰帽。这种研究,在很大程度上是理论上的,因为水星几乎没有大气,但是,这与 M 型恒星周围宜居带内的行星是有关的。

另一个解决潮汐锁定问题的方法,由马努基·乔希(Manoj Joshi)和他在 NASA 埃姆斯研究中心的同事一起提出。[18,19] 乔希和同事一道,用 3D 全球气候模型,模拟计算了潮汐锁定的行星上的气候。他们发现,如果行星的大气中至少有 30 毫巴的二氧化碳(将近地球目前大气中二氧化碳含量的 100 倍),那么,行星可以从白天那一面,向夜晚那一面输送足够的热量,以免大气被冻住。高浓度的二氧化碳,会延长行星向太空中释放热量的时间,促进热量在大气中的传导。相似地,我们可以想象,如果一颗行星上有一片深海,比如地球,那么,洋流可能将热量从白天的一面带到夜里的一面。所以,纯粹从气候的观点来看,如果要寻找有宜居行星的恒星,就不应该把 M 型恒星完全排除在外。

不过,不同的作者已经指出了 M 型恒星周围的行星存在的潜在问题。其中一个问题,涉及 M 型恒星周围的行星保持大气的能力。M 型恒星的耀斑活动比太阳更多,所以,相应地,恒星风也会更强。更有甚者,除了质量最小的 M 型恒星,其他 M 型恒星周围被潮汐锁

---

① 行星并不需要海洋来发生潮汐反应。在水星上,潮汐可以在固体行星内部产生。

恒星周围的宜居带

定的行星,自转得相当慢,10—100 天自转一周,因此可能无法产生很强的磁场。正如我们在前一章中指出的那样,行星必须自转才能产生磁场。即使行星像地球那样有一个类似的铁核,但只要围绕 M 型恒星缓慢自转,那么,也有可能难以产生很强的磁场。由此,这颗行星上的大气当然会被强烈的恒星风刮走。[20]

M 型恒星周围行星其他问题,源于自形成这些恒星的星云环境不同。[21]我们已经指出,M 型恒星周围的宜居带离恒星非常近。因此,一颗正在形成的行星上,能够被刮走的物质相对较少,所以,在那里形成的行星,可能质量比地球还要小很多。更有甚者,由于处于这些位置的时间短,行星的吸积过程应该发生得很快,星云冷下来的时间就少些。这意味着,类地行星在形成过程中,会再一次远离“雪线”——冰冻的星子形成的区域。反过来,这可能会减少传输到行星上的水和其他挥发物质的量。宜居带里的轨道间隔紧密,意味着星子的速度会很大,因此,这里的星子撞击,会比形成地球的星子撞击更加猛烈。这种高能量的撞击,可能使被剥夺掉或被吹走的大气,比传输过来的大气更多。[22]

尽管上述观点没有一个令人拍手叫绝,但我们可以得出结论:在寻找宜居行星的过程中,虽然 M 型恒星不应完全被排除在外,但 M 型恒星周围出现宜居行星的可能性,比 F 型恒星、G 型恒星、早期 K 型恒星还要小。确实,过去 50 多年来,不同的作者都一致建议,要把搜寻宜居行星的重点放在 F 型恒星、G 型恒星和 K 型恒星上。[4,5,8]幸运的是,太阳系的邻居中,大约 20% 的恒星的光谱分类都在 F0—K5 之间,所以,这种约束条件还不算多么严苛。另一方面,如下文所讲,离太阳最近的恒星中,大多数属于 M 型恒星,这些恒星很可能会成为我们搜寻类地行星的第一批恒星。所以,在未来 5—10 年内,M 型恒星周围是否存在宜居行星,将成为一个热门话题。

宜居带概念的进一步扩展

德国波兹坦气候影响研究所的西格弗里德·弗兰克(Siegfried Franck)及其同事,建议拓展宜居带的概念,特别是将行星的属性考虑在内。[23—25]比如,陆地不同的增长速度,会使硅酸盐风化过程吸收的二氧化碳量不同。因此,从计算中也可以看出,温室效应会随时间发生变化。意料之中的是,这些作者发现,对于不同属性的行星而言,宜居带的宽度会随时间变化。同样地,他们还发现,行星宜居的时间长短,依赖于它与恒星之间的距离。对于绕类似太阳的恒星运转的类似地球的行星,他们算出的最佳轨道距离是 1.08 AU。确实,根据本书介绍的计算结果,地球的位置更靠近宜居带的内边缘,而不是外边缘。所以,如果地球更靠近外边缘的话,我们的生活可能会更好。在这里,我们再一次提醒读者,地球不一定是所有宜居行星中条件最好的。

为了利用好这些计算结果,我们有必要多了解进入考虑范围的行星信息。也许,本书的最后章节中介绍的行星搜寻任务最终实现了,我们最终总会获得这些信息。但是,如果我们已经知道所观测行星的信息,那么,我们就不必再预测这颗行星是否位于宜居带内。所以,宜居带概念的这些拓展,在实际中是否有用仍不明确。正因为这样,我们在给宜居带下定义时,一般不考虑行星的特殊性质,不像在前两章所讨论的那样,这颗行星要满足一定的基本要求。

银河系中的宜居带

就像恒星周围有一片宜居行星的最佳区域,在我们银河系的中心,可能也有一片区域,最适合于寻找宜居的行星系统。我们将这个元概念,命名为银河系宜居带(Galactic Habitable Zone,简称 GHZ)。这个概念最早由沃德和布朗利在《稀有的地球》中提出[26],在他们与吉列尔莫·冈萨雷斯(Guillermo Gonzalez)合作的一篇论文中也有提及。[27]澳大利亚国立大学的查尔斯·莱恩威弗(Charles Lineweaver),进一步拓展了这一概念,把时间和空间都包括在内。[28]这些作者一致指出,银河系里的恒星,拥有宜居行星的可能性并不相同。他们注意到,我们的太阳处在一个绝佳位置,在银河系中心与边缘之间、稍靠近边缘一点的位置(银河系的直径约为 85 000 光年,太阳距银河系中心有 25 000 光年)。有的恒星离银河系中心太近,它们的行星轨道更有可能被邻近的恒星扰乱,也可能会遭遇附近发生的灾难性事件,如超新星爆发和伽马射线爆发。而那些位于银河系边缘的恒星,则没有太阳那么多的"金属"元素,因而,它们周围的行星有更大的可能并非岩石行星。"金属"是一个天文术语,在天文学家眼里,是指比氢或氦更重的元素。显然,早期的天文学家并没有过于关注化学方面。与之类似,在银河系中过早诞生的恒星可能金属含量很低,因为氢和氦的量不够,无法在恒星中形成更重的元素。

引自莱恩威弗等人[28]的图 10.6,刻画了银河系宜居带的一个特殊概念。在这个模型中,横轴代表与银河系中心的距离,纵轴代表时间。太阳在图中的位置正是其形成的时间,大约 46 亿年前。这个特殊的数值与寻找复杂生命有关,假设复杂生命大概需要 40 亿年的时间来完成进化(根据我们在地球上的经验,这一假设相当合理,因为显生宙正好开始于 5 亿年前)。因此,那些形成时间在 30—50 亿年之前的恒星,不在我们的考虑范围内。太阳周围的绿色区域,是指那些金属元素含量适中的恒星;位于蓝色区域的恒星,则金属元素的含量不足。左下角的红色区域(这些恒星在早期靠近银河系中心)被排

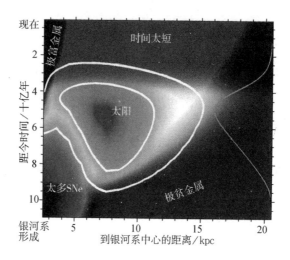

图 10.6　银河系宜居带（GHZ）示意图（原图为彩图），到银河系中心的距离单位为千秒差距（kpc），1 pc≈3.262 光年。距今时间的单位为十亿年（引自莱恩威弗等人 2004 年发表的论文[28]）

除在外，原因是超新星爆发的频率过高。右边的绿色曲线，则代表作者对银河系中的复杂生命形成年龄的估计。正如多年前著名的意大利物理学家恩里科·费米（Enrico Fermi）指出的那样，大多数这样的生物（包括智慧生命，如果有的话），可能比我们人类的历史还要长。

　　银河系宜居带的概念显然包含正确的成分，尽管这个概念的界线非常模糊。但是，这一概念与银河系探索的遥远未来关系密切，而与寻找宜居行星的近期目标关系不大。正如在第十三章讨论的那样，在可预见的未来，我们要研究的恒星全部在太阳系附近（计划中的 TPF 任务把这些恒星限定在约 50 光年的距离内）。虽然，冈萨雷斯早期的研究[29]结论与此不同，但要求把搜寻目标限于 F-G-K 型恒星，这些恒星与太阳的金属含量就似乎大致相同[30]（冈萨雷斯最初的分析，也包括 M 型恒星，M 型恒星的平均年龄一般较大，因此所含

恒星周围的宜居带

的金属较少）。我们附近的这些恒星与太阳系一样,都暴露在同样水平的超新星和伽马射线暴中。所以,即使银河系中可能的宜居区确实有限,在与我们紧密相邻的恒星周围找到宜居行星的可能性,也不大会受到影响。

现在稍作停顿,总结一下本章介绍的新知识。类似太阳的恒星（F 型恒星、G 型恒星、早期 K 型恒星）周围的宜居带相对较宽,这是由于大气中的二氧化碳和气候之间的天然反馈导致的——正是这一反馈循环,使地球变得宜居。当然,为了从这种反馈循环中受益,这些行星上必须有活跃的火山活动,必须就有足够的水和碳。早于 F0 型的恒星,或晚于 K5 型的恒星,由于多种原因,拥有宜居带的可能性更低。对早期型恒星来说,主要问题在于它们的主序星寿命很短。在恒星质量范围的另一端,位于晚期 K 型恒星和 M 型恒星周围宜居带中的行星,可能体积较小、被潮汐锁定、挥发物少。尽管如此,这些行星仍有研究价值,因为它们可能是第一批真正可以观测到的、太阳系外的类地行星。所以,到目前为止,我们已经知道该去哪儿寻找宜居行星,而且对可能找到的结果有了一个初步的预计。现在,我们已经准备好,可以讨论该如何寻找宜居行星了。

第四部分：如何找到另一个地球

天文学家现在正在寻找系外行星，包括其他恒星周围的岩石行星。我们期待，未来几十年甚至几百年内，类地行星的搜寻会有哪些新进展……

第十一章

其他恒星周围行星的间接探测

在本书第二部分中,我们研究了为什么在整个漫长的历史中,地球一直是一颗宜居行星的问题。在第三部分中,我们研究了为什么火星、金星与地球不一样,而这对我们在其他恒星周围找到宜居行星意味着什么。从第四部分开始,我们要来看看,天文学家现在对其他恒星周围行星的研究进展,以及几十年甚至几百年后他们希望做什么。众所周知,他们已经有了很多发现,未来的研究前景也更加光明。事实上,继续搜寻系外行星在天文学中当然是一个热门领域,也许在所有的自然科学学科门类中都算是一个热门领域。

讨论如今发生的事情之前,我们应该简单看一下,在并不遥远的过去发生了什么。半个世纪以来,天文学家们一直试图寻找其他恒星周围的行星,但直到最近 15 年左右,他们才取得成功。他们最近取得成功的原因并不令人惊讶:因为技术进步了,使得寻找行星的各种技术成为可能。本章所讨论的所有行星搜寻方法,都属于间接探测法(indirect detection methods),因为它们并非搜寻源自行星本身的光,而是通过观测行星对恒星光产生的效果。直接检测法(direct detection methods)将在后面的章节中讨论。

巴纳德星

20 世纪初,在蛇夫座中,发现了一颗昏暗的矮行星,标志着现代历史上寻找系外行星的开始。1916 年,著名天文学家爱德华·爱默生·巴纳德(Edward Emerson Barnard)确定,这颗恒星到太阳的距离,仅次于半人马座 α 星系(由三颗恒星组成),它正在高速向我们靠近。很快,这颗恒星就被称为"巴纳德星",如今距离地球 6 光年。事实上,约 1 万年后,它到太阳的距离仅为 3.8 光年,成为离我们最近的恒星,现在,离我们最近的邻居是比邻星(Proxima Centauri),距离我们约为 4.3 光年。

不过,巴纳德星并没有径直靠近我们。它的运动路径有些偏离,也就是说,它有些偏向我们的天空所在的平面。因为它已经接近太阳,而且相对于太阳的移动相当快,所以,巴纳德星的固有运动(proper motion)①在已观测到的所有恒星中是最大的——每年 10.3角秒。巴纳德比较了几年前拍摄的照片板后,确认了这一点。他这样做的时候,这颗存疑恒星,相对于它周围的恒星移动了位置。这是天体测量学(astrometry)的早期应用,是指对恒星相对其他恒星的位置进行精确测量。如果位于基线上的恒星离太阳很远,那么,它们自身的固有运动很小,因此,目标恒星的视运动接近其真实运动(当然是指相对太阳)。

20 世纪 60 年代末,另一位天文学家彼得·范德坎普(Peter Van de Kamp),看到了一颗星,他以为是巴纳德星,发现它在沿轨道移动

---

① "固有运动"是指恒星相对于远处的背景恒星的实际运动。下文会进一步讨论,这个术语应与地球绕太阳移动时,恒星相对于更遥远恒星的明显运动区分开来。"角秒(arcseconds)"的定义将在下一节介绍。

其他恒星周围行星的间接探测

的时候,有轻微摆动。他认为,这些摆动是因为巴纳德星的周围有两颗行星,环绕周期分别约为 12 年和 20 年,质量略小于木星。[1]根据他于 1938 年至 1981 年摄于斯沃斯莫尔学院斯普劳尔天文台的照相底片,他发布了一则公告。然而,25 年后,其他天文学家确认,彼得·范德坎普的数据存在各种系统误差,特别是斯普劳尔望远镜清洗、重新安装后带来的误差。随后,研究人员利用其他望远镜(包括哈勃空间望远镜)进行后续观测,并没有观测到任何巴纳德星周围有大行星的证据。所以,长达一个人职业生涯之久的漫长努力,可能并没有什么价值。

但是,范德坎普对巴纳德星的观察,确实证明了一个重要的观点:如果人们能够足够准确地测量出恒星的位置,那么,原则上应该有可能确定它是否有行星环绕。如果拥有合适的设备,用这种天体测量法寻找系外行星,将会非常有效。范德坎普的地基望远镜和原始照相底片,只是不能满足这个需要而已。

天体测量法

天体测量可以成为搜寻行星的有用技术,因为在行星绕恒星公转时,恒星不会在太空中一动不动;相反,行星和恒星都围绕两者组合体的质量中心运转,该中心称为这一系统的质心。两个天体的质量不同时,如太阳和地球,它们的系统中心将更靠近太阳的中心。对于更大(更遥远)的行星木星,质心就会落在太阳的半径之外。[2]因此,从远处看,在木星绕太阳公转一周期间(11.9 地球年),太阳将摆动约 70 万千米,大致相当于它自身的直径。

我们应该花点时间来定义距离的单位,讨论怎样测量恒星的距离。这样,我们在讨论如何观测其他恒星周围的行星时,会更容易一些。角度有不同的单位。实测天文学家经常使用的单位是角秒。他们把一个圆分成 360 度。每度又被分为 60 角分，每角分被分为 60 角秒，最后，一个圆就被分为 360×60×60 = 1 296 000 角秒。这就像地理学家处理经度那样，我们还可以继续分至毫角秒和微角秒，毫角秒是角秒的 1/1 000，微角秒是角秒的一百万分之一。这些都是行星猎人使用的单位。

一颗恒星的距离可以通过视差法来测量。这个视差，是观测者随着地球绕太阳公转，这颗恒星相对于距离它非常遥远的恒星呈现出来的位置变化（见图 11.1）。当地球从绕太阳公转轨道的一侧移动到另一侧（相当于穿越地球绕太阳公转轨道直径），某颗恒星移动了 2 角秒，这就是 1 秒差距（pc）。地球绕太阳公转轨道的直径相当于它们轨道半径或半长轴的两倍为 1 AU（1.496 亿千米）。所以，当地球横向移动 1 AU 时，某个距离地球 1 秒差距的恒星移动了 1 角秒。由三角函数①可得，1 秒差距 = 3.085 7×10^{13} 千米，或约 3.262 光年。

这时候，还要考虑观测的目标恒星的几何结构。如果某颗恒星周围确实有行星绕着它转，那么，可以假设这些行星都在大致相同的平面上运行（原因是在原恒星盘中已经形成这些行星，第二章中已有详述）。但我们无法提前知道自己所观测的目标系统的移动方向。如果我们从垂直于这颗行星的公转轨道平面的方向去观察，那么，行星应该在天空平面中移动。我们可以说，行星的轨道倾角（inclination）i 是 0°。或者，我们可以从这个行星系统的边缘进行观察，也就是行星公转的同一平面，就可以说，行星公转轨道的倾角是 90°。通常情况下，这两种情况都不会出现，行星的公转轨道倾角会处

①　1 秒差距 = 1 AU/sin θ，其中 θ 的视差角为 1 角秒。在计算 sin θ 时，必须注意将角度转换成度或弧度，因为这些单位才是科学计算中最常用的单位。

其他恒星周围行星的间接探测

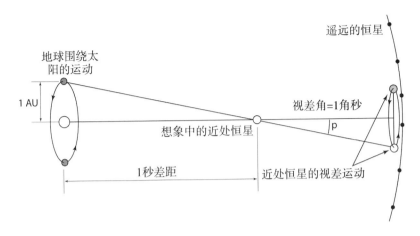

图 11.1　恒星视差的测量示意图。视差 1 角秒对应恒星距离为 1 秒差距
（≈3.262 光年）[3]

于某一中间值（见图 11.2）。我们发现，如果试图通过观察恒星的运动
来间接搜寻行星，行星公转轨道的几何问题就显得至关重要。

　　介绍完这些背景，让我们回到太阳运动的问题，思考一下从远处
看，这种运动会是什么样子。假设我们正在从某个不变的太阳小平
面的上方位置，直接观测太阳系，比如说，从垂直于地球公转轨道的
平面进行观测。太阳的实际运动会比上文中介绍的更加复杂，因为
木星只是八大行星中的一颗，每颗行星的质量和到太阳的轨道距离
不同，对太阳的拖曳（tug）效果也各不相同（这里可以忽略掉冥王星，
因为它的质量很小，对太阳运动的影响也极小）。图 11.3 是从 1960
年到 2025 年对太阳运动的估算示意图，观测者到太阳的距离是 10 秒
差距（或 32.6 光年）。这一期间，木星绕太阳公转了约 5.5 圈（数一
下图中的大圈数量，可以得出该数）。但是，太阳的运动显然很复杂，
需要具体的数学分析来解释其中的原因。在本图中，每一段标记代
表 200 微角秒，木星引起的太阳摆动约为 500 微角秒，地球引起的太

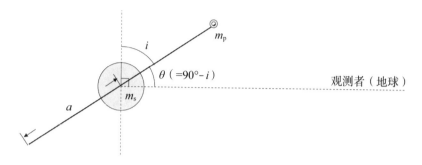

图 11.2　观测系外行星的几何原理示意图。其中，i 是行星轨道相对于天空平面的倾角，$\theta(=90°-i)$ 是行星轨道相对于地球上的观测者的角度。行星的质量 m_p 远小于恒星的质量 m_s

阳摆动约为 0.3 微角秒。

　　下面，我们来思考一下最后一个数字的意义。要从离地球 10 秒差距远的地方，探测到太阳位置 0.3 微角秒的变化，难度着实很大。其实，我们几乎无法从地球表面测量恒星的位置，因为地球的大气层会闪烁，用天文学家的行话来说，就是"视宁度（seeing）"很差。由于望远镜上方的空气发生湍流，恒星的位置会不断抖动。我们无法预测到这种湍流扰动会如何影响入射光线的折射，也就是弯曲。这个问题最好的解决办法就是从太空中进行观测。很多读者应该已经看到过美国国家航空航天局哈勃空间望远镜拍摄的精美照片。这些图像的空间分辨率比地面望远镜要好很多，原因就在于入射光不会被大气扭曲。[①]

　　进入航天时代已经有几十年了，当然，天文学家已经为精确测量

①　有一种称为自适应光学的巧妙技术，可以消除由大气引起的大部分光线扭曲。在这种技术中，可以测出大气湍流引起的扰动，通过对望远镜的反射镜极细微的调整，不断地进行变形，以补偿大气湍流。这种技术可以消除从地面"看"天体的许多问题，但是，效果仍然不如从太空中进行直接观察那么好。

其他恒星周围行星的间接探测

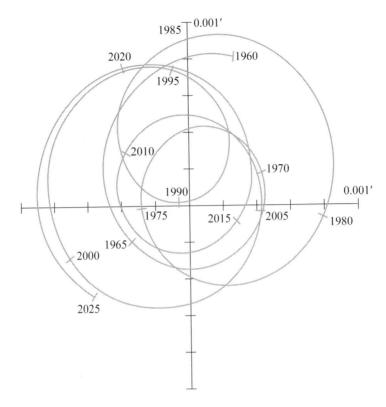

图 11.3　从 1960 年到 2025 年对太阳运动的估算示意图,观测者到太阳的距离为 10 秒差距(或约 32 光年),单位为角秒(图片来自幻灯片"Planet Searching",从网址 http://planet quest.jpl.nasa.gov/Navigator/ material/sim_material.cfm 可下载[4])

恒星视差做了很多努力。第一颗执行这一使命的卫星,是欧洲空间局发射的依巴谷天文卫星,依巴谷天文卫星从 1989 年一直运行到 1993 年,共观测了 118 000 颗恒星,测量精度约为 1 毫角秒,科学家用这些观测结果,建立了依巴谷星表(Hipparcos catalogue)。

过去 15 年中,依巴谷星表对天文学家来说,它的价值几乎是无限的。但是,这种测量精度跟能找到类地行星所需的精度相比,还差

3 000 倍。欧洲空间局预计于 2011 年 12 月发射第二颗天文卫星——盖亚(Gaia)。盖亚卫星可以观测到约十亿颗恒星,观测精度为 20 到 25 微角秒。[5]盖亚卫星当然比依巴谷卫星进步了很多,可以观测到类木行星(木星可以导致太阳的位置摆动 500 微角秒,到恒星之间观测距离为 10 秒差距)。但是,我们仍然无法探测到类地行星。

NASA 提出的空间干涉测量任务(SIM)可以探测到类地行星。我们在第十三章中会详述这一任务。干涉(interferometery)是一种技术手段,通常借助射电望远镜来完成即将两个或两个以上望远镜信号组合在一起,从而创建出拥有更大有效口径(或直径)的单天线望远镜。空间干涉测量任务的基线,要求两个直径为 50 厘米的可见光望远镜,两端之间的距离为 6 米。[6]单次测量精度为 1 微角秒,所以,经过多次测量,精度应该有可能实现探测类地行星所需的 0.3 微角秒。① 空间干涉测量任务将有可能在 10 秒差距距离,找到其他恒星周围的类地行星。就像第十章中提到的,在这个距离内有超过 100 颗最有可能存在类地行星的 F 型、G 型和早期 K 型恒星,在这个距离内还有更多的 M 型恒星,但是,这些恒星的光很微弱,很难观测到。尽管如此,也并不全然让人沮丧,因为 F-G-K 型恒星拥有类地行星的可能性很大。

结束本节之前,我们有必要要作一些补充说明:2008 年初,我在写作本书时,空间干涉测量任务已回到 NASA 的待资助计划中。原本计划 2008 年前(甚至更早),就能将它发射升空,但由于经费短缺而数次延期。我们看到,同样的问题也妨碍了寻找系外行星的其他任务。寻找系外行星很有趣,但耗资巨大。包括空间干涉测量任务在内的大多数"旗舰"任务,估计成本都至少为 10 亿美元。虽然对于

_____

① 根据统计学理论,测量误差减小为 $1/\sqrt{n}$,其中 n 是单个观测值的数量。这个公式假定,误差在本质上是随机的。

像 NASA 这样的大型机构来说,这并非是不可能实现的,因为它每年的运营预算大约有 170 亿美元呢。过去几十年里,NASA 已经花掉了相当于现在的三四十亿美元,来研发几项大型的行星搜寻任务,包括维京号(Viking)也叫海盗号火星探测任务,对太阳系里的外行星的旅行者号(Voyager)探测任务,以及对土星的卡西尼号(Cassini)探测任务。哈勃空间望远镜的总投资,包括航天飞机对它进行维护,目前已经超过了 150 亿美元。所以,我们可以选择像空间干涉测量任务一样,可以负担得起的任务。但它们必须与其他空间项目一起执行,包括载人航天探索。因此,要及时完成这些任务并不容易。

脉冲行星

现在,我们回到系外行星研究的早期阶段,继续接着上回讲。正如我们所看到的,彼得·范德坎普非常努力地开展地基天体测量,但最终还是没有发现任何有用的成果。1990 年是系外行星发现史上的重要一步,我的同事、宾夕法尼亚州州立大学的亚历克斯·沃尔兹坎(Alex Wolszczan)宣布,发现了两颗绕脉冲星 PSR B1257+12 公转的行星。虽然,他对数据的解释最初存在争议,但最后还是得到证实,大约两年后,他发表了一篇论文。[7] 这个发现完全属于意外之喜,因为沃尔兹坎根本没有想去寻找系外行星。他当时其实是在研究中子星的结构。脉冲星被认为是快速旋转的中子星(neutron stars)。中子星的直径只有约 10 千米,质量与太阳大致相当,是过去某个时刻的某一颗超新星爆炸后的残留物。最著名的例子,是位于金牛座的蟹状星云的中心天体。1054 年,中国天文学家和阿拉伯天文学家记录了形成脉冲星的这次超新星爆发和蟹状星云。[8]

中子星或脉冲星通常被爆炸产生的物质盘围绕。这些物质在落

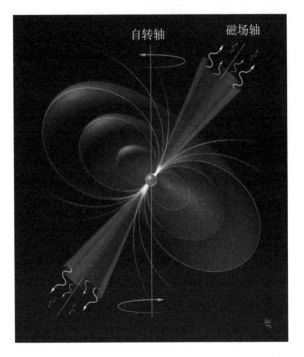

图 11.4　脉冲星示意图,参见 http://space-art.co.uk/index.html。[9] 注:磁轴与自旋轴不对齐(图片来自马克·加利克)

入中子星时,会发射出电磁辐射,这是我们可以从远处观测到的。脉冲星快速旋转并具有强大的磁场。例如,蟹状星云中的脉冲星每秒旋转 30.2 次。[8] 落入脉冲星的物质被高度电离(带电),所以会沿着恒星的磁感线,发出脉冲信号。恒星的"脉冲"通常是这样的:磁场通常与旋转轴并不完全对齐(见图 11.4)。因此,落入脉冲星中的物质和因此而产生的脉冲辐射,将沿着磁场的极点"发光"。所以,每当磁极摇摆的时候,观测者都能从远处看到脉冲辐射。这被称为"灯塔效应",因为它的作用方式与灯塔上旋转的探照灯非常相似。

　　尽管脉冲星在各种不同的波段发射辐射,但它们很容易在电磁

其他恒星周围行星的间接探测

波谱的 X 射线波段(短波段)或射电波段(长波段)中被检测到。沃尔兹坎是射电天文学家,因此,他当时在射电波段,观测到了这颗特殊的脉冲星。他还非常准确地测出脉冲的时间间隔。PSR B1257+12 每秒旋转大约 160 次,因此,它每隔 6.2 毫秒发射一次脉冲辐射。但是,沃尔兹坎发现,脉冲的时间间隔不均匀。有时候,它们的间隔会稍微短些,有时会长些。他将这种变化归因于中子星运动引起的多普勒效应。因为这种效应对探测系外行星非常重要,我们将在下文中具体讨论。长话短说,沃尔兹坎能证明这颗恒星的运动是由两颗在它周围环绕的行星引起的,其中一颗行星较小,质量是地球质量的 2.8 倍,轨道周期为 98.2 天;另一颗较大的行星,质量是地球质量的 3.4 倍,轨道周期为 66.6 天。这些行星的半长轴分别为 0.47 和 0.36 AU。从那时起,在这个系统中,又发现了另一颗质量约为 2%地球质量的行星,而两颗大行星的最小质量,已经提高为地球质量的 3.8 倍和 4.1 倍。[10]

多普勒效应

沃尔兹坎提出的技术是如何工作的? 为什么他的这项技术可以探测到行星的质量下限? 要回答这些问题,我们必须了解多普勒效应是怎么回事。

举个很多人都熟悉的例子,不以无线电波为例,我们来说说声波。声波由一系列密部和疏部交替构成,通过某些介质进行传播,介质可能是空气、水或一些固体物质(见图 11.5)。声波的频率或音高,取决于压缩彼此的距离有多紧密。如果它们相互靠近,那么音高就会高;如果它们彼此相距很远,那么音高就会低。就电磁波而言(见第三章),声波的特性与这个公式有关:速度 = 频率×波长。但是,声

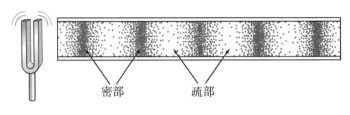

密部   疏部

图 11.5　声波示意图[11]

波的传播速度比电磁波的传播速度要小得多。正如我们所知道的那样,电磁波以光速($3×10^8$米/秒)传播。相比之下,声波在空气中的传播速度只有约 340 米/秒或每小时 1 223 千米。

　　现在思考一下,声源的位置移动时会发生什么。举一个我们熟悉的例子:鸣着汽笛的火车。火车靠近时,汽笛发出的音高是恒定的,但音量相对较高。而火车离开时,音量立即就会下降。这是为什么呢?

　　这就是多普勒效应的本质。列车接近时,车外静止的观察者跟车上的乘客比起来,会感觉到每次连续的密部离自己更近。因此波长看起来更短,所以频率(或音调)肯定会升高。当火车离开观察者时,情况正好相反:波长越长,音高越低。

　　现在,我们用同样的逻辑思考脉冲星发射的射电波。多普勒效应对电磁辐射的作用与对声波的作用相同。当脉冲星接近观察者时,它的射电波升至更高的频率。脉冲星远离观察者时,它的射电波降至较低频率。正如我们前面所讨论的,关于天体测量,恒星的摆动是由绕恒星运行的行星的引力拖曳导致的。但是,天体测量法和多普勒法(Doppler method)之间有一个重要区别。进行天体测量时,人们一般会关注恒星在天空平面中的左右摆动。而在多普勒法中,人们会从观察者的方向寻找恒星前后运动。

　　最后,让我们回到关于行星质量的问题。为什么多普勒法只能

其他恒星周围行星的间接探测

得到行星质量的下限,而不是它的真实质量? 答案是,采用多普勒方法时,人们无法确定行星绕恒星运行轨道的方向(除非行星直接从这颗恒星的前方通过,下一章会详述)。假设行星绕恒星运行的轨道完全位于天空平面内,也就是说,我们从行星的轨道平面的正上方或下方来观察行星系统。恒星的摆动在上下方向和左右方向上都会很大,此时进行天体测量是行得通的。但是,在不考虑行星质量的情况下,从观察者的方向上,恒星的前后运动,几乎无法观测到。所以,多普勒方法无法检测到这样的行星。理论上,如果行星绕恒星运行的轨道略微偏离天空平面,那么,采用多普勒方法是行得通的。但是,这颗恒星的运动大部分仍然是从一侧到另一侧的,而不是前后运动,所以,只有巨大的行星才能将恒星摆动得足够快,让我们能够观测到。[①]

让我们回顾和比较一下搜寻系外行星的多普勒法和天体测量法。采用多普勒法,只能获得行星质量的下限,但采用天体测量法,可以获得行星的真实质量。为什么会有这种区别呢? 简而言之,是因为天体测量法可以测量恒星摆动的两个维度:上下和左右。多普勒方法只能测量恒星运动的一个维度:前后。因此,天体测量法可以提供更多的信息,可以更准确地测定行星的质量。

在不过分技术化的情况下,我们可以进一步说明一点。天体测量法对木星这样的大行星最敏感,因为它们可以引起恒星摆动更远的距离,多普勒法对大行星也很敏感,但存在显著的差异。天体测量法对距离恒星相对较远的大行星最敏感,原因是这些行星有较长的

---

① 对于那些熟悉三角几何的读者来说,很容易定量表达轨道几何的影响。采用多普勒方法,行星的真实质量等于其测量的质量除以 $\sin i$,其中 i 是行星轨道相对于天空平面的倾角。当这颗行星的轨道接近天空平面时,$i \approx 0°$,$\sin i \approx 0$,就可以得到很准确的行星真实质量。当行星的轨道垂直于天空的平面时,$i = 90°$,$\sin i = 1$。在后一种情况下,行星的真实质量等于它的测量质量。

杠杆臂,可以用来拖拽恒星。① 对多普勒法来说,情况却相反:这种技术对靠近恒星的行星最敏感。原因在于这种行星高速运动,因此而导致恒星高速摆动。靠近恒星的行星公转周期更短,这样一来,采用多普勒法找到大行星会更容易。我们将在下文看到,过去的 12 年里,这种方法取得了令人瞩目的成功。

视向速度法

这是迄今为止最高效的行星搜寻技术:视向速度(RV)法(radial velocity method)。术语"视向速度",是指观察者视线中恒星的速度。因此,这只是多普勒法的另一个名称。但视向速度法将多普勒效应用于可见光波段,而不是射电波段。此外,它可以用于大多数主序星,而沃尔兹坎的技术仅适用于脉冲星。截至 2008 年底,采用视向速度法已经发现了 290 多颗系外行星。巴黎大学的吉恩·施奈德维护着一个名为"系外行星百科全书"(The Extrasolar Planets Encyclopedia)的网站[12],目前已经检测到系外行星共 318 颗,该网站也记录了采用其他方法发现的另外 20 颗系外行星。

你可能会问,为什么只有在沃尔兹坎在射电波段探测到脉冲星周围的行星之后,才开发出这种系外行星探测技术?因为在可见光波段,要精确测量多普勒频移,在技术上比测量脉冲星的脉冲间隔更困难。物理学家可以用原子钟(按照某些原子的内部频率校准的时钟,如铯)来测量时间,以达到难以置信的精度。所以,沃尔兹坎比较容易测量脉冲星运动引起的脉冲间隔变化(当然,对我来说很容易,

————————

① 对于质量为 M 的恒星和质量为 m 的行星,当行星在距离为 r 处绕恒星运行时,恒星相对摆动的距离 $R \approx r(m/M)$。

其他恒星周围行星的间接探测

因为我没有从事这项工作,但实际上,我知道这事儿挺难的)。沃尔兹坎的实验中最困难的部分是,从他的数据中去掉所有其他多普勒信号。毕竟,地球绕轴自转,也绕太阳公转,太阳本身相对于其他恒星还在移动。只有精确去掉所有这些影响,沃尔兹坎才能获得行星拖拽脉冲星产生的多普勒信号。

与脉冲星相比,主序星不发射脉冲辐射;相反,它们在所有波段或多或少地连续发射辐射。因此,为了测量主序星的多普勒频移,需要准确地将恒星发出的光分解成不同的波长,从而生成光谱。那么,就需要长期准确地测量各种特征光谱的位置,确定它们是否表现出与时间相关的多普勒频移。像太阳这样的恒星光谱中有很多吸收线。图 11.6 中给出了太阳光谱中分辨率较低的部分,一路延伸至可见光波段(见彩色部分)。这部分叫做夫琅禾费光谱(Fraunhofer spectrum),用于纪念德国眼镜制造商,约瑟夫·范·夫琅禾费(Joseph von Fraunhofer)。1817 年,他首次发现了这些吸收线。各种原子和离子在太阳光球层外层相对较冷的区域吸收太阳发出的光时,导致光谱中出现颜色较深的纵线。[①] 光谱中有一对吸收线,在波长大约为 5 900 埃(590 纳米)处,标记为"D",是由钠离子吸收引起的。注意,它们位于光谱中的黄色区域。太阳辐射光谱中这两条相同的吸收线(absorption lines),在生活中也可以观察到,钠蒸气灯发出的微黄色光线就是这两条吸收线引起的,钠蒸气灯常用于街道和停车场的夜间照明。

正如脉冲星前后移动时,会导致它发出的射电波发生频移一样,在主序星的光谱中,吸收线也会因为完全相同的原因,而改变频率或

---

① 越靠近内侧,光球层更热,从而发射更多辐射。若这些辐射被光球层外侧吸收后,再向外辐射,就会产生光谱的吸收特征。

波长。如果能十分精确地测量这个多普勒频移,就可以确定恒星的前后移动速度。从这个角度来看,人们可以估算任何一颗绕恒星公转的行星质量。然而,与脉冲星测量脉冲时间间隔的技术一样,人们只能通过这种方法确定行星的质量下限。

做这件事的难处,在于测量恒星吸收线的精确位置。如果认识到特定吸收线波长的极小偏移,等于恒星的前后移动速度除以光速,人们就会明白,这个想法有多难。一切顺利的话,比如说我们可以用这种方法找到最容易发现的行星,恒星的速度大约为 500 米/秒。所以,吸收线波长的变化是 $(500 \text{ m/s})/(3 \times 10^8 \text{ m/s})$,大约为 1.7×10^{-6}。这样小的吸收线波长偏移太难检测到了。如果把这种方法应用到图 11.6 的钠离子产生的 D 吸收线上,吸收线波长的偏移将是 $5\,900$ 埃 $\times$ 1.7×10^{-6}(约 0.01 埃,显然,根据图 11.6 中的粗略光谱,我们不可能测出来这么小的波长偏移)。幸运的是,有些天文学家也是聪明的实验家。其中,最先证明这种方法可行的,是瑞士的米歇尔·梅厄(Michel Mayor)和法国的迪迪埃·奎洛兹(Didier Queloz)。[1] 1995 年,在日内瓦南部的上普罗旺斯天文台工作时,他们宣布发现了第一颗系外行星,它环绕的恒星是一颗主序星。[14] 这颗恒星名为飞马座 51,而这颗行星的编号(遵循双星系统的标准编号)为飞马座 51b。图 11.7 是速度曲线的原始记录。横坐标(ϕ),表示行星在绕恒星公转轨道上的相位。ϕ 数值 =0(或 1),表示行星以最快速度远离地球的时候,此时,这颗恒星正在以大约 50 米/秒的速度向观察者移动。$\phi=0.5$ 时,行星正在向地球方向移动,因此恒星远离观测者的速度也与之相同。飞马座 51b 完整的轨道周期为 4.2 地球日。这颗恒星的质量和太阳差

I　米歇尔·梅厄和迪迪埃·奎洛兹,由于"发现了一颗围绕类太阳恒星运动的系外行星",与詹姆斯·皮布尔斯分享了 2019 年诺贝尔物理学奖。——译者

其他恒星周围行星的间接探测

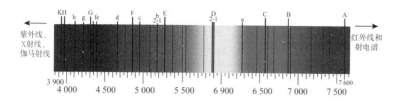

图 11.6　太阳发出的夫琅禾费光谱（原图为彩图）。横轴上的刻度单位为埃。
1 埃 = 0.1 纳米[13]

不多,表明这条速度曲线对应的是最小质量为 50% 木星质量(M_J)的行星,到恒星的距离约为 0.05 AU。

　　飞马座 51b 的发现有几个地方可圈可点。首先,没有人想象过,这么大的行星会与恒星靠得这么接近。这颗行星的巨大质量,表明它是一颗巨大的气体行星,与我们太阳系的木星和土星类似。正如第二章中所讨论的那样,天文学家认为,这样的行星一定是在距离形成原恒星的星云很远的区域形成的,在那里,当星云的温度足够低的时候,水冰刚好可以凝结。在太阳系中,这颗巨行星形成于地球轨道之外。大小最接近这颗巨行星的是木星,它的半长轴为 5.2 AU。飞马座 51b 的轨道半径只有木星轨道半径的百分之一,正好相当于放在水星的公转轨道上(水星的半长轴约为 0.4 AU)。

　　尽管其他天文学家最初对这一发现非常惊讶,甚至有些怀疑,但这一发现很快得到了美国寻找系外行星团队杰夫·马西(Geoff Marcy)和保罗·巴特勒(Paul Butler)的证实。当时,马西在旧金山州立大学,数年来一直在用类似视向速度法的技术寻找系外行星。事实上,当时,马西和巴特勒使用的光谱仪(用于测量恒星发出的光谱的吸收线),比梅厄和奎罗兹使用的光谱仪的灵敏度还高。但是,马西和巴特勒从来没有想到还能从观测数据中寻找轨道周期短达 4 天

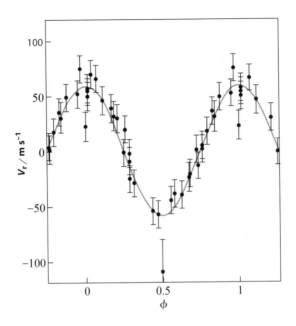

图 11.7　飞马座 51b 的速度曲线示意图。横轴表示行星在其轨道上的相位,所以一个完整轨道的范围为 0<φ<1(图片来自《自然》杂志[14])

的行星。当他们将光谱仪转向飞马座 51b 时,他们发现了强烈的视向速度信号,它的相位正好与瑞士团队的测量结果相同。[15]因此,飞马座 51b 的发现非常引人注目。马西和他的团队随后又发现了几颗周期更短的行星,其实本来可以更早就发现的。直到今天,这个团队仍然是世界上最成功的行星搜寻团队。但是,在测量精度方面,形势已经变了:在我写作本书时,梅厄团队的光谱仪最灵敏!科学研究与我们日常生活中的其他方面一样,面临着非常激烈的竞争。

　　我们现在知道,类似飞马座 51b 这种热木星类行星已经很多了(见图 11.8)。一旦我们证实一个事物的存在,理论家往往只需要用很短的时间,就能解释这些行星是如何形成的。[16,17]事实上,正如以

其他恒星周围行星的间接探测

前其他物理领域的研究历史一样,其中的基本思想早在几年前就已经成形了。当原始星云的气体和尘埃还在的时候,快速形成的行星可以从最初形成的位置向内迁移(migrate)。它们与周围的气体和尘埃相互吸引,实现迁移。[18,19] 即使星云已经消散,行星也还可以吸引剩下的星子[20],或其他轨道尚未稳定的大型行星[17],实现轨道迁移。从技术上讲,研究行星盘演化的天文学家,讲述了两种类型的迁移:类型 1(适用于小型行星)和类型 2(适用于较大的行星)。[21] 在类型 2 的迁移中,当行星足够大的时候,就可以在它向内迁移时,清除星云中的轨道空隙。因此,一旦我们观察到原始的行星盘足够多的细节时,可以识别出这些轨道空隙,就有可能观察到这种轨道迁移机制。

并非所有发现的行星都是热木星类行星。图 11.8 中是一些最早被探测到的系外行星,半长轴为 2 AU 或更长。这些系外行星仍然可能是从它们最初形成的地方向内迁移的。随着时间的推移,人们能够观测的系外行星与我们之间距离越来越远,发现的系外行星的质量也越来越小。目前已知的最小行星,是瑞士的科研团队用视向速度法搜寻到的,质量是 1.6% 木星质量($5.1M_E$),围绕恒星格利泽 581 运行。[23] 这颗系外行星被发现时,吸引了媒体的广泛关注,因为它很小,像地球一样,是一颗岩石星球,还因为它最初被认为位于母恒星的宜居带内。上一章提到过,质量超过 10 倍地球质量的行星,很可能是气体巨行星,因为它们能有效地捕获星云中的气体。格利泽 581c 的质量很可能低于这个极值,除非它的轨道平面和天空平面的夹角小于 $30°$,但这是不可能的。① 母恒星格利泽 581 是一颗暗红

---

① 回忆一下,行星的真实质量等于它的测量质量除以 $\sin i$,其中 i 是轨道倾斜度。$30°$ 的正弦值是 0.5。所以,当 i 小于 $30°$ 时,格利泽 581c 的真实质量就会大于地球质量的 10.2 倍。

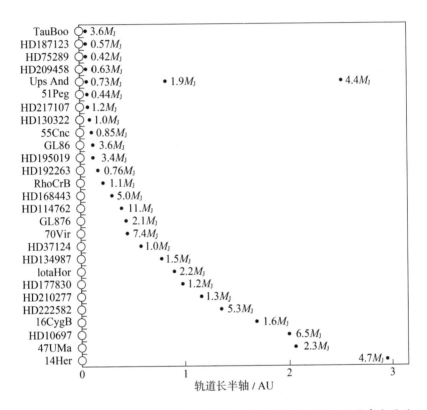

图 11.8 用视向速度法最早探测到的 29 颗系外行星的示意图。M_J 代表木星的质量。数字表示这颗行星的最小质量(图片来自杰夫·马西[22])

色的 M 型恒星,所以,这颗行星必须离恒星很近,才能稳定地绕恒星公转。这颗恒星的光度是我们太阳的 1.3%,行星之间的轨道距离约为 0.073 AU。不过,要是人们琢磨这些数字,就会知道,照到这颗行星上的光通量约是地球上的 2.5 倍,比金星上还要高出约 30%。所以,这颗行星很可能位于宜居带的内缘。它可能是一颗超级金星,但可能不是超级地球。[24,25]

尽管采用这种搜寻方法,我们没有找到类地行星,但是,这一章也不能这样气馁地进入尾声。视向速度法取得的成绩已经让人难以置信了,其非常有可能找到更多的系外行星。瑞士的梅厄团队、美国的马西团队,以及其他加入他们的行星搜寻团队,所开展的测量越来越好。上文提到的格利泽 581c 的发现是开创性的,这说明,很可能在不久的将来发现更多其他类似的行星。M 型恒星附近最容易发现与格利泽 581c 相同或比它更小的行星。因此,视向速度法不太可能发现另一个地球。但视向速度法能够找到一些与地球差不多大小的行星,它们在 M 型恒星宜居带内侧的轨道上公转。这一可能性很是令人激动,如果得以实现的话,似乎肯定会激起更多宏大的行星搜寻任务,我们会在后面的章节中讨论这些任务。

微引力透镜

在讲下一部分内容前,我们有必要介绍另一种搜寻系外行星的间接方法(实际上,还有两种这样的方法,但我们会将这个话题留到下一章再讲)。这种方法叫做微引力透镜(gravitational microlensing)。这是个非常巧妙的方法。事实上,这个过程的基本物理原理是最聪明的科学家——阿尔伯特·爱因斯坦阐明的。

爱因斯坦相对论的结论之一,是通过恒星发出的光线在经过另一颗恒星时,将被它的引力轻微弯曲。或者说,恒星的质量会导致它周围的时空弯曲,光线在弯曲的坐标系中沿着直线路径传播。光线弯曲的角度取决于恒星的质量,可以根据爱因斯坦理论计算。

正如我们所看到的那样,恒星彼此之间相对移动,偶尔会有一颗恒星直接从更遥远的另一颗恒星前方通过,这可以从地球上看到。发生这种情况时,近处的恒星可以充当微引力透镜。它的原理如图11.9 所示。当恒星相遇的几何形状合适时,来自较远恒星的光线将

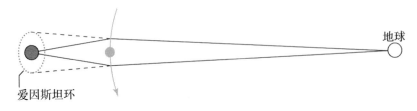

图 11.9　微引力透镜的原理示意图[26]

被较近恒星（"透镜"恒星）聚焦，使其看起来像一个环，被称为爱因斯坦环（Einstein ring）。更重要的是，来自较远恒星的光线被放大了20倍（原因在于，透镜恒星有助于捕获不同方向发出的一些星光）。透镜恒星在较远恒星前方经过时，这个过程一般需要几分钟或几个小时，如图 11.10 所示，较远恒星的光度先增加再减小。只有当两颗恒星几乎完全对准时，对较远恒星光线的放大倍数才这么大。对于经典的恒星对准，光度峰值的放大倍数虽然较小，但也已经足够大了，可以将它定义为微透镜事件（microlensing event）。①

　　微透镜事件发生的概率并不高。人们必须监测数十万甚至数百万颗恒星，才有可能检测到一颗微透镜恒星。现在，我们可以用现代的 CCD 探测器②来完成这一工作。诀窍在于，引力透镜观测的是一片拥有许多恒星的天区。如果有人透过银河系最厚的部分（银河系的核球）观测，可以同时看到足够多的恒星，来发挥这项技术的作用。

　　然而，只检测微透镜事件是不够的。毕竟，这样做只是再一次证明爱因斯坦是对的，而这些东西我们很早就已经知道了（尽管物理学

---

　　①　这里使用"微透镜"，是因为引力"透镜"是指当一个星系在另一个星系前方经过时，对更遥远星系发出的光的聚焦。
　　②　"CCD"代表电荷耦合器件，是一个半导体芯片，用于对单个光子进行计数，再把光子信号转换为电信号。在现代望远镜中，已经用 CCD 取代了照相底片。

其他恒星周围行星的间接探测

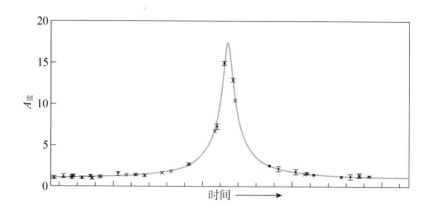

图 11.10　候选的微透镜事件的光变曲线示意图[27]

家仍然乐于以更高的精度测试他的理论）。真正的窍门在于用微透镜事件，来探测系外行星。其工作原理如下：假设透镜恒星（lensing star，中间的那颗恒星）有一颗或多颗在它周围环绕的行星。如果行星的轨道半径接近爱因斯坦环的半径，那么，它可以改变更远的那颗恒星在地球上接收的光度，使得光度曲线中出现小凹凸。图 11.11 的例子，是 OGLE 和 MOA 在 2004 年用微透镜网络探测到的。[28] 光度曲线上升（左侧）的两个尖峰表示有行星存在。这颗特别的行星，被命名为 OGLE235-MOA53 b，我们认为它是一颗系外行星，质量为木星质量的 2.6 倍，在距母恒星约 5 AU 的地方绕行。这颗恒星本身是一颗 K 型恒星，质量约为太阳质量的 60%。因此，这颗行星似乎与木星很类似。

　　在撰写本书时，微引力透镜技术仍处于起步阶段。到目前为止，微引力透镜技术只发现了 8 颗系外行星，而视向速度法已经发现了超过 290 颗系外行星。但采用微引力透镜技术的科学家团队已经开始建立了学术组织。目前，当他们发现微透镜事件时，会报告给其他团队。现在，只是观测到了一部分微透镜事件，或完全被忽视了。一

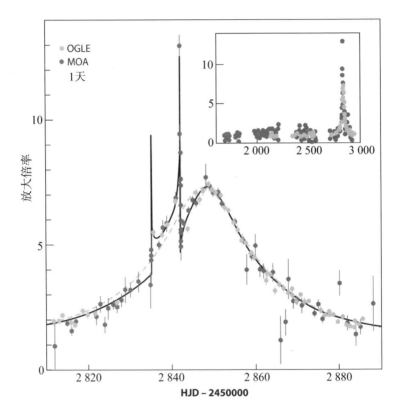

图 11.11　有行星环绕透镜恒星的恒星光度曲线示意图(图片来自巴黎圣母大学大卫·贝内[29])

旦这一搜寻过程变得更加自动化(这种自动化过程必将在接下来数年内发生),届时探测到的系外行星数量将会急剧增加。

　　微引力透镜技术的一个缺点是,被检测的恒星(透镜恒星)到地球的距离远至数千光年。因此,至少在可以预见的将来,采用另一种技术进行下一步跟进观察的可能性几乎为零。第二个缺点是,大多数透镜恒星的爱因斯坦环的半径约为数个 AU,远远超出了宜居带的范围。[30]所以,这项技术有可能探测到地球大小的行星,但是,不太

其他恒星周围行星的间接探测

可能探测到任何像地球那样的行星。但它仍是一个很有用的方法，可以用来估计其他恒星周围存在行星（包括小型行星）的概率。这样的结局让爱因斯坦也感到十分惊讶，因为他本人认为，恒星的微透镜效应只是一种科幻罢了。在 1936 年发表的论文中[31]，他写道：

> 当然，不可能直接观察到这种现象。首先，我们几乎不可能接近这样一条中心线。其次，角度 β 会超出我们仪器的分辨能力。

许多名人大谈空话、乱放厥词时，都应该想想这段话。很多著名学者的观点，最后被证明是大错特错。

下一章，我们会讨论最后一种搜寻另一个地球的间接探测方法——凌星法（transit method）。

第十二章

凌星法寻找系外行星

上一章中，我们讨论了用三种不同的方法，来寻找其他恒星周围的行星：天体测量法、多普勒法和微引力透镜法（主序星的视向速度法和脉冲星的脉冲间隔法，都是多普勒法的变体）。所有这些技术都是"间接"探测法，因为它们依赖于观测效果，而不是探测来自行星本身的光线。下面讨论的凌星法也是间接的，因为凌星法是从地球上观测由于行星经过而变暗的恒星光。但是，我们会发现，采用一些技巧，人们实际上可以开始用这种技术观测行星本身发出的光。因此，在前一章的间接探测法和后面章节讨论的直接探测法之间，凌星法架起了它们之间的桥梁。

水星凌日与金星凌日

实际上，用凌星法观测行星已经很长时间了，最初应用在我们的太阳系中。水星和金星比地球更靠近太阳，所以，它们有时会凌日，直接从太阳前面经过。

金星凌日极为罕见，它常常成对出现，两次凌日之间的时间间隔为 8 年。而每两次凌日之间的时间间隔大约为一个世纪。因此，自

凌星法寻找系外行星

1608 年发明望远镜以来,只发生过 6 次金星凌日现象。最近的一对金星凌日现象,一次发生在 2004 年,一次发生在 2012 年[1](见图12.1)。接下来的成对金星凌日应该发生在 2117 年和 2125 年。它们可能会成为公众的一个兴趣点,但实际上,科学家早已用过金星凌日。著名天文学家埃德蒙·哈雷(Edmund Halley)很早就意识到,金星凌日可以用来得到太阳系的绝对大小。令人惊讶的是,行星的绝对轨道距离很难确定,即使用望远镜也是如此,因为我们还不知道太阳的质量。然而,通过计算金星从地球上两个或多个相距较远的地方同时穿过太阳面前,再测量这些地点之间有多远,就可以估计金星到太阳的距离,也就知道了太阳系的大小。事实上,科学探险队在 1761 年和 1769 年就用这种方法观测金星凌日。

水星凌日发生的频率更高,每个世纪发生 13 或 14 次。水星凌日也可以用来测量太阳系的大小,但是会更加困难,因为水星更靠近太阳,因此水星凌日(经过太阳表面)的时间更短。所以,水星凌日没有像金星凌日那样引发太多的讨论。

系外"热木星"凌星

当然,天文学家现在对凌星的真正兴趣,不在于观测太阳系内的行星,而在于观测太阳系外的行星。这种技术是哈佛大学的研究生大卫·沙博诺(David Charbonneau)于 1999 年率先开创的。沙博诺现在哈佛大学任教。这说明如果你有好的想法,还是有可能迅速领先世界的。

沙博诺和其他天文学家都知道,有一些"热木星"在绕着附近的恒星旋转。那时,已经发现了大约 10 颗这样的行星,全部都是用上一章中描述的视向速度法探测到的。沙博诺也知道其中有些行星很

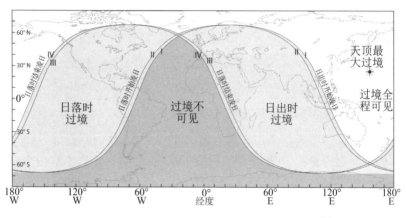

图 12.1　地球上可观测到 2012 年金星凌日的地点[1]

可能经过恒星前方。可以用数学方法证明①，如果从遥远的距离，从任意角度观测一个行星系统，那么观测到凌星的概率等于恒星半径 R_S 除以行星的平均轨道半径 a。图 12.2 为其几何关系示意图。图中 i 是行星轨道相对于天空平面的倾角。行星要想凌日，角度 $\theta = 90° - i$，必须小于 θ_o，其中 θ_o 的定义如图所示。用这种方法寻找像木星这样大的行星，比寻找像地球这样小的行星更容易，原因很明显：它们阻挡了更多来自恒星的光线。

根据这些信息，我们先思考一下在太阳系中探测到木星的概率。太阳的轨道半径约为 7×10^5 千米。木星在距离太阳 5.2 AU 处公转，1 AU 约等于 1.5×10^8 千米，所以，从太阳系外探测到木星的概率是 $7 \times 10^5 / (5.2 \times 1.5 \times 10^8)$，约为千分之一。这个概率显然太小了。这也就意味着，用这种方法找到一颗木星需要观测 1 000 颗恒星。

考虑一下，采用这种技术来搜索"热木星"会发生什么。这类行

---

①　从技术上讲，我们对倾角 i 进行积分，用 $\sin i$ 加权，并将 $\sin i$ 的积分，除以所有可能的角度，角度范围为 0 到 90°。同理，我们也可以对 $\theta = 90° - i$ 进行积分，角度范围是 0 到 θ_o。用 $\cos \theta$ 加权，然后除以 $\cos \theta$ 从 0 到 90° 的积分。后者得到 $\sin \theta_o = R_S / a$ 作为答案。

凌星法寻找系外行星

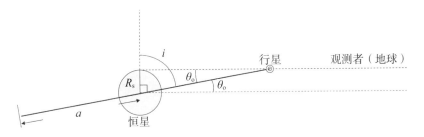

图 12.2　地球上的观测者与凌日行星间的几何关系

星在 0.05 AU 的典型距离处,围绕它们的恒星运行。因此,对于与太阳大小相同的恒星,观测到凌星的概率为 $7 \times 10^5 / (0.05 \times 1.5 \times 10^8)$,约为 0.1 或 10%。或者,换一种说法,找到一颗热木星的机会比寻找正常木星的机会大 100 倍,因为热木星离它的母星要近 100 倍。因此,用这种方法观测热木星,只需要观测 10 颗恒星(当然得事先知道它们在某个轨道上有一颗热木星)。当然,当沙博诺开始他的搜寻计划时,用视向速度法也只搜到 10 颗热木星。因此,沙博诺把它们两两放在一起,并推断说,如果他观测 10 颗恒星,就有机会观测到凌星。正是这个好的想法,让他有机会去哈佛大学任教。现在回想起来,这个方法相对很简单,只不过当时没有人想过要这样做。

　　沙博诺还需要一些信息。他必须知道凌星有多深,即恒星的光会被行星挡住多少。这个计算也很直接。木星的半径是 7×10^4 千米,接近太阳的 1/10。投射在天空中的每个物体的面积与它的半径平方成正比(因为圆的面积为 πr^2 ,其中 r 是圆的半径)。因此,一个木星大小的行星凌日,挡住的光为 $(0.1)^2$,等于 0.01 或 1%。而恒星 1% 的亮度变化,相对比较容易测量。只需要一个优质的 CCD 探测器,类似于上一章讨论的视向速度法测量用的那种。

　　因此,沙博诺借了一个 50 000 美元的 CCD,把它连接到一架小型的业余望远镜上,完成了这次测量。很自然地,他很快就挖到了宝。图 12.3(a)是沙博诺对恒星 HD 209458 的观测结果。"HD"代表亨利·德雷伯(Henry Draper)星表,这是 20 世纪 20 年代早期编撰完成的一本恒星星表。沙博诺观测到的行星,是一颗 70% 木星质量的行星,轨道周期为 3.5 天。这种情况下,我们能准确知道行星的质量,因为行星轨道的平面必定接近我们的视线;否则的话,它就不会发生凌星。尽管事实上,这颗行星的质量比木星稍小,但在这颗行星经过恒星前,恒星的光线会下降 1.6% 左右,表明这颗行星的体积比木星稍大。这个原因不难理解。这颗行星与恒星之间的距离很近,因此,它的上层大气因过热而膨胀,而木星的上层大气因冷却而收缩。

一旦确定 HD 209458 有一颗凌星的行星,再来证实沙博诺的测量就不用很长时间了。由于已经知道了凌星发生的时机,安排哈勃空间望远镜(HST)在适当的时间观测这颗恒星就相对简单了。[3] 我的朋友罗恩·吉利兰(Ron Gilliland)在美国国家大气研究中心工作,是哈勃空间望远镜用于这个项目的联系人。如图 12.3(b)所示,测量结果与最初测量的光度曲线相似,但精度要高得多,原因有二。其一,哈勃空间望远镜比沙博诺最初使用的望远镜大,能收集到更多的光子。更重要的原因是,从太空中进行测量,消除了地球大气湍流带来的影响。下文会进一步讨论,从太空中可以更有效地观测凌星,跟沙博诺的方法相比,这种方法更能观测到较小的行星。

宇宙凌星搜索器:CoRoT 和开普勒空间望远镜

下文我们会再一次提到 HD 209458 恒星系统,关于它还有很多故事。然而,在这之前,让我们先思考一下,寻找第二个地球的前景和意义。

凌星法寻找系外行星

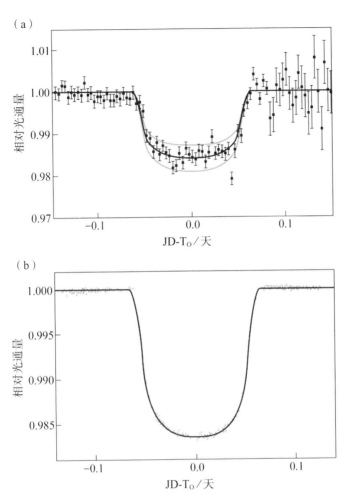

图 12.3 （a）恒星 HD 209458 的光度曲线（由大卫·沙博诺及其同事获得）[2]；
（b）几个月后，用哈勃空间望远镜测得的同一光度曲线[3]（图片来自美国天文
学会）

采用凌星法寻找类地行星，比寻找类木行星更困难，主要有两个原
因。首先，地球比木星小得多。地球半径为 6 371 千米，大约是木星的
10%。因此，它的有效面积是木星的 10^2 分之一，也就是百分之一。因

此,类似地球的行星,经过像太阳一样的恒星时,恒星的亮度预计仅下降万分之一,或 0.01%。测量恒星亮度的这种微弱变化,实际上从地面是不可能进行,因为由地球大气引起的光度的波动,要比这大得多(想想看,仰望星空,星星在闪烁)!所以,观测像太阳一样的恒星周围的类地行星运动,唯一的方法是从太空中进行观测。我们仍然需要优质的 CCD 探测器来探测光子,因为有了这样的设备,测量恒星亮度的这种精度的变化,在理论上是可行的。

凌星法寻找类地行星的第二个困难,与概率有关。回忆一下,观测到凌星的概率,等于行星的轨道半径除以恒星的半径。对于太阳附近的地球,这个数值是($7×10^5$ km)/($1.5×10^8$ km),约为 0.5%。这虽不像寻找离太阳 5 AU 的木星那么难,但仍然不容易做到。为了观测到正在凌星的一颗类地行星,人们需要看观测约 200 颗恒星 [$1/(5×10^{-3})$]。这个数字有个前提,即每颗恒星都有一颗像地球一样的行星!与沙博诺观测到的热木星类行星不同,我们还不确定是否存在类似地球的行星。所以,作出这样的假设显然不太保险!因此,我们需要观测更多的恒星,才有可能找到类似地球的行星。或者,持悲观主义者的观点,我们的恒星样本已经足够大了,大到可以证明,如果我们没有发现类似地球的行星,类似地球的行星就不存在。

美国国家航空航天局和欧洲空间局都认识到,在太空中用凌星法寻找系外行星的潜力,两大机构都设计了太空任务。欧洲空间局于 2006 年 12 月发射了 CoRoT 小型(27 厘米口径)望远镜,迈出了第一步。对于类地行星来说,CoRoT 太小,没有办法开展有效搜寻,而且还受到其他限制。特别是,它在环绕地球的轨道上运行时,一定要偏离太阳的方向。因此,这意味着它只能寻找轨道周期短于 75 天的行星。很显然,对于找到类似地球的行星来说,这个周期太短了。虽然,CoRoT 望远镜可以找到"热海洋行星"。[4] 这类行星在第二章的文献中已经假

凌星法寻找系外行星

定存在[5,6]，也已经简述过。它们将是具有高浓度水蒸气的岩石行星，类似于早期金星（第六章）的状态。天文学家对寻找这样的行星，很是激动，即使这些星球无法孕育生命。

尽管如此，最让天体生物学家感到兴奋的任务，是美国国家航空航天局的开普勒空间望远镜，这架望远镜于 2009 年 3 月成功发射[7]，是一架口径为 0.95 米的望远镜，专门用于寻找与地球大小相似和轨道性质相似的行星。要做到这一点，开普勒空间望远镜会持续观测银河系中的一小块区域，每隔半小时测量约 10 万颗恒星的亮度（见图 12.4）。这听起来令人难以置信，但这是现代 CCD 技术可以实现的又一个成功实例。开普勒空间望远镜计划至少运行 4 年，它将围绕太阳而不是地球运行，所以它应该能够找到轨道周期约为 1 年的类似地球的行星。

让我们思考一下，如果开普勒空间望远镜获得成功，我们可以得到什么结果。之前我们看到，在类似太阳的恒星周围，观测到 1 天文单位处有类地行星绕行的概率是 5×10^{-3}。如果开普勒空间望远镜视场中的所有恒星都是 G2 型恒星，而且都有一颗像地球一样的行星在 1 天文单位处绕其运行，那么，检测到类地行星的数量应该有 $5 \times 10^{-3} \times 10^5 = 500$ 颗。由于开普勒空间望远镜观测的许多目标恒星比太阳更亮，它们大部分的宜居带比 1 天文单位更远，实际观测到的数量几乎只有这一数值的十分之一，但仍然足以让我们进行统计和计算。我们碰到的关键问题通常是：在恒星周围至少有一颗像地球一样的行星，这样的恒星数量有多少？天文学家对这个数值有一个特殊的名称：$\eta_{地球}$①。在上述理想化的假设前提下，开普勒空间望远镜探测到

---

① $\eta_{地球}$ 与德雷克方程的第三项 n_e 之间关系紧密，表示在拥有行星的恒星中，每颗恒星周围类地行星的数量。

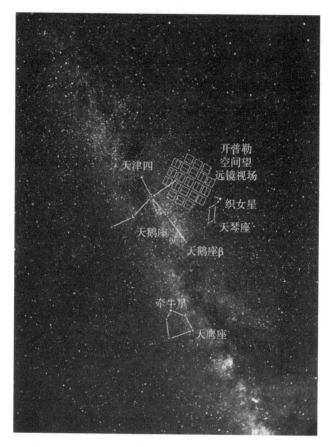

图 12.4　美国国家航空航天局于 2009 年 3 月发射的开普勒空间望远镜的目标观测区域。开普勒空间望远镜持续监测约 10 万颗恒星的亮度,以搜寻地球大小的行星凌星的概率[8]

的行星数量,约为 $500 \times \eta_{地球}$ 个地球。因此,$\eta_{地球}$ 等于探测到的行星数量除以 500。

　　这个数值之所以重要,是因为它表明,如果我们想直接观测另一颗恒星周围的类地行星,我们需要多大的望远镜。美国国家航空航天局希望,用他们的类地行星搜索者任务来做这件事情,我们将在下

凌星法寻找系外行星

一章进行讨论。如果 $\eta_{地球}$ 的值很大，那么，类似地球的行星，应该存在于许多邻近恒星的周围，而 TPF 望远镜不需要太大。然而，如果 $\eta_{地球}$ 的值很小，我们就需要观测更多的恒星，其中一些恒星肯定会更遥远，因此望远镜的口径必须更大才行。

凌星时观测系外行星的大气层

凌星法是一种特殊方法，它介于间接探测法和直接探测法之间。在本章之前，我们讨论了间接探测法：行星从恒星前直接穿过时，恒星被遮挡的光度，但是，凌星法也有可能获得这颗行星的大气性质，这种方法近期已经应用于这一领域。这个过程是怎样实现的呢？

首先，让我们想一下，为什么很难直接观测到系外行星的位置。有三个原因：(1)行星非常靠近它所在的恒星，(2)恒星要比行星亮得多，(3)行星本质上是黯淡的，也就是说，即使周围没有恒星，也是很难看到的。这三个问题中，第一个是最难应付的。克服这个问题，要求望远镜的口径相当大（见下一章），它也可能会要求把望远镜放到太空中，以免受到地球大气层的扰动。一些天文学家认为，用直径 30 米甚至 100 米的望远镜，有可能从地球上观测到木星大小的行星，但是，要直接观测地球大小的行星，很可能仍需从太空中进行观测。

然而，从原理上，发生凌星的一颗行星是可以被探测到的，而不必用物理方法把行星发出的光与恒星发出的光分开。有两种不同的方法可以用，其中一种在可见光波段的应用效果最佳，另一种在热红外波段的应用效果最佳。第一种方法是用基本凌星光谱（primary transit spectroscopy）技术，如图 12.5 所示。当行星从恒星前面经过时，一些来自恒星的光穿过行星大气层到达地球。如果行星很小且

图 12.5 基本凌星光谱技术示意图。其中有一部分光穿过行星大气层后,被观测者接收。这颗行星的大气层在某些波段发生吸收,会让这颗行星显得更大了一些

大气相对稀薄的话(如地球),那么,恒星的光穿过行星大气层的影响是微不足道的,不会有可以探测到的信号。但是,对于一个热木星类行星,如果它距离恒星很近,探测到的信号应该会强得多。此外,如果行星的大气层中,有能吸收特定波长光线的气体,那么,行星会在这些波段阻挡更多的恒星光,因此,这颗行星会显得更大,并产生更深的凌星效果。通过测量行星在不同波段的有效半径,有可能获得行星大气的原始光谱。我们将在下一章更详细地讨论光谱的获取过程。现在,回想一下第三章中的光谱,把光分到不同的波段,就像彩虹一样。

2002 年,同一个团队使用哈勃空间望远镜［见图 12.3（b）］,测量了 HD 209458 的光谱曲线,根据观测数据[9],他们有可能建立基本凌星光谱。为此,他们在波长为 590 纳米附近的位置,测量了不同波段的凌星深度,从中发现了钠元素 D 的光谱吸收线。回想一下上一章(见图 11.6)我们讲过的知识,D 线是类似太阳的恒星光谱中最显著的特征。分析结果令人兴奋。这颗行星看起来明显更大,即在 D 线内侧的凌星深度,比 D 线外侧的凌星深度更深(见图 12.6),说明这颗特别巨大的行星大气中含有钠元素。

对于"大马哈"那样的观测者来说,这可能算不上一个特别值得注意的成就。毕竟,钠存在于大多数类似太阳的恒星中,也存在于地

凌星法寻找系外行星

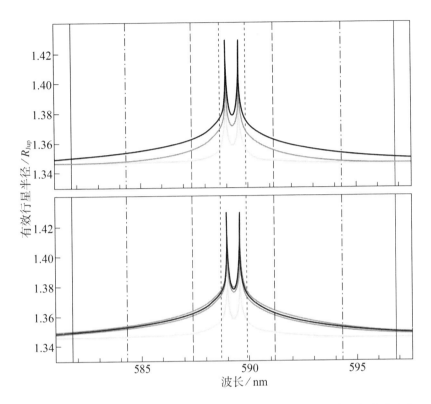

图 12.6　行星 HD 209458b 凌星的视半径(模型值)与波长之间的函数关系示意图。在两个波长值之间的行星(D 线)会显得更大,钠此处发生了强烈的吸收作用。[9]上图为云层高度变化,下图为钠元素丰度的变化(图片来自美国天文学会)

球中,那么,它存在于热木星类行星的大气中,也就不足为奇了。然而,值得注意的是,这种测量结果,证明我们现在已经稍稍有了认识系外行星大气成分的能力。当然,在将来,我们希望可以通过采用下一章中提到的工具,来把这件事做得更好。

在这项研究之后,其他研究人员用哈勃空间望远镜,从各种波段观测 HD 209458b 在凌星期间的表现。在美国亚利桑那州弗拉格斯塔夫市的洛厄尔天文台工作的特拉维斯·巴曼(Travis Barman),研究了 970 纳米附近的红外光谱,发现了 H_2O 的吸收谱线很强。[10]他发现了 H_2O 的丰度与太阳上的丰度相当的证据(见图 12.7)。这并不太让人感到惊讶,毕竟,在我们的太阳系巨行星的大气层中,H_2O 的含量都很丰富。所以,它也可能出现在太阳系外的巨行星大气层中。然而,其他类型的测量得到了不同的结果(见下文),因此,对许多研究人员来说,他的测量结果还需要进一步证实。

哈勃空间望远镜与 HD 209458b 之间的故事还有一回。2003年,法国天文学家维达尔-马德加和同事用哈勃空间望远镜上的成像光谱仪(STIS),在非常短的紫外波段研究发生凌星的行星。[11]成像光谱仪可以测量 121.6 纳米处莱曼 α 辐射的通量。莱曼 α 辐射是可以被氢原子发射或吸收的紫外辐射的波长。

法国科学家团队发现,莱曼 α 吸收线的凌星深度约为 14%。相比之下,可见光波段的凌星深度仅为 1.6%(见图 12.3)。因此,在莱曼 α 波段,这颗行星似乎变大为 14/1.6≈9 倍。行星阻挡的光量与它的半径平方成正比,所以,这意味着行星的直径在莱曼 α 波段,是可见光的 3 倍。作者将此解释为,这颗行星正在丢失大量的氢,因此可以预料的是,这颗行星拥有富含氢的热的大气层。这个结果显然是有争议的,因此可能成立,也可能不成立。但是,这是该项技术应用的又一案例。凌星数据确实可以提供关于系外行星性质的丰富信息。

二次凌星光谱法

获得系外行星光谱的另一种完全不同的方式,是利用这样一个事实,如果一颗行星经过它的母星前方,也一定会从母星的后方经过。这种替代方法被称为二次凌星光谱法。图 12.8 为它的基本原

凌星法寻找系外行星

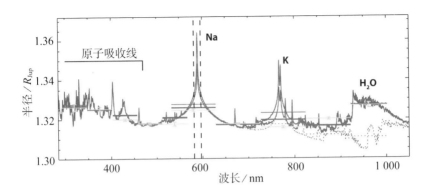

图 12.7　系外行星 HD 209458b 在可见光和近红外波段的基本凌星光谱（有效行星半径）水平条表示哈勃空间望远镜上的成像光谱仅获得的观测数据。实线是假设这颗行星的 H_2O 与太阳上的丰度相当时得到的模型光谱;而虚线表示不含 H_2O 时得到的模型光谱[10]（图片来自美国天文学会）

理。假设行星在恒星的一侧时,先拍摄这个行星的光谱,就会得到一个恒星加行星的组合光谱。接下来,当行星从恒星后面经过的时候,我们再次获得这颗恒星的光谱。当然,这只是恒星本身的光谱。如果人们从恒星和行星组合的光谱中减去恒星的光谱,就可以获得行星的光谱。至少有人希望能够实现这样做。但在实践中,这是非常困难的,因为恒星要比行星亮得多。在可见光波段下,恒星和行星之间的亮度对比是压倒性的,所以,这项技术并没什么用。但是,在热红外波段,行星相对会更亮一些,采用二次凌星技术可以得到有意思的结果。

　　这项技术,现在已经被美国国家航空航天局戈达德空间飞行中心的杰里米·理查森和他的同事,在恒星 HD 209458 上应用（沙博诺最开始探测的凌星系统,见图 12.9）。[13]他们用斯皮策空间望远镜在热红外波段对它进行观测。斯皮策是一个 0.85 米口径的热红外空间望远镜,2009 年上半年,当我写作本书时,它还在太空中运行。这个团队得到的结论很有意思——绕 HD 209458 运转的热木星类行星

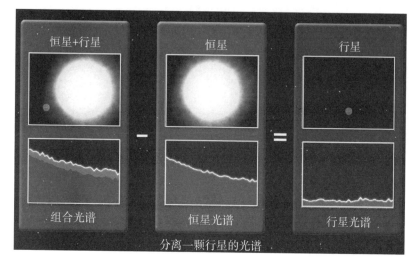

图 12.8　二次凌星光谱法示意图[12]

即便有水的话，也不会有多少水。虽然有些奇怪，但如果我们向短波方向观察光谱，通过模型光谱的斜率［见图 12.9（b）］和实测光谱的斜率之间的比较，就能得出结论。H_2O 在中心波长为 6.3 微米的波段，有很强的吸收，吸收带的边缘在模型光谱中可以看到，但在实测光谱中没有发现，这说明大气层中并没有 H_2O。但是，我们也可以看到，实测光谱的噪声很大，也就是说，测量误差很大。此外，观测光谱没有延伸到足够短的波长，无法对 H_2O 进行测量。最近，对其他热木星[14]的观测表明，大多数的这类行星上都有水。所以，也许我们不用太看重斯皮策望远镜的测量结果。尽管如此，随着观测技术的进步，下一节我们将介绍一些几年后可能开展的研究工作。

鉴定 M 型恒星周围的类地行星

本章结束之前，我们应该指出，这些凌星技术，特别是二次凌星

凌星法寻找系外行星

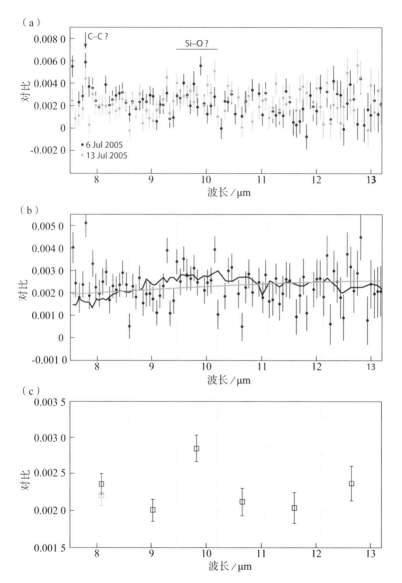

图 12.9　行星 HD 209458b 的二次凌星光谱。(a)数据是两次独立测量的二次凌星光谱,分别以黑色和灰色显示;(b)两次独立测量的凌星光谱平均值与模型计算得到光谱之间的比较;(c)数据粗略合并后显示出行星在波长为 9.5 微米附近的发射率增大,可能是由于行星大气层中的硅酸盐蒸汽造成的[13]

光谱技术的未来潜力。回想一下，这种技术包括测量恒星加行星组合的光谱，再减掉恒星本身的光谱。迄今为止，这种方法只适用于木星大小的行星，如 HD 209458b，它围绕着相对类似太阳的恒星公转。这仅仅是因为木星的直径约为太阳直径的 1/10，所以，行星的投影面积约为恒星的 1%。

用这种技术，几乎不可能找到类地行星。地球的直径只有木星的1/10，所以，它的投影面积只有太阳的 0.01%。这样的投影面积可能太小了，无法产生任何可测量到的二次凌星的信号。不过，好好想一下，如果我们在 M 型恒星上采用这种技术，会发生什么事情。

M 型恒星又红又暗，质量不到太阳质量的 50%。M 型恒星的直径只有太阳的 10%—30%；因此，较小的（晚期型）M 型恒星与木星的大小大致相同。一颗类地行星绕着晚期的 M 型恒星旋转，投影面积约为恒星的 1%，这与木星大小的行星绕太阳旋转的比例相同。所以，可以想象，二次凌星光谱可以应用于这样的行星。

这就有了令人兴奋的可能性，沙博诺正在追求这种可能性（显然，他还没有江郎才尽）。假设能调查太阳系附近的 M 型恒星，看看它们中间哪些恒星会有行星。如果视向速度法可以成功应用于 M 型恒星——在以前这是不可能的——那么，应该有很多候选恒星可供观测。M 型恒星数量最多，地球最近的邻居们大部分都是 M 型恒星。随后，用地面望远镜进行跟踪，确定哪些是有行星凌星的恒星。典型的 M 型恒星的宜居带约距离恒星 0.1 AU（见图 10.4），尽管在这个单一的光谱分类中会有很大的变化。M 型恒星的半径约为太阳的 1/10，即 70 000 千米。因此，在一颗 M 型恒星的宜居带内，观测到有一颗行星凌星的概率约为 0.5%，这与开普勒望远镜在类似太阳这样的恒星周围的 1 AU 处，发现类地行星的概率相同（这很容易理解，因为 M 型恒星周围的宜居带只是太阳周围宜居带的十分之一，恒星的

凌星法寻找系外行星

直径也只有太阳的十分之一）。因此，如果几百颗太阳系附近的 M 型恒星，而且大部分恒星的宜居带内有行星，那么，应该很有可能观测到有行星凌星。

更令人兴奋的是，在接下来的几年里，天文学家应该有一个绝佳的新工具来观测这些事件。美国国家航空航天局的詹姆斯·韦伯空间望远镜（James Webb Space Telescope，简写为 JWST）计划于 2016 年发射。詹姆斯·韦伯空间望远镜是一台大型望远镜，直径 6.5 米，采用热红外技术（相比之下，哈勃空间望远镜的直径只有 2.4 米）。因此，像斯皮策望远镜一样，詹姆斯·韦伯空间望远镜可以用于二次凌星光谱技术。不过，斯皮策望远镜的镜面直径只有 85 厘米，而詹姆斯·韦伯空间望远镜的镜面直径是斯皮策望远镜的 8 倍，收集的光子数是斯皮策望远镜的 64 倍。更多的光子，意味着我们可以获得更好的光谱。因此，詹姆斯·韦伯空间望远镜应该可以获得更详细的系外行星光谱，可以探测到 M 型恒星周围宜居带内的行星。因此，可以想象，下一个十年，我们有望找到可能的宜居行星，甚至可以确定这颗行星的特征。当然，正如第十章所讨论的，这些行星可能会被潮汐锁定，可能会受到许多其他问题的困扰。尽管如此，这还是预示着我们在寻找宜居行星的征程中，向前迈出了一大步。

第十三章

对系外行星的直接观测

上一章讲到了许多技术，给我们留下了深刻印象。这些技术，有的已经用于搜寻系外行星，有的计划在不远的将来投入使用。尽管这些方法的应用前景广阔，但好像除了 SIM（一项基于空间的天体测量学任务）外，其他方法，在类似太阳的恒星周围的宜居带中，都无法得到关于类地行星的信息。能做到这一点的技术，可以称得上系外行星搜寻领域的圣杯了。我们不仅希望找到这样的行星；而且还想了解它们是什么样的。从具体实践上讲，我们希望从光谱角度分析它们的大气。如前所述，获得行星大气的光谱，有助于我们识别它所含有的不同气体，还可以提供行星表面是否存在生命的线索。

上一章告诉我们，可以在行星遮挡母恒星时，获得行星大气的粗略光谱。也就是说，在可见光波段利用基本凌星光谱法，或在热红外波段利用二次凌星光谱法。但是，这些方法都不适用于绕类似太阳的大型恒星运行的小型类地行星。所以，用这种方式找到真正的第二个地球的可能性较小。此外，由于类似太阳的恒星发生凌星现象的可能性相对较低，用这种方法找到的行星，可能离我们很远。我们更希望在太阳系附近的类似太阳的恒星周围，找到类似地球大小的行星。因此，必须将来自行星的光和来自恒星的光从空间上进行分离。而事实证明,这项任务十分艰巨。

选择什么波段

　　第一个问题,也是最重要的问题,是我们应该采用什么波段? 在两个不同的光谱波段(可见光/近红外波段、热红外波段),行星会发出大量的电磁辐射能量。在可见光/近红外波段,行星通过反射恒星的光芒,而被我们观测到。在我们所处的太阳系中,用肉眼可以看到水星、金星、火星、木星和土星,就是这些行星反射的太阳光。理论上讲,我们也能看见其他恒星周围的行星反射的恒星光,但在实践中会受到各种因素的影响,而很难实现。行星本身在热红外波段会发射出电磁辐射,它们就是用这种方式实现自我冷却的:吸收母恒星发出的光线,将这些能量以热红外辐射的形式,重新发射出去。

　　对搜寻系外行星的人来说,每个波段都各有优缺点。为什么这样说呢? 从图 13.1 中可以简单看出原因。该图给出了从 10 秒差距(或 32.6 光年)以外的距离,观测太阳和地球时看到的情景。纵轴表示各个天体辐射通量的对数值,横轴表示波长,单位为微米(回忆一下,"1 微米 = 10^{-6} 米")。

　　显然,引人注意的首要任务是,不管在哪个波段,太阳都比地球要亮得多。因为它又热又大,太阳发出的辐射峰值位于可见光波段 0.4—0.7 微米处。但从图中看出,太阳发出的辐射可以延伸到波长更长的波段。从技术上讲,太阳的光谱类似于有效温度约为 5 780 K 的黑体。看得再仔细一点,还能发现图中有成百上千条吸收线(如图 11.6 所示)。米歇尔·梅厄和杰夫·马尔西(Geoff Marcy)等天文学家就是根据这些吸收线,测量多普勒频移,利用视向速度法搜寻系外行星。不过,在图 13.1 这种光谱分辨率较低的情况下,太阳光谱看

251

寻找宜居行星

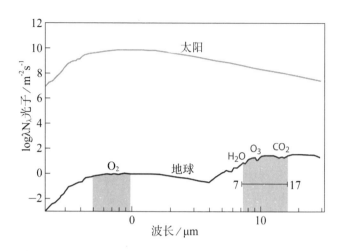

图 13.1　本图展示了从 10 秒差距远的位置观测到的太阳和地球是什么样的。阴影部分是在可见光/近红外波段（左侧）或热红外波段（右侧）工作的望远镜观测到的波长范围［图片来自美国国家航空航天局喷气推进实验室的查斯·比奇曼（Chas Beichman）］

起来相当平滑，表现正常，符合预期。

　　相比之下，地球的光谱要复杂得多。人们可以清楚地看到，它由两个截然不同的部分组成。第一部分，从图的左侧开始，到波长为 4 微米左右，地球的辐射通量与太阳的辐射通量平行。因为在这些波段，人们看到的是地球反射的太阳光。地球可以将 30% 的入射太阳光反射出去，这些反射光在很远的地方都能看到。地球光谱曲线的第二部分，从波长为 4 微米处开始，延伸到很远的波段。这部分光谱是地球自身发射的热红外辐射（为了方便起见，我们有时候会用英文缩写 IR 表示"红外"）。由于地球的温度要比太阳低得多，地球的光谱与温度约为 255 K 的黑体辐射谱大致相似，因此，地球发射的辐射在这个波段达到峰值。但是，即使在低光谱分辨率下，地球的光谱仍存在"抖动"现象。这种抖动是由地球大气层中的气体引起的，要是能在系

对系外行星的直接观测

外行星的大气中观察到这些气体,就可以说明很多问题。这一点我们在下一章会讲到,现在只需要关注地球观测的基本问题即可。

乍一看,选择观测波段不是个问题:相比太阳来说,地球在红外波段比在可见光波段要明亮得多;因此,科学家会希望建造一台对热红外辐射更敏感的望远镜。太阳与地球的亮度之比被称为对比度(contrast ratio),它们之间的对比度在热红外波段约为 10^7,也就是说,地球比太阳暗得太多了,十分不利于观测。不过,到了可见光波段,对比度大约为 10^{10},地球的黯淡程度又减小为热红外波段的 1 000 分之一! 因此,20 世纪 80 年代初,刚开始设计搜寻系外行星的望远镜时,美国国家航空航天局的研究人员关注的就是热红外波段。

这个问题的另一面则与之大不相同。要想将行星的光与恒星的光分离,就要从空间上将二者分离开来。举个差不多的例子:分辨出北斗七星(the Big Dipper)勺柄拐弯处的开阳[I](Mizar)双星。视力不错的人,在晴朗的夜空中,用肉眼就能看出来,开阳星是一颗双星。要是像我一样眼神不好,用双筒望远镜也能分辨。无论如何,只要仔细看,就能分辨出这个双星系统。

一直以来,物理学家对这个问题都很有兴趣,在很久以前他们就已经证明,用给定口径的望远镜进行观测,理论上存在衍射极限(diffraction limit)。假设存在两个物体,如恒星与行星,定义一个角度为 θ(见图 13.2)。假设望远镜的反射镜(或透镜)的直径为 D,入射光的波长为 λ。利用数学关系可以得出,θ 的最小值理论上应为:

$$\theta \approx \lambda / D \qquad (13.1)$$

θ 的单位是弧度,λ 和 D 都表示距离,只要统一单位即可。实际

I 北斗七星从勺口起,分别为:天枢(Dubhe)、天璇(Merak)、天玑(Phecda)、天权(Megres)、玉衡(Alioth)、开阳(Mizar)、摇光(Benetnach)。——译者

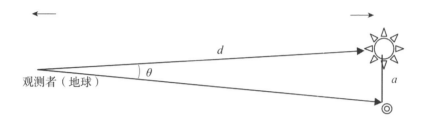

图 13.2　观测靠近恒星的行星时涉及的几何示意图

观测时,几乎不可能达到这种理论极限,所以,我们用比值 λ/D 的倍数来衡量仪器的分辨率。

代入数字前,公式 13.1 可以给出物理上很重要的两个信息。一是,望远镜所能观测的最小角度,取决于它的主镜或镜头的直径。主镜越大,越能分辨离得近的物体。这就是为什么用双筒望远镜,比用肉眼分辨开阳双星更容易——前者用的是直径为 35—50 毫米的镜片,后者用的是(直径约 7 毫米的)瞳孔。二是,人能分辨的物体之间的角度,还取决于所观察的波长:波长越短,能分辨的角度就越小。这一问题对搜寻系外行星的望远镜来说非常关键,因为这说明,要观测对比度更好的长波波段,就需要用更大的望远镜。

代入数字后,就能说明问题的严重性了。第十一章讨论视差时,我们就已经讲过该怎么做了。要想在足够多的恒星周围,搜寻类似地球的行星,就需要去 10 秒差距(或 32.6 光年)这么远的地方找。为了简单起见,假设我们正在观测的行星,距离一颗类似太阳的恒星 1 AU 处。图 13.2 中,标记该距离为 a。恒星与行星间的距离为 d。实际情况下,除非行星的轨道平面与观测到的天空平面完全相同,否则,行星到恒星的实际距离会更近。不过,如果我们等到合适的观测时机,也可以看到图中行星和恒星完全分离时的状态(正因为如此,如果能在观测前就知道行星的轨道,就更好了——SIM 任务很可能可

对系外行星的直接观测

以提供这些信息,因此,该任务的研究人员很快就指出,他们的任务可以为 TPF 任务带来巨大的好处)。

让我们回忆一下,根据秒差距的定义,距离恒星 1 秒差距处的行星,它们之间的角度为 1 角秒。行星与恒星之间的角度与距离 d 成反比,所以,同一颗行星在 10 秒差距处绕恒星旋转时,它们之间角度为 0.1 角秒。[①] 要想在公式 13.1 中使用这些信息,我们需要将角秒换算为弧度。换算方法是 4.848×10^{-6} 弧度/秒差距($= 2\pi/1\,296\,000$),所以,0.1 角秒 $\approx 5 \times 10^{-7}$ 弧度。现在,假设我们对这个行星系统的观测波长,采用可见光的中间波段,也就是 0.5 微米,或写成 5×10^{-7} 米。将这些数据代入公式 13.1,可以解出望远镜的直径 $D = \lambda/\theta \approx 1$ 米。因此,直径为 1 米达到"衍射极限"的光学望远镜,原则上能将行星与其母恒星分离开。

我们还提到过,由于各种技术原因,在实际中,望远镜无法达到理论的分辨极限。[从美国国家航空航天局类地行星搜索者星冕仪(TPF-C)的初样设计中,我们吸取了经验]保守估计[1],观测时应该要在 $\theta = 4\lambda/D$ 处,而非 λ/D 处。这样的话,望远镜的直径必须增加至 4 米。如果还要求能观测到波长为 1 微米的可见光/近红外波段,那么,望远镜的直径要扩大至 8 米。哇,要这么大呢! 相比之下,哈勃空间望远镜的直径只有 2.4 米。把这么大的望远镜放到太空中,是一项艰巨的任务,不过,也不是没有办法,下文会讲到。但如果要在热红外波段(波长近 10 微米)观测,那么根据公式 13.1,望远镜必须大至 10 倍(波长是 10 倍了)。这意味着望远镜的直径要达到约 80 米。而把一架 80 米望远镜送入太空,这远远超出了我们目前的能

---

① 图 13.2 中,角度 θ 与距离 a 和 d 之间的关系为 $\sin\theta = a/d$。由于角度特别小,所以 $\sin\theta \approx \theta$,因此可以写成 $\theta \approx a/d$。

力。当然，随着技术的进步，未来总能实现，但这在我们有生之年发生的可能性非常小。那么，这是不是意味着要放弃热红外波段？

红外干涉仪：TPF-I 和达尔文任务

这个问题的答案是否定的。我们可以利用射电天文学家用了很长时间的一项技术，来解决空间分辨率的问题。射电波的波长很长，波长单位为米或更大的单位。因此，想让射电望远镜获得高空间分辨率，极具挑战性。但是很久以前，射电天文学家就用干涉测量（interferometry）技术，解决了这个问题。干涉仪至少要由两架望远镜组成，相互之间的距离一般比其中任意一架望远镜的直径还大。这样做的优势在于，使望远镜之间的距离达到公式 13.1 中计算得到的有效直径，而望远镜的直径不用那么大。这样做的好处显而易见，人们可以建造两架中等大小的望远镜，把它们放在间隔很远的地方，就能得到跟大口径望远镜相同的空间分辨率。利用这项技术，人们可以建造排列成各种图案的二维望远镜阵列，在多个方向上都能提供良好的空间分辨率。位于美国新墨西哥州索科罗的甚大阵（VLA）射电望远镜，就是应用这项技术的代表。一些科幻爱好者还以为它是乔迪·福斯特（Jodie Foster）在电影《超时空接触（Contact）》中，搜寻银河系其他智慧生命的无线电信号的工具呢。

美国国家航空航天局和欧洲空间局，都研究过利用干涉方法，在热红外波段搜寻系外行星的任务。美国国家航空航天局的这项任务就叫类地行星搜索者干涉仪（TPF-I），欧洲空间局的任务叫"达尔文（Darwin）"。美国国家航空航天局起初的想法，是把 4 架直径为 2 米的望远镜，放在 80 米长的横梁上，如图 13.3 所示。望远镜如此排列后，就可以组成一个消零干涉仪（nulling interferometer）。也就是说，

对系外行星的直接观测

图 13.3　美国国家航空航天局提出的类地行星搜索者干涉仪的概念设计图。该仪器基于太空平台,可以在热红外波段搜寻系外行星

这组望远镜可以在排除恒星光的同时,留住行星发出的光。为此,行星和恒星之间的连线,必须与安装望远镜的横梁成一条直线。但麻烦的是,人们无法提前知道它们之间的连线沿着哪个方向。因此,这就需要我们调整横梁,使之在与观测恒星的视线垂直的平面内旋转。旋转过程中,对所观测的恒星周围不同位置的行星,干涉仪的灵敏度也是不同的。

　　TPF-I 的这种横梁设计,有时称为"横梁上的类地行星搜索者",优点明显,但缺点也不容忽视。回想一下,第十一章提到过,美国国家航空航天局希望在未来几年内,在太空中用一种体积更小的干涉仪,来寻找系外行星。干涉仪目前的设计,要求在 6 米长的横梁上,安装两架直径为 50 厘米的可见光望远镜。即使是这么短的横梁,设计团队也会面临艰巨的设计难题。只要横梁震动,尤其是在快速连接旋转中的、存储

图 13.4 欧洲空间局"达尔文任务"的艺术图。这是工作在热红外波段的自由飞行式干涉仪。美国国家航空航天局提出的 TPF-I 任务的设计与此相似(图片来自美国国家航空航天局)

角动量的"反作用轮"时,就无可避免地带动望远镜自身的旋转。像 TPF-I 原本的设计,采用 80 米长的横梁,这种效应会更加明显。

欧洲空间局达尔文任务的设计有所不同,而且已经被 TPF-I 采用。他们的计划是将三四架望远镜,放在独立的航天器上,再在另一个航天器上,将各架望远镜得到的光束合并(见图 13.4)。与固定在横梁上的干涉仪相比,这种自由飞行的干涉仪(free-flying interferometer)有几个优点。最重要的是,由于航天器之间没有物理连接,因此不会发生震动。对某个特定的恒星系统而言,人们还可以调整不同航天器之间的距离,使其处于最佳位置。如果系外行星靠近母恒星,或者,如果恒星离我们很远,那么,航天器之间的距离可以扩大,从而提高空间分辨率。对于离我们较近的目标天体,可以缩短航天器之间的距离。有一个问题没有提到：如果望远镜的空间分辨率太高的话，就会看到恒星自身的星盘，这样就会对隔离恒星光造成障碍。因此，我们希望望远镜之间的距离足够近，这样的话，就可以将恒星视作点光源。

自由飞行的达尔文或 TPF-I 任务，都还有很大的灵活性，最终可以得到很棒的观测结果。下一章会讲到，哪些波段可以找到一些很好的光谱特征。这些任务的主要缺点是，航天器的飞行需要精确编排，望远镜必须冷却到低温（约 50 K），才能在热红外波段有效运行（否则，望远镜本身产生的辐射噪声，会淹没观测到的行星系统的信号）。每次要在恒星周围的不同位置寻找行星时，望远镜阵列就需要改换成新的阵型，因此，航天器之间的距离精度要达到在 1 厘米左右。针对观测所需的小部分波段，航天器之间的距离必须测得更精确，如用激光测距（laser metrometry）的方法，相对容易做到（图 13.4 中的激光束）。虽然，这些问题用目前的技术能力都可以满足，但大家心知肚明，这项任务最终一定耗资巨大，可能得花上几十亿美元。正如第十一章所述，美国国家航空航天局之前已经为这项太空任务筹集过好几次资金了。但当政府预算紧张时，要实现这项任务就不太容易了，我在写作本书时面临的情况就是这样的。①

在可见光波段寻找系外行星：TPF-C 任务

现在，我们来介绍另一种可能性，即在可见光波段寻找系外行

---

① 政府开销这事儿很有意思。美国政府真的想做一些事情的时候，能筹到的钱总是少之又少。比如说，我们现在每个月会花 80 亿美元去养在伊拉克的部队。只要美国从伊拉克撤兵两周，省下的钱就足够 TPF-I 项目用的了。再与一个政府最近的投资比一下，2008 年 10 月，美国政府在华尔街策划了一场募资，共筹集到 7 千亿美元资本，TPF-I 的开销只占它的 0.5%。

星。如果你还记得,我们曾经说过,这个问题的关键在于行星和恒星之间的对比度非常大——地球绕太阳运动,它们之间的对比度为 10^{10}。因此,有效隔离恒星的光非常必要。原则上可以通过日冕仪(coronagraph)来实现。日冕仪最初用于研究太阳,1930 年由法国天文学家贝尔纳·李奥(Bernard Lyot)发明,并由此得名。通过遮挡太阳的可见光盘面,让科学家得以研究太阳周围的日冕(corona)。

想从地球表面观测日冕,必须使用一些技巧(如利用极化的优点),因为地球的大气层会散射太多的阳光,白天的天空太亮了。但如果能从太空中遮挡太阳的可见光盘面,那么,日冕仪的效果就会更加明显。这在日全食期间自然发生。那一刻,从地球上看去,月球和太阳的大小几乎相同。[1] 因此,当月球在绕地球的轨道上,经过太阳的前方时,会形成一个近乎理想的日冕仪。其实,日食也有"好""坏"之分,有的日食就比其他日食"好",由于月球绕地球的轨道是个椭圆,它有时更接近地球(因此看起来更大),有时更远(因此看起来更小)。月球盘面的直径小于太阳盘面的直径时,太阳的光球层有一小圈在整个日食过程中都可以看到,称为日环食(annular eclipse)。

即使从太空中进行观测,解决了大气散射的问题,但在行星与母恒星太靠近的情况下,仍然很难观测到行星。因为来自恒星的光线会从望远镜镜面的边缘,还有镜面本身的不平整衍射(diffract)而来。回忆一下,光是一种波,在光前进的路径上遇到物体会发生弯曲。通过观测光线穿过不透明薄板上的小孔所形成的图案,可以解释衍射

---

[1] 吉列姆·冈萨雷斯(Guillermo Gonzalez)和杰伊·理查兹(Jay Richards)在他们著作《得天独厚的行星》(*The Privileged Planet*)中提到,从地球上看过去,太阳和月球看起来大小相同,这可能不是巧合。他们觉得这是天赐的杰作。需要注意的是,月亮由于与地球之间潮汐作用,确实会逐渐远离地球,因此,现在看起来,月亮比远处的太阳大,但在遥远的将来,月亮就会显得更小些。这看起来好像是神的指示,让这两个天体现在看起来大小相同,但对一些人来说(包括我自己在内),这只不过是巧合而已。

对系外行星的直接观测

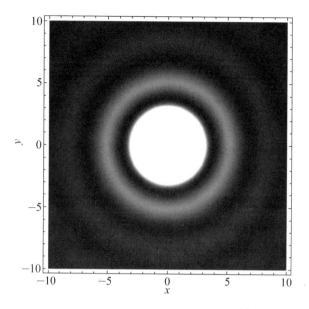

图 13.5　圆孔所产生的艾里衍射图形[2]

的问题。如果光源在薄板的一侧,相机在另一侧,那么,相机拍摄到的则不仅仅是针孔的图像。相反,针孔周围会有一个环,如图 13.5所示。这种环被称为"艾里环(Airy rings)",以纪念英国皇家天文学家乔治·艾里爵士(Sir George Airy),他是 19 世纪中期第一个用数学方法描述这类圆环的人。

　　用望远镜观测恒星时,虽然观测的几何角度不同,但其物理机制是一样的。就像针孔边缘衍射的光一样,望远镜镜面的边缘也会发生光的衍射。即使我们能遮住恒星图像的中心部分,仍然能保留大部分星光。回忆一下,之前曾经说过,我们观测到的行星亮度,实际上只有恒星亮度的 10^{10} 分之一。如果太多的恒星光被泄漏出来,行星光显然会被完全淹没掉。星冕仪[II]要解决的就是这个问题。

[II]　观测太阳时,称为日冕仪。——译者注

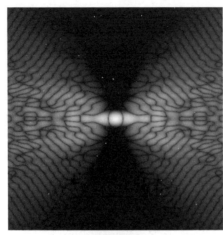

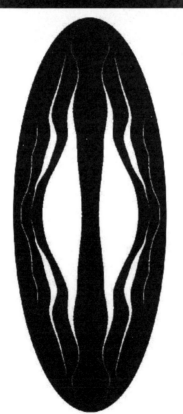

图 13.6 为 TPF-C 设计的 8 米×3.5 米望远镜的椭圆镜面。左图是用于消除恒星光的星冕仪遮光板;右图给出了从不同角度看到的恒星光的强度。沿椭圆镜面长轴方向,抑制恒星光的效果更好,有利于找到系外行星[图片来自韦斯·特劳布、杰里米·卡斯汀和大卫·斯佩格尔(Wes Traub, Jeremy Kasdin, and David Spergel)]

对系外行星的直接观测

几年来,美国国家航空航天局一直在研究,利用星冕仪寻找系外行星的任务。这项任务的全称,叫类地行星搜索者星冕仪(Terrestrial Planet Finder-Coronagraph,缩写为 TPF-C)。在此之前,科学家也曾研究过小型星冕仪,只不过用大型星冕仪找到类地行星的可能性更大。如前所述,好的一方面是:工作在可见光波段的望远镜,比工作在热红外波段的望远镜,体积要小得多:如果在 $4\lambda/D$ 处观测,望远镜的直径只需要 8 米左右就可以了。不过,对于圆形的望远镜来说,在单个航天器上发射这种体积的望远镜,仍然显得太大了。不过,把望远镜设计成椭圆镜面,就可以解决这个问题,如图 13.6所示。

左图是 8 米×3.5 米的椭圆镜面示意图。这种望远镜可以垂直安装在现有火箭的货舱中,因此,可以把它作为一个整体从地面发射。但从图中可以看出,这架望远镜跟平常的望远镜不大一样,看起来好像戴了万圣节的面具一样。这个面具就是这种特殊设计的星冕仪的关键部分(在前言中提到过 TPF-C 研究团队的设计,他们把这种设计称为飞行基线 1)。通过遮挡望远镜的不同部位,可以有效消除恒星光,从而探测到系外行星。值得注意的是,椭圆长轴的边缘附近有多少镜面被挡住了。这样做可以有效减少镜面边缘衍射带来的影响,从而更好地在长轴方向抑制恒星光。

右图给出了消光效果,沿着望远镜镜面的长轴方向,消光效果更加明显,而沿着望远镜镜面的短轴方向,恒星光的抑制效果相对较差。因此,这架望远镜应仿照 TPF-I 的横梁设计,在垂直于观测视线的平面内旋转,使它能够在恒星周围的不同位置搜寻系外行星。

在可见光波段寻找系外行星的新设想:TPF-O 任务

在过去的两年里,人们提出了在可见光波段寻找系外行星的新设想。[3] 这个想法源自科罗拉多大学的天文学家韦伯斯特·卡什(Webster Cash)。与 TPF-C 一样,这里面最大的问题是,用什么方法才能挡住足够多的恒星光,消除恒星亮度与行星亮度之间巨大的对比度。不过,卡什没有采用放在航天器内部的星冕仪,而是建议在望远镜和待观测的目标之间,单独发射一块遮星板(见图 13.7)。后来,美国国家航空航天局采用了这种设计,将其重新命名为"类地行星搜索者遮星仪(TPF-O)"。这块遮星板(看起来更像是卡什设计中的一朵花),直径约为 50 米,可以在距离望远镜约 70 000 千米的地方飞行。这样一来,我们从望远镜中观测到的恒星光被遮挡的尺寸,就与观测太阳系内的行星系统大致相同,遮挡区域最多不超过离恒星 1 AU 的地方。这些规格,是按照从 10 秒差距处观测类似太阳的恒星设计的;如果恒星的距离不同,或亮度与太阳有差异,就要调整遮星板的距离,否则,观测到的恒星周围宜居带的距离会过近或过远。我们也可以认为,这种技术与月亮经过太阳前面形成日食的过程类似。只不过,在这种情况下,"月亮"是人造的,它可以到处移动,以便望远镜观测不同的恒星。

　　TPF-O 的缺点是,像 TPF-I 一样,它也需要编队飞行,还需要多个航天器。从一个目标恒星,切换到另一个目标恒星会更困难,因为还要确保遮星板和/或望远镜也要移动相应的距离。后一个问题还能解决,可以通过发射两块遮星板,一块遮星板在调整就位期间,另一块遮星板正好用于观测。但这会增加任务难度,价格高昂。

　　TPF-O 的优点是,可以很好地抑制恒星光,使行星与恒星之间的对比度达到很高的值。使用传统星冕仪时,望远镜本身会遮挡恒星光,就像图 13.6 中的遮光板那样,而衍射产生的恒星光仍然留在望远镜系统内。因此,除非操作者特别小心,否则,这些光会回到光路中,还有可能淹没来自行星的光。但是,采用遮星板,从望远镜镜面

对系外行星的直接观测

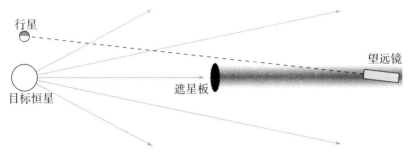

行星

望远镜

目标恒星　　　　遮星板

图 13.7　韦伯斯特·卡什(科罗拉多大学)提出的遮挡恒星光的遮星板设想示意图。NASA 采纳了他的想法,用于 TPF-O 任务。望远镜和遮星板之间的距离约为 70 000 千米[4]

边缘衍射的大部分恒星光,会完全消失在宇宙中。因此,进入望远镜的光线几乎全部来自恒星周围的行星。因为行星很暗,所以,要用大望远镜(直径约 4 米)才能有效观测,收集大量的光子,获得光谱。但这种望远镜镜面的光学特性和系统的整体性能,并不需要比现在的哈勃空间望远镜更优。所以,只要钱足够多,我们很快就可以造出这台设备。而与之相比,TPF-C 和 TPF-I 还需要很长时间进行技术研发,才能获得恒星与行星之间良好的对比度。因此,要想在接下来的 20 年内,从太阳系外搜寻到类地行星,TPF-O 可能是个不错的选择。

太阳系附近的目标恒星

表 13.1　用于 TPF-C 望远镜观测十大目标恒星

排名	名称	星座	距离/光年	光谱类型
1	半人马座阿尔法 A	半人马座	4.3	G2V
2	半人马座阿尔法 B	半人马座	4.3	K1V
3	鲸鱼座 τ	鲸鱼座	12	G8V

(续表)

排名	名称	星座	距离/光年	光谱类型
4	王良三	仙后座	19	G3V
5	蛇尾一 β	水蛇座	24	G2V
6	孔雀六	孔雀座	20	G8V
7	猎户座 π3(参旗六)	猎户座	26	F6V
8	天兔座 γ	天兔座	29	F7V
9	波江座 ε	波江座	10	K2V
10	波江座 O	波江座	16	K1V

数据来自 http://en.wikipedia.org/wiki/Terrestrial_Planet_Finder。由来自美国巴尔的摩的空间望远镜研究所的 R.布朗整理

到目前为止,我们已经讨论了如何在太阳系外寻找类地行星,但没有讨论该去哪里找。不过,天文学家已经投入很多精力,确定哪些恒星最适合观测。论贡献,没人比得上来自美国马里兰州巴尔的摩的空间望远镜研究所的罗伯特(鲍勃)·布朗[Robert(Bob)Brown],他是我们 TPF-C 研究团队的成员。他在自己的网站上公布了可供 TPF-C 观测的前 100 颗目标恒星。[5]维基百科把这些信息精简了一番。[6]表 13.1 给出了十大目标恒星。

意料之中的是,布朗的列表中,排名第一的是半人马座阿尔法星(Alpha Centauri,简称 α Cen),距离我们 4.3 光年处,几乎是最靠近太阳的恒星[如我们所看到的那样,比邻星(Proxima Centauri)实际上要稍微近一点]。它也算得上是太阳的双胞胎兄弟,因为它们的光谱分类相同,都是 G2V。鲍勃或许会这么说,半人马座阿尔法星可能不是最有可能存在类地行星的恒星。虽然它离我们既不远,又很亮,最容易被观测到,但是它属于三星系统。这样的系统

中一般不会有行星。就算有,它们可能也没有稳定的圆形轨道、没有足够丰富的挥发物。不过一切皆有可能,三星系统与我们太阳系的不同之处太多了,我们无法根据在太阳系中观测到的场景,来确切地推测那里的场景。

不过,布朗还有几个不错的候选目标。鲸鱼座 τ 星(Tau Ceti)和波江座 ε 星(Epsilon Eridani),两颗离我们不远的类似太阳的独立恒星,科幻小说中经常想象它们周围存在行星系统,可以让人类去殖民。在 60 光年(或约 20 秒差距)的距离内,可能还会有其他类似太阳的恒星,至少,有上百颗恒星可以通过 TPF-C、TPF-I 或达尔文任务观测到。其实,在这个距离范围内,我们可以找到几千颗恒星。只不过,其中大多数是红矮星,要比太阳暗得多。在第十章我们讲过,这类恒星周围存在宜居行星的可能性不大。此外,大多数红矮星很暗,就算在它们旁边有系外行星,也未必能观测到。这就是为什么 TPF 任务的主要目标是搜寻类似太阳的恒星。

另一个重要原因是,TPF-C 很难观测到比我们的太阳更亮或更暗的恒星。比如,对于明亮的蓝色 A 型恒星,它的宜居带离母恒星很远,因此,很容易用中等口径的望远镜分辨出来。不过,相比太阳周围的行星,这些系外行星和母恒星之间的对比度,就要差得多了。[①] 对于暗红的 M 型恒星,则恰恰相反:对比度很好。因为那里的系外行星的亮度与地球相似,而恒星则比我们的太阳暗。但是,M 型恒星周围宜居带与恒星之间的距离十分接近,因此,需要用非常大口径的望远镜,才能分辨出恒星周围的行星。

---

① 要想理解这个问题,就要注意,尽管 A 型恒星比太阳更亮,但它们的行星必须接收与地球几乎差不多的太阳光,否则,就不会宜居。

267

寻找宜居行星

在观测明亮的蓝色恒星方面，TPF-I 有同样的问题：对比度差。然而，对于暗红的恒星，自由飞行的 TPF-I 可以有效解决这个问题，因为航天器可以在更远的距离飞行。因此，TPF-I（或达尔文任务）算得上是观测 M 型恒星周围行星的最佳工具。在下一章，我们会给出理想的解决方案：同时发射 TPF-C 和 TPF-I。但这样做的目的，并非是为了寻找系外行星，而是为了理解我们究竟发现了什么，因为只有了解它们，才会让寻找系外行星的事业变得更有意思。

用光谱寻找生命

上一章中,我们讨论了几种可以用于搜寻类似地球的系外行星的太空任务,其中有些任务可工作在可见光/近红外波段(TPF-C和TPF-O),还有一些工作在热红外波段(TPF-I和达尔文)。这些任务的目的,都是在恒星周围的宜居带内寻找小的岩石行星。其实,搜寻系外行星并不是我们的目的,如果只是这样的话,提前实施空间干涉测量任务(SIM)就可以实现了。这些TPF任务的另一个重要目标是,用光谱来表征行星的大气和表面。[1]地球大气中的某些气体,如氧气和臭氧(O_2和O_3),会吸收电磁辐射(包括可见光和红外辐射)。地球上的大部分氧气源于生物的光合作用(第四章),地球上的所有臭氧都源于氧气(第九章);因此,只要能找到其中一种气体,就有可能证明生命的存在。但这种证据可靠吗? 也就是说,会不会有一些暗示存在生命的假象,让我们觉得这些行星是宜居的,而事实上并非如此呢? TPF类任务发射后,公众肯定会有这些疑问。因此,我们先来讨论一下,望远镜在各个波段会看到哪些类型的吸收特征,然后,来回答那个更难的问题——这些光谱特征说明了什么问题。

在观测行星的光谱前,要先解决光谱分辨率(spectral resolution)的问题。光谱分辨率是指划分电磁波谱的精细程度。分辨率极高时,可以将光谱细分为几百万个不同的波段。天文学家用数学方程 $R = \lambda / \Delta\lambda$ 来定义光谱分辨率。其中,λ 代表波长,$\Delta\lambda$ 是可分辨的最小波长。一般来讲,地面望远镜配备的高分辨率光谱仪,R 值可达 200 000。因此,若在约 1 000 纳米(1 微米)的波段进行观测,光谱中每个波段的波长范围应为 1 000 纳米/200 000 = 0.005 纳米。在第十一章,我们讨论过一些高分辨率光谱仪的例子,如米歇尔·梅厄和杰奥夫·马西研制的光谱仪,用于精确测量我们附近恒星的视向速度。在那种情况下,必须采用高光谱分辨率,因为他们需要测量行星对恒星引力拖曳引起的微弱的多普勒频移。

不过,想在 TPF 或达尔文任务中实现高光谱分辨率测量,几乎是不可能的。原因很简单——系外行星的亮度非常弱,根本没有足够多的光子。我们可以这样想:要想在 $R = 200\ 000$ 处进行光谱测量,至少需要 200 000 个光子(每个波段范围内有一个光子),这样才能在所需的波段获得一小段光谱。要想在一定的波长范围内进行更准确的统计,所需的光子数要比这个数值更大。如果能够获得大量的光子数,那么,用地面望远镜进行视向速度测量也是可行的。研究人员用大型望远镜(如直径约 10 米的坐落于夏威夷莫纳克亚山顶的凯克望远镜),来观测太阳系附近相对明亮的恒星。即便如此,它们也只能用于观测明亮的恒星,因为越暗、越远的恒星,就越是无法获得足够光子。

在寻找系外行星时,能获得的光子数就更重要了。回想一下,在可见光波段,行星的亮度只有母恒星的约 10^{10} 分之一。因此,就算恒星本身非常亮,绕恒星运行的行星也是十分昏暗的。有一位在 TPF-C 研究团队工作的朋友,是这样描述此事的:如果我们手动跟踪入射的光子、而不是用 CCD 进行跟踪时,是可以等着它们一个个到达后进行计数的。当然,有些目标会更好一些,在某些情况下可以获得更多光子。但最重要的是,刚开始进行系外行星探测时,光谱分辨率一般比较低:$R=100$,甚至更低。想提高光谱分辨率也不是不可能,但要比上一章介绍的望远镜体积大得多、费用也更昂贵。有朝一日,我们可能会建造这样的望远镜——下一章会预测这种可能性——但对于刚开始起步的 TPF 任务,我们大概只要解决这个问题的第一步就可以了。

可见光/近红外波段:TPF-C 或 TPF-O

让我们从可见光/近红外波段开始吧。这两个波段是 TPF-C 或 TPF-O 有可能观测到的。先从观测地球开始吧。鉴于绕地球运动的卫星已经有四十多年的历史了,我们很清楚地知道,从太空中看到的地球是什么样子的。然而,令人惊讶的是,我们对"整个地球"完整光谱的了解并非来自卫星。因为大多数卫星的轨道都离地球较近,因此卫星上的仪器在俯视地球时,都只能看到地球表面的一小部分。

多年来,寻找宜居行星的科学家都对这个问题感到十分纠结。有人建议,在日-地系统中的拉格朗日 L1 点放一架空间望远镜,用它从远处观测地球。回忆一下,L1 是位于日地间的拉格朗日点(见图 7.2)。其实,一开始提出建这种望远镜,是为了别的目的。美国国家航空航天局想实施一项名为 DSCOVR 的任务(原来名称叫"特里亚纳",Triana),要把用于观测地球的一架望远镜放在 L1 点,用于监测地球上的全球变化——试图捕捉整个地球的视场(或称为盘平均视角)。

不过,另一些天文学家提出了一个更聪明(而且便宜得多)的想法,可以获得整个地球的光谱——从月球上测量地球的反照(earthshine)。[2,3]大家可能已经注意到了,看月亮时,如果它处于月牙

271

阶段,不仅可以看到明亮的月牙,还可以看到黑暗部分发出昏暗的辉光。月亮的黑夜一侧为什么会发光呢？明亮的一侧发光,显然是因为反射了来自太阳的光。黑暗的一侧发光,是因为它反射了来自地球的光(当然,这部分光线最初也是来自太阳的)。这说明,来自月球黑夜一侧的光,也就是"地球反照",可以用于获得地球的光谱。而这其中的关键,就是要扣除明亮一侧的光谱,并消除月球表面对光谱的影响,只留下地球的特征光谱。这种方法得到的光谱,可以代表地球表面大部分地区的平均值,因为从月球上看,地球各处所反射的光均来自太阳。

尽管肉眼看地球反照,觉得它很暗,但其实它很亮,含有大量光子。因此,极易把这些光子进行细致分类,建立中等分辨率($R =$ 600)的光谱(见图14.1)。图中,顶部起起伏伏的曲线代表的就是地球反照数据。而贯穿这些数据的平滑曲线(正好匹配下方的"天空背景"曲线),则是用这些数据拟合出来的。由此可以看出,人们可以从地球大气中检测到三种不同的气体:氧气、臭氧和水蒸气,都可以看到它们的吸收带:这些波段的亮度,比其他波段的亮度低,因为地球大气吸收了一部分入射光。单单氧气一种气体,在中等分辨率的光谱中,就有三个不同的吸收带。其中,最亮的是我们所说的 A 带,波长为 760 纳米(回忆一下,光谱中的可见光波段,从 400 纳米延伸到 700 纳米,这一波段恰好位于近红外波段之外)。A 带很容易观测,大约在三十年前,就已经被拿来作为系外行星是否有生命的判别指标了。[4]氧气吸收的 B 带位于波长 690 纳米处,也很容易分辨出来,与此相似,还可以看到水的吸收带,分别为 720、820、940 纳米。

在可见光波段,臭氧有一条位于 500—700 纳米的宽吸收带。在较短的紫外波段(200—300 纳米),臭氧的吸收更强①,但在这种特殊

---

① 短波段的臭氧吸收带,保护了紫外辐射对地球表面生物的伤害。

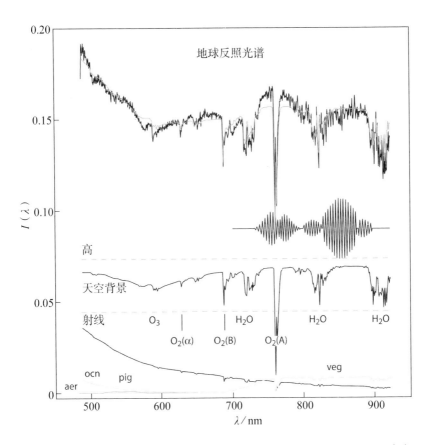

图 14.1　从地球反照数据中获取的地球在可见光/近红外波段的光谱。顶部起起伏伏的曲线是实测数据,贯穿这些数据的平滑曲线是模型拟合的结果[3]（图片来自美国天文学会）

光谱中,无法看到该波段。在可见光波段观测系外行星的臭氧吸收带,比观测氧气产生的吸收带要难,因为臭氧吸收带容易被云层遮住。[5] 同时,当波长小于 600 纳米时,光谱的吸收效果,会与瑞利散射的效果(靠近图底部的模型曲线,标记为"射线"的部分)相混淆。如第七章所述,对于由空气分子产生的瑞利散射,波长越短时,散射效果越强,因此天空呈蓝色。图 14.1 中,地球反照的光谱也很"蓝",这也是短波散射强产生的效果。

图 14.1 的地球反照光谱,或许还能作为另一种可能的生命判别指标。仔细观察 700 至 750 纳米波段,可以看到,地球反照的亮度随波长增加而增大(寻找这一特征时,要在脑海中自动去掉水在 720 纳米吸收带的影响)。地球反照这种增量,可能反映了我们所谓的叶绿素的红边效应(red-edge)。陆地植物的叶子反射太阳光的能力,在近红外(波长大于 700 纳米)波段比可见光波段更强;因此,植物在这个特殊波段的反射光谱会显著增强。海洋植物和藻类也是如此,但效果不明显。如果直接观察一片叶子(见图 14.2),或者,如果从太空中俯瞰植被茂盛地区(如亚马孙雨林),那么,这条红边就很容易看出来。[6] 图 14.1 看得不是很清楚,因为大多数用于形成光谱的地球反照,都来自太平洋的反射,那里的叶绿素信号不是很强。

红边效应是一系列效应组合而成的结果。叶绿素(植物细胞中的绿色素)吸收可见光,把能量传输给细胞的其他部分进行光合作用。波长大于 730 纳米的近红外光子对光合作用来说并没什么用[7],因此,植物会朝非强烈吸收的方向进化。事实上,叶片细胞壁内的微小囊泡(气泡),或许就是通过这种方式进化的,这样有助于保持叶片凉爽,从而最大限度地减少水分流失。[7]

红边效应很有意思,许多文献都讨论过它[6—12],但它可能不能作为可靠的生命判别指标。原因之一是,它在整个地球的平均光谱中占的分量很少,如图 14.1 所示。而且,也不清楚外星球上的植物是否也有红边效应。就算有,那些植物会跟我们地球上的植物一样,在相同的波段出现这一效应吗? 其他星球上的植物,也会像地球上一样,用叶绿素来吸收太阳光吗? 还是说,它们会不会演化出一种不同的生物化学感应系统? 它们是否需要可见光的光子进行合成氧气的

用光谱寻找生命

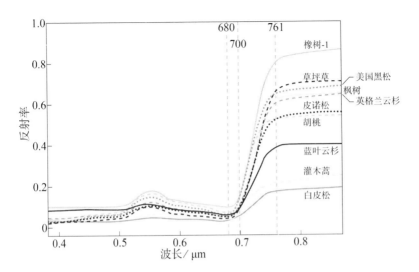

图 14.2　不同陆生植物的实验室反射光谱[图片来自 Kiang 等(2007 年)[7],并基于沃尔夫等 2002 年获得的数据[3]]

光合作用?还是会开发出利用能量更低的近红外光子的系统?[10,12]如果不亲自去外星球上看看这些植物,这些问题都无法回答。因此,红边效应大概不能作为寻找外星生命的实用证据了。但我们可以肯定的是,要是能获得系外行星的可见光/近红外光谱,必须仔细检查,才能看出是否存在红边效应。

　　如果在绕另一颗恒星运行的行星上,看到图 14.1 所示的光谱,能说明什么呢?现在提出这个问题为时过早,因为该图的光谱分辨率,远高于我们用 TPF-C 或 TPF-O 所能达到的分辨率。图 14.3 给出了更现实一些的、地球在可见光/近红外波段的光谱,$R=70$。① 该图还给出了金星、海王星和土卫六(泰坦)在 $R=70$ 时的光谱。这些曲线都是合成光谱(synthetic spectra),也就是说,它们并非根据真实的观测数据得到

---

① 此处的量级是微米,因此需要将图 14.1 中的波长除以 10^3。

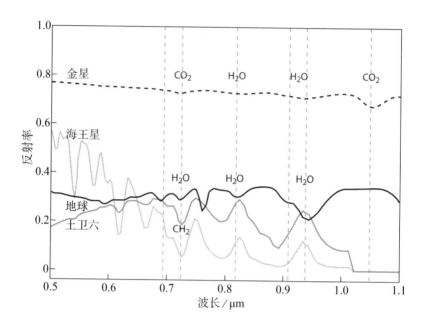

图 14.3　在可见光/近红外波段，$R = 70$ 时，基于理论模型计算的金星、地球、海王星和泰坦的光谱分辨率[13]（图片来自华盛顿大学的维基·梅多斯）

的，而是根据计算机模型生成的。但这与我们的分析并不矛盾。如图 14.1 所示，这些模型能准确地模拟出真实的行星光谱。

如果我们仔细检查图 14.3 中"地球"的光谱曲线，可以看出，地球反照光谱数据的大部分吸收特征，包括氧气吸收的 A 带、B 带，以及上文提到的水的三个吸收带。其中也可以看到宽广的臭氧吸收带。虽然，目前还不清楚，在有云的星球上是否也是这样的（图 14.3 所示的合成光谱为没有云层的大气）。[13] 相比之下，金星在可见光波段的光谱几乎没有起伏，直到波长超过 1 微米（1 000 纳米），此处可以看到二氧化碳的吸收带。因为金星的大气中含有约 90 巴的二氧化碳（第六章），所以，在金星上观测二氧化碳相对更容易。地球大气中也含有二氧化碳，但浓度很低，约为 380 ppm，在这种光谱分辨率下无法观测到（但在热红外光谱中，可以很容易地看到二氧化碳，下文会提到）。在这些波段，火星上（未显示）也很难观测到二氧化碳，因为就算火星大气中富含二氧化碳，但火星上的气压太低了。土卫六（泰坦）和海王星在这些波段的光谱吸收也很强。波长大于 0.6 微米的光谱吸收全部是由甲烷引起的，而土卫六（泰坦）和海王星的大气中都含有甲烷。海王星上较短波长的吸收特征主要来自氨气。而这两种气体在地球大气中的含量很低，在地球光谱中都没有出现（甲烷的浓度为 1.7 ppm，氨气的浓度在 ppb 级，而且分布不均）。

虽然，分析过程很简略，但我们可以从中得出几个结论：

1. 如果能获得低分辨率（$R = 70$）的光谱，就可以把类似现代的地球这样的行星，与其他行星（如我们太阳系中的行星）区分开来。

2. 水在近红外波段极易观察到。但这些波段只代表大气中的水蒸气，无法保证行星的表面有液态水（而液态水是我们假设生命存在的前提）。在下文中，我们还会提到这个问题，因为，或许我们还可以找到寻找系外行星表面液态水的其他方法。

3. 如果系外行星大气中的氧气浓度像现在的地球上这么高，那么，在近红外波段也能观测到。如前文所述，地球上的大部分氧气源于植物、藻类和蓝藻的光合作用。我们预计，在地球上开始光合作用之前，大气中的氧气浓度很低，而如果氧气浓度太低，就无法产生可探测到的光谱信号。[14] 因此，系外行星大气中是否存在氧气，将为生命的存在提供有力的证据。也就是说，我们应该注意是否有"谎报的信息"，下文还会提到此问题。

热红外波段：TPF-I 或达尔文任务

热红外波段的光谱观测呢？热红外波段是 TPF-I 或达尔文任务

观测的波段(大家希望最终能将这两个任务合二为一)。这些波段蕴含的信息，与我们在可见光波段了解的行星有何不同呢？

答案是肯定的！图 14.4 给出了金星、地球和火星的热红外光谱。首先，观察金星和火星的光谱，我们可以看出，当光谱分辨率相对较低时，只能看清楚一个吸收特征：二氧化碳分子在 15 微米处的吸收带，这个吸收带是二氧化碳分子的强"弯曲"模式产生的，这也是二氧化碳成为强温室气体的主要原因。

观察地球的光谱，可以发现，即使地球上的二氧化碳浓度相对较低，15 微米处的光谱吸收带也清晰可见。因此，热红外波段很适合探测二氧化碳，也适合于区分类地(岩石)行星(如金星、地球和火星)和外太阳系的气体巨行星，原因是气体巨行星缺少二氧化碳。但地球的热红外光谱还包含了其他信息。短波(小于 8 微米)的吸收和长波(大于 17 微米)的吸收一样，都是由水分子的吸收引起的。短波段的吸收特征在第十二章提到过，是 6.3 微米的吸收带，长波段的吸收特征是水分子发生自旋时产生的自旋吸收带(rotation band)。后者一直延伸到微波波段，微波炉就是工作在这一波段才能快速加热食物的(因为食物中含有水)。因此，在可见光/近红外波段，我们可以确定行星的大气中有水蒸气，而不是行星表面有液态水。

更有意思的是，臭氧最强的吸收带集中在 9.6 微米。即使臭氧只是地球大气中的一个微量成分，在这一波段也清晰可见。由于，臭氧驻留在平流层中，所以，当人们从太空中向下俯视地球时，很容易观测到它。假设有人在系外行星的大气中看到这个特征，能说明什么呢？臭氧是氧气经光化学反应生成的，所以，如果我们检测到臭氧，我们就可以知道，行星大气中必然会含有氧气。因此，如果可以观测到臭氧，与在近红外波段直接观测到氧气，它们的意义是相同

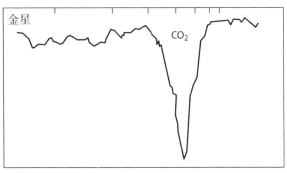

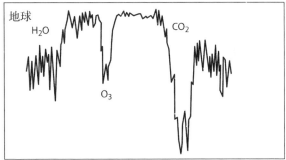

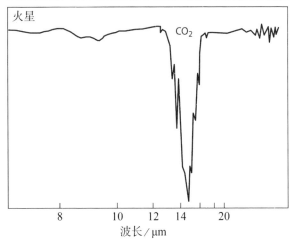

图 14.4　金星、地球和火星的热红外光谱[15]

的：说明这颗行星上似乎有光合作用，因此，它可能是宜居的。但我们也发现，即使大气中只含有少量的氧气，也可以检测到臭氧。[16]从图 14.5（a）就能看出。它用绕类似太阳的恒星运转的类地行星的氧气浓度的函数，来表示 9.6 微米波段的吸收强度。这些合成光谱，是从图 9.2 所示的模型大气中计算得到的。令人惊讶的是，氧气浓度降低 10 倍、甚至 100 倍时，9.6 微米波段的吸收强度几乎保持不变。氧气浓度降低为 1 000 分之一时，9.6 微米波段的吸收才开始消失。其原因，部分与臭氧光化学反应的非线性性质有关（见第九章），另一部分原因是，随着大气中臭氧浓度的下降，平流层的温度随之下降有关［见图 9.2（b）］，因此，吸收特征显得更强。所以，在某些方面臭氧比氧气本身更敏感，更适合作为检测氧气的指标。相比之下，氧气浓度低于 10% 时，它的光谱吸收 A 带就已经很难看到了［见图 14.5（b）］。

在类地行星早期寻找生命

到目前为止，我们一直将臭氧和氧气视为存在外星生命的潜在指标。但这样看稍显狭隘——因为其前提是，假设宜居行星与现代地球相似。然而，我们已经知道，有一颗宜居行星，或者说，曾经有生命的行星，那上面并没有这两种气体，那就是早期的地球！如第四章所述，在 24 亿年前，硫同位素和其他地质证据表明，那时地球的大气层中还没有丰富的氧气呢。臭氧应该也不多，因为它是由氧气产生的。但是，至少从 35 亿年前开始，甚至更早的时候，地球上就可能存在生命了。如果我们能用某种 TPF 望远镜观测到类似早期地球的行星，那么，是否可以说明什么呢？

这个问题很难回答，因为我们对早期地球大气层的了解程度，显

用光谱寻找生命

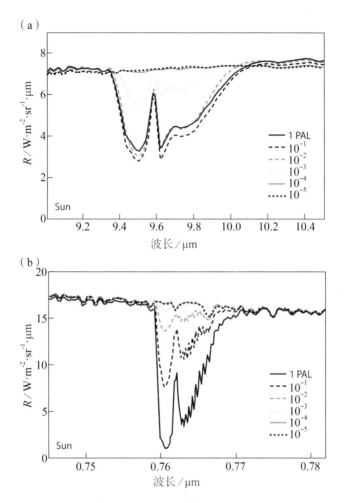

图 14.5 根据大气中的氧气浓度函数,计算得到的臭氧 9.6 微米波段的吸收 (a)和氧气 0.76 微米波段的吸收(b)。"PAL"的意思是"乘以目前的大气水平"[5]

然低于对现代地球大气层的了解。然而,关于地球大气的演化模型, 我们在第三章和第四章都讨论过,这给了我们一些启发。我们需要 寻找最有代表性的气体,即甲烷。在生命起源之前,大气中的甲烷的 含量可能相对较低,因为地球的原始大气层主要是由氮气和二氧化碳组成的。[17—19] 问题是,这种弱还原性①的原始大气模型是否正确。而先前的大气模型认为,原始大气应该是强还原性气体的混合物[20,21],最近有些文章重新证明了这些观点。[22] 但大多数研究者认同的是,一旦产甲烷菌出现,并开始生产甲烷,大气中的甲烷浓度可能会急剧增加。如今地球大气中的甲烷浓度相对较低,约为 1.7 ppm,但是,在大气中的氧气含量增加之前,大气中的甲烷寿命会很长,浓度可能达到 1 000 ppm,或更高。[23,24] 通过 7.7 微米的强吸收带[25](见图 14.8),很容易在热红外波段探测到甲烷的含量,在可见光/近红外波段也能观察到,不过有些困难罢了。[26] 在富含甲烷的大气中,会产生类似土卫六(泰坦)上的有机雾霾(见第四章),从光谱中也可以观察到。因此,如果有一颗像太古宙生命产生后的地球这样的行星,TPF-I 等太空任务或许能记录下这颗富含甲烷的行星光谱。能否用它作为判别外星生命的标志尚不清楚,但肯定会引起广泛的争论。

有可能假的生命信号

这个问题,将带我们回到之前提到的有可能假的生命信号问题。如果没有生命的类地行星大气中能保持高浓度的甲烷,那么,甲烷就可能是假的生命信号。这个结论大家都认可,那么,氧气和臭氧呢?这些气体是否真的可以表征生命的存在? 或者说,氧气是否有可能在没有生命的行星大气层中积聚?

答案几乎是肯定的:人们很容易想到生产氧气的非生物方法。

---

① 弱还原性大气模型是指大气中缺少氧气,但其他气体仍处于相对氧化的状态。比如说碳元素,大多以二氧化碳的形式存在。强还原性大气是指富含氢的大气层,如甲烷和氨气。

用光谱寻找生命

最典型的是类似金星的失控温室。[27]想想金星本身：为了说明方便，假设一开始，金星上的水量，与如今地球海洋中的水量一样多，1.4×10^{21}升。虽然，这种假设从严格意义上来说可能并不正确，但即使金星一开始的水量再小，这一观点仍然有效。再假设，金星在刚开始的几亿年内、以第六章中讨论过的机制，失去了大部分水：太阳紫外线光解水之后，氢气逃逸到了太空，在此过程中，大气中留下了大量的氧气。如果地球海洋中的水全部转化为氧气的话，足以产生大约240巴的地球表面大气压。[28]最终，所有这些氧气都可能在与行星表面物质的反应中消耗掉。但是，这样的反应过程很慢，而且，还有一些文章曾质疑，以这种方式处理掉整个海洋中的水，是否是可能的。[29]所以，或许一开始，金星拥有的水量只有现在地球上水量的10%，这种模型会更现实些。但无论哪种方式，分析显示，至少在失水后的某个时间段里，也许长达10亿年，氧气可能是金星大气中含量丰富的成分之一。臭氧也可能存在，因此，氧气和臭氧产生的光谱信号很容易被搜寻类地行星的人观察到。

如果在另一颗恒星周围，看到一颗类似早期金星的行星，上述情况会欺骗我们吗？应该不会，因为还有其他线索，可以告诉我们究竟发现了什么。首先，行星是否靠近宜居带内侧或位于宜居带内部。其次，行星的光谱中，水的吸收很弱，或根本不存在，这取决于我们的观测处于哪个阶段。如果不巧，只观测到整个过程的一部分，大气中仍然可能有水在，但它在平流层中的含量会上升，而在对流层中的含量会下降，因此，找到完全形成的臭氧层的可能性很小。这是因为，如果水光解的副产物的含量很高，就会像光解氟利昂产生含氯分子一样，可以催化臭氧层的破坏过程。因此，如果我们在可见光和热红外波段都进行观测，最终总会有办法解决这个问题。

另一个很容易提前识别的假的生命信号是，像火星一样靠近宜居带或在宜居带外侧的行星。[27]火星自身的大气中含有约0.13%的氧气。[30]由于火星的大气层非常稀薄,因此,从光谱上无法观测到氧气。然而,产生氧气的过程千篇一律,在其他行星上也应该是这样的。火星上的氧气并非来自光合作用,确切来讲,来自水的光解。氢气逃逸到太空后,大气中留下了氧气,这也是刚刚提到的金星早期产生氧气的过程。① 早期的金星由于平流层很潮湿,氢的逃逸率很高,非生物成因的氧气的产率很高。对于像火星这样寒冷的星球来说,情况就不是这样了。火星表面没有明显的氧气储存库。火星很小,内部的大部分热量都已经散失掉了,如今的火星上,要么只有零星的火山活动,要么完全没有。因此,火星上很少有还原气体(如氢气,因为氧气可能会与之发生反应)。此外,火星表面又冷又干,所以,表面发生氧化反应的速度很小。可以确定的是,火星表面已经被高度氧化,因此,它又被称为"红色星球",但大部分氧化反应应该发生在很久以前。因为,如今在没有液态水的情况下,火星表面的侵蚀速度相对较小,暴露在大气中、可以作为氧气储存库、未氧化的新鲜岩石很少。

那么,究竟是什么原因限制了火星大气中的氧气浓度呢?关键因素在于,火星太小了,只有约地球质量的10%,氧气可以缓慢地从火星大气中逃逸掉。[31]这一过程以火星电离层中的离子重组反应的形式发生,如:

$$O_2^+ + e \rightarrow O + O \qquad (R1)$$

这里,氧气离子(失去电子的分子),与电子 e 发生重组,形成两个氧原子。这些氧原子由于获得了额外能量,因此可以快速移动。如果这些氧原子中的一个的运动方向始终朝上,它极有可能

① 人们可能会想,火星上的氧气来自二氧化碳的光解,然后,氧原子结合在一起,形成氧气分子。反应方程式为 $2CO_2 \rightarrow 2CO + O_2$。但这并不是故事的全貌,因为我们在火星大气层中观测到的 $CO:O_2$ 的值为 0.6,而不是 2。而且,要通过水的光解来产生氧气,让氢气逃逸掉,补充火星上的氧气,只需要大约 10 万年。因此,在火星上保持氧气浓度的过程应该是水,而不是二氧化碳。

用光谱寻找生命

逃脱火星的引力。就像第九章讲到的那样,火星也会由于太阳风的溅射,而失去氧原子。

这样的话,第二个可能是假的生命信号,在类似火星的系外行星表面存在有限的氧气储存库。如果系外行星比火星略大,比如说,约为地球质量的20%,那么,它应该能贮存氧气,因为在 R1 的反应中,氧原子无法获得足够的能量而逃逸掉。这颗系外行星的内核或许很热,从而长时间保持其磁场。从原理上讲,这一系列因素组合起来,也可以使氧气永久积聚在系外行星的大气层中。但如果这颗系外行星太大,这种现象就不太可能发生,因为它可能会像地球一样,有活动性的火山,氧气会与火山喷出的氢反应而消耗掉。不过,也有可能,在行星质量的一定变化范围内,可能出现如"超级火星"这样的假的生命信号。

最后,如果我们将一种气体的吸收带,误认为是的另一种能指示生命存在的气体吸收带,就会出现其他类型的误报。例如,法国天文学家弗兰克·塞尔西斯(Franck Selsis)及其同事指出,二氧化碳在9.4 微米和10.4 微米处的吸收带较弱,因此,在富含二氧化碳的大气中,这两处吸收带可能会被人误认为是 9.6 微米的臭氧吸收带。[32]不过,这种模糊性最终还是可以解决的,或者通过更高的光谱分辨率,把二氧化碳的吸收带分隔开来;或者,在可见光/近红外波段,直接搜寻氧气的吸收带。

如果大家觉得上述讨论过于繁复,那我真的觉得很过意不去。不过,我曾思考过很多次,如果在系外行星的大气层中发现了氧气,那肯定会引发一场激烈的辩论。我也担心,万一要在很久之后才会发生这样的事,届时我已经不在了,无法参与讨论,该怎么办呢?因此,我将自己的拙见也写在上面的讨论中,同时提醒大家,在系外行星上探测到氧气后,要仔细思考它的含义。它可能说明有外星生命,但也可能没有。因此,如果我们进行了这样的探测,要仔细核对行星各个方面的特征。日后,我们一定会进行更详细的观测,确保给出正确的解释。

偏振测量:寻找波光粼粼的地表水

我们如何区分地球这种宜居行星和上文所介绍的类似火星的冰冻行星? 除了行星的大小之外,另一个关键的区别,在于行星表面是否有液态水。我们能否直接探测到液态水呢?

尽管传统的光谱测量只对水蒸气有高的灵敏度,但可以利用偏振测量,来确定是否有地表水。术语"偏振(polarization)",是指在电磁波(如光波)中电场指示的方向。非偏振光的电场可以指向任何方向。而朝向观测者的线偏振光,电场要么直上直下、要么直左直右。偏光太阳镜就是用这种方式消除眩光,从而让人可以在明亮的阳光下看东西。其工作原理是,反射太阳光的上下分量(理论上说,应该是平行于反射平面的分量),不如左右分量,或者说垂直分量那样明亮。尤其是在某些角度附近,偏振效果会特别明显(见下文)。因此,如果用上下偏振透镜,来阻挡左右分量,那么,透过镜片的光里,反射光就会减少,从而减少眩光。

为什么要用这种方法研究系外行星呢? 因为当太阳光的入射角接近布儒斯特角时(液态水为 53.1°),反射光的平行分量就完全消失了(入射角 θ 是入射光线和反射光线夹角的一半,见图 14.6)。如果表面是坚实的地面,就无法产生这种效果。因为地面不够平滑,无法产生偏振信号。但是,如果系外行星上有海洋,那么,当恒星、行星和

用光谱寻找生命

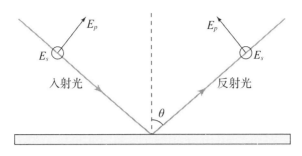

图 14.6　偏振光的反射示意图。E_s 表示光的垂直分量(电场方向为垂直进出纸张的方向);E_p 表示光的平行分量(电场方向平行于入射光和反射光所在的平面)。当入射光和反射光夹角的一半等于布儒斯特角(液态水为 53.1°)时,反射光的平行分量会消失(以 http://en.wikipedia.org/wiki/Polarization[34] 为模板进行了修改)

观测者(即地球)形成的角度,等于布儒斯特角的两倍(106.2°)时,行星表面反射的偏振部分达到峰值。绕类似太阳的恒星运行的系外行星同时经过布儒斯特角时,应该是它与母恒星间隔最远的时候,因此最容易看到偏振现象。[33] 这里需要注意,大气的瑞利散射也以这种方式产生偏振,恒星、行星和观测者之间的角度达到 90°时,偏振效应达到峰值。不过,我们应该可以区分这两个角度。因此,如果能设计出包括偏振计(polarimeter)的系外行星望远镜,可以测量偏振,那么,就能回答系外行星的表面是否有液态水的问题了。第一代 TPF-C 或 TPF-O 任务可能还做不到这一点,但如果能够锁定待观测的宜居行星,就可以在后续任务中完成这件事了。

圣杯:同时探测氧气和还原性气体

假设我们在一颗恒星的宜居带里,发现了一颗系外行星,还能明确地证明这颗行星表面有液态水，而且，在大气中，也探测到了强烈的氧气或臭氧的光谱信号，这就能确定这颗行星是宜居的吗？

我个人认为，这颗行星有 99% 的可能性是宜居的。我也相信，肯定还有不少持怀疑态度的人。事实上，如果不实地考察一番，去看看在行星表面爬行的生物，或许，就无法百分之百地确定，哪些数据能证实系外行星上有生命。不过，这些事也就是想一想罢了。直到现在，仍然还有人觉得地球是平的呢，也还有人觉得全球变暖不是人类造成的。我们不能指望所有人都跟我们想的一样。

一旦找到除氧气（或氧气的光化学副产物臭氧）外的其他生物成因气体，我们就会对远程探测生命更有信心了。其实，早就有人想到该怎样搜寻这些气体。早在 1965 年，科学家乔舒亚·莱德伯格（Joshua Lederberg）和詹姆斯·洛夫洛克几乎同时在《自然》（Nature）杂志上发表文章，提出了两种不同的想法。[35,36] 两位作者没有在其他恒星周围的行星上探测，而是考虑在我们自己的太阳系内探测行星上的生命，这些行星中首选火星。莱德伯格的论文先出版，就目前来讲，是更普遍的思路。他认为，最能证明生命存在的远程探测证据，就是去观测行星大气中极端热力学不平衡状态。地球的大气处于这种状态，很大程度上是因为生物的新陈代谢，释放出了副产物气体。但在应用莱德伯格的论证时，还应多加注意，因为所有行星的大气在某种程度上都超出了热力学平衡状态。从某种程度上讲，这是因为在相对凉爽的大气中（如地球的大气），分子之间的动力学反应太慢，所以无法保持平衡。此外，地球的大气层也受到来自太阳的紫外线和 X 射线的影响，这些光子会引起光化学反应。这些光子一部分来自温度约为 6 000 K 的太阳表面，还有一部分来自太阳的色球层和日冕层，这里产生的光子更热。因此，地球大气层中的辐射场与大气本身并没有处于热力学平衡状态，即便没有生命存在，也无法达到平衡状态。莱德伯格的远程探测标准,是要识别出极端(extreme)的热力学平衡,因此也不能说他是错的,只不过,想要更好地应用这个理论的话,还需要进行修正。

洛夫洛克的论点所基于的原则与此相同,但在应用上更为具体。他与卡尔·萨根一起,参与了美国国家航空航天局探索火星的"海盗号"任务,策划过程中想到了这个点子。回想一下,两艘海盗号飞船于 1976 年发射,此时距离洛夫洛克发表论文时已经过去 11 年了。两艘飞船上都装有探测器,这些探测器成功降落在火星表面,一直在火星表层几厘米的土壤中搜寻生命,但都以失败而告终。任务规划期间,洛夫洛克认为,美国国家航空航天局不用花数十亿美元发射火星探测器去搜寻生命。相反,他们可以寻找存在于火星大气中、但无法达到平衡状态的痕量气体(trace gas)[I]。尤其是氧气,以及能与氧气发生反应的还原性气体,如甲烷(或一氧化二氮),它们将成为证明生命存在的有力证据。在地球现在的大气中,氧气(体积百分比为21%)和甲烷(体积浓度为 1.7 ppm)的浓度已经超出了热力学平衡状态 10 倍。[20]当时,人们还未在火星大气层中发现这两种气体,因此,洛夫洛克认为,这颗行星必然是不宜居的。

美国国家航空航天局对洛夫洛克的观点并不买账,所以,最后还是发射了海盗号飞船。这样做无可厚非,因为在当时看来,洛夫洛克对于火星生命的观点有些落伍。没有氧气和甲烷,并不能证明生命不存在。毕竟,外星生命不一定会产生我们在现代地球上看到的那些副产物(尽管热力学表明,从能量上讲,它们是应该产生那些副产物的)。更重要的是,这些气体的产量应该很小,我们很难探测到它们。比如说,我们现在知道,火星大气中确实含有氧气(0.13%),还

I 大气中浓度极低的气体,低于 10^{-6}。——译者

有迹象表明，它含有微量浓度的甲烷（见第八章）。如我们之前所讨论，氧气是光化学反应产生的，而甲烷（如果存在的话）可以通过岩石与水的热相互作用产生。但是，这并不能排除甲烷的生物来源，所以，美国国家航空航天局还计划进一步研究这个问题。

然而，如果有人对这项建议持反对意见的话，那么，洛夫洛克的判断标准就很有意义了：同时检测氧气和甲烷，或氧气和一氧化二氮，将成为外星生命的有力证据。在刚才讨论的基础上，我们需要进一步修正这一说法，要求两种气体在大气中都大量存在，这就没办法用非生物成因来解释了。这样一来，就可以排除水-岩反应产生甲烷这种观点了。虽然，人们一直认为，水-岩反应是火星上甲烷的来源。要想正确使用洛夫洛克的判断标准，就要深刻理解大气的光化学反应，还要弄清楚非生物成因气体的产率。

是否可以将这种远程探测生命的"圣杯"，用于现代地球这样的行星呢？卡尔·萨根在逝世前发表的最后一篇科学论文中，和同事用美国国家航空航天局伽利略号（Galileo）飞船所收集的数据，回答了这个问题。[6]伽利略号是飞往木星的太空任务，而不是用来探测地球的。只不过为了节省燃料、缩短飞往木星的时间，伽利略号在前往外太阳系的途中，曾两次借助金星和地球的引力进行加速。如果使用得当的话，航天器就可从行星的引力中获得加速。当伽利略号第二次经过地球时，萨根要求飞行任务控制专家开启航天器上的科学仪器，用来观测地球。其中有一台仪器是近红外成像光谱仪（NIMS）。航天器飞过时，近红外成像光谱仪获得了如图14.7所示的光谱。上图显示近红外成像光谱的短波部分，刚刚超过可见光波段。在图中，人们可以清楚地看到，氧气在0.76微米处的吸收A带，跟地球反照光谱（见图14.1）和地球合成光谱（见图14.3）有相同的吸收带。下方两图，显示了近红外成像光谱中波长较长的部分，波长延伸

用光谱寻找生命

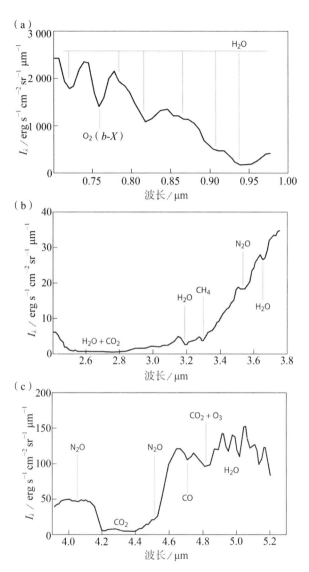

图 14.7　伽利略号探测器在飞往木星途中拍摄到的地球在近红外波段的光谱。(a)波长较短的红外波段,包括 0.76 微米波长的氧气吸收 A 带[此处表示为"$O_2(b-X)$"];(b 和 c)波长更长的波段,包括了甲烷和一氧化二氮的吸收带。[6](图片来自《自然》杂志)

至约 5 微米。图中可以看到甲烷和一氧化二氮的吸收带。这两个吸收很弱,因为这些气体的浓度很低(甲烷为 1.7 ppmv,一氧化二氮为 0.3 ppmv)。但是,从萨根的角度来看,圣杯问题的答案,一定是响亮的"是"。只要观测得足够细致,确实可以通过观测行星大气,来确认行星是否宜居。

而对于绕其他恒星运动的行星来说,也能如此确定吗?目前或许还不行,至少用 TPF 和达尔文任务的望远镜,是无法做到的。事实确实如此,这两个任务都无法观测到图 14.7 下方所示的两个中红外波段。从某种程度上讲,这是因为在这些波段,可能获得的光子较少,无法进行所需的观测(见图 13.1),还有一部分原因是,在短波段用于 TPF-C 的 CCD 探测器,无法在波长大于 1.1 微米的波段工作。理论上讲,如果用更大的望远镜或其他类型的探测器,就可以克服这些问题。目前,已经从地面望远镜获得的地球反照光源中,检测到了氧气和甲烷。[37] 所以,从原理上分析,系外行星应该也能如此。或许,可以留待下一章讨论的发现生命任务去完成。但是,想在未来二三十年里推出如此规模的太空项目,可能性极小。其实,要是能在这段时间推出 TPF 这样级别的任务,我们就已经很幸运了。

不过,我们可以想到,能在类似地球的系外行星上,同时测量氧气和甲烷的方法。一种可能是,我们所观测的,是类似元古宙的地球(距今 20 亿年前—8 亿年前)那样的行星,那时的海洋沉积物中产生了大量甲烷。[38]在环绕 M 型恒星运转、类似现代地球的系外行星上,或许也是这样的。[39]波长小于 200 纳米时,活跃的 M 型恒星上有大量耀斑,它所发出的紫外辐射,比太阳更多。AD Leo 和 GJ(格利泽)643 是两颗活跃的 M 型恒星,它们发射的紫外辐射通量如图 14.8(a)所示,图中还有来自 F、G 和 K 型恒星的紫外辐射通量(后面几颗恒星的紫外辐射通量与图 10.3 相同)。这种短波

用光谱寻找生命

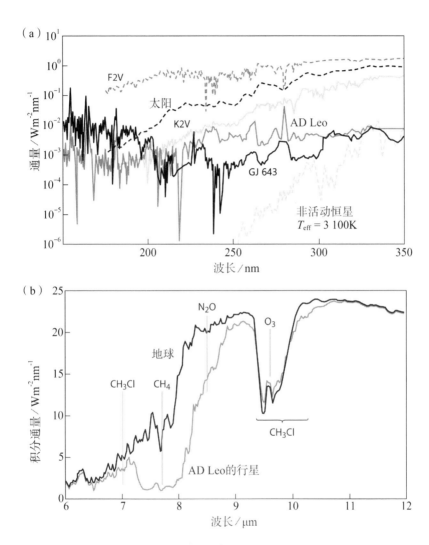

图 14.8　（a）如果一颗类似地球的行星，在 1 AU 的距离绕恒星运转，图示为这颗行星接收的紫外辐射通量。AD Leo 与 GJ 643 都是 M 型恒星，右下角那颗非活动恒星也是。（b）地球和假想中的绕恒星 AD Leo 运转的类似地球行星的热红外光谱。假设恒星 AD Leo 周围的行星大气中含 500 ppm 的甲烷[39]（图片来自《自然》杂志）

紫外辐射,可以解离氧气,因此,大气中含有氧气的 M 型恒星的行星上,也应该会有足量的臭氧。然而,M 型恒星的近紫外辐射通量,远低于太阳,特别是在臭氧的吸收波段,波长为 200—300 纳米,如图 14.8(a)所示。M 型恒星周围的行星缺少近紫外辐射,就会改变大气的光化学反应,使得甲烷存在的时间比地球上存在的时间要长得多。因此,如果产甲烷菌产生甲烷的速率与现代地球相同,那么,这些系外行星大气中的甲烷浓度可能会高达 500 ppm[39],足以让 TPF-I 任务或达尔文任务观测到,如图 14.8(b)所示。因此,如果 M 型恒星周围的行星上确实有生命,那么,或许我们最终会在这些系外行星上发现生命。若果真如此,那将进一步冲淡目前盛行的宜居行星的地球中心观。

总之,有许多可以证明生命存在的潜在光谱指标,其中有些指标更为明确。即使有人不相信远程探测生命的圣杯,也就是同时测量氧气(或臭氧)和甲烷(或一氧化二氮)。但是,请记住,我们在这里讨论的,是有望在未来二三十年内实施的第一代 TPF。在这之后,事情又会如何发展? 且看下一章,也就是本书最后一章的介绍。

对更远未来的展望

前一章里,我们讲了两种 TPF 任务,它们可以很好地回答是否存在类似地球的行星,以及它们是否存在生命的基本问题。但是,我们看到,无论是 TPF-C、TPF-I,还是达尔文任务,都不能在类似现代地球的行星上,同时检测到氧气或臭氧,以及还原性气体(如甲烷或一氧化二氮)。或许,我们可以在类似元古宙地球的系外行星或绕 M 型恒星运行的类似地球的行星上,来实现这一使命,但或许,这类系外行星在太阳系附近根本就不存在。如果我们真的找到了一颗系外行星,它的大气和如今的地球极为相似,富含氧气和臭氧,但我们不确定它的氧气是否真的是生物产生的,那又该怎么办呢?

NASA 的发现生命任务

这个问题的答案,显然是要扩大 TPF 望远镜的直径,以便获得更多的光子,同时提高空间分辨率。美国国家航空航天局(NASA)已经开始考虑这种可能性了,虽然,他们现在连 TPF 还没开始实施呢。太空任务都是这样,论证的时间要比真正去实施这项任务花的时间还要长。其实,TPF 本身就可以追溯到论证 1980 年发起的 TOPS

（Towards Other Planetary System，走向其他行星系统）任务，在 NASA 内部早就讨论过了。我记得很清楚，因为在埃姆斯研究中心工作时，我的隔壁办公室的研究员大卫·布莱克（David Black）就参与了这项工作。要想让 NASA 把构思已久的任务真正付诸现实，既要像约伯（Job）[I]那样，可以耐心地等啊等，还得像玛士撒拉（Methuselah）[II]一样能活那么长。

NASA 讨论过的"后 TPF"任务，又称为发现生命任务（Life Finder），目前已经提出了一些类似这种任务的基本概念。法国天文学家安托万·拉贝里（Antoine Labeyrie）或许是研究这一问题最深入的学者了。他设计了一种超级望远镜（hypertelescope）[1-3]，如图 15.1 所示。这个特殊的概念设计，包括 37 架自由飞行的小型光学望远镜，可以作为干涉仪。实际上，这个概念设计是由拉贝里和他在波音 SVS 公司的合作者一起提出的，起初就是为 TPF 任务而设计的[4]，取名为"系外类地行星探测器"（Exo-Earth Detector）。而且，这项任务中包括了 37 架独立望远镜，这一设计说明，它实际上是第二代 TPF 任务的概念设计。也正因为如此，它没有被 NASA 采纳。

拉贝里的设想不止于此。他还提出了一种更大的超级空间望远镜，他称之为"系外类地行星成像器"（EEI）。这台仪器至少由 100 架自由飞行的望远镜组成，每架望远镜的直径为 3 米，排列成三个同心环，最终的直径达 150 千米。从原理上来说，这种明显带有未来感的望远镜阵列，相比第一代 TPF 任务有两大优点。首先，望远镜总的集光面积将比 TPF 大 100 倍，收集的光子数量更多，可获得分辨率更高的光谱。虽然尚未明确证明，但这种仪器很可能可同时观测地球

I　约伯，《圣经》中的人物，为人正直、敬虔、慈善。——译者

II　玛士撒拉，《圣经》中的人物，世上最长寿的人，享年 969 岁。——译者

对更远未来的展望

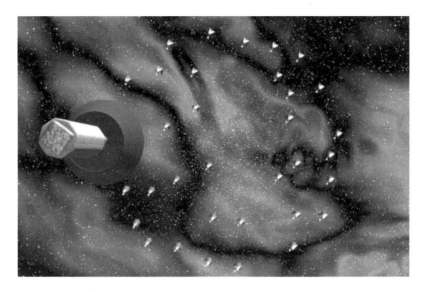

图 15.1 "系外类地行星探测器"超级望远镜的艺术效果图(可能会作为 TPF 任务的继任者)[3]

大气中的氧气和甲烷,从而满足洛夫洛克提出的远程探测的要求。

　　EEI 阵列的第二个优点是其有效直径大。回忆一下第十三章,我们讲过,望远镜或干涉仪的角分辨率 θ 与 λ/D 成正比,其中 λ 是观测波长,D 是望远镜的有效直径。EEI 的有效直径为 150 千米(1.5$\times 10^5$米)。假设它观测的是可见光的中间波段,$\lambda = 500$ 纳米(5×10^{-7}米),那么,θ(以弧度表示)的值是 5×10^{-7} m/(1.5×10^5 m)$\approx 3\times 10^{-12}$。进一步假设,一个人正在观测的系外行星离地球 3 秒差距($\approx 10^{14}$千米)。那么,理论上的空间分辨率应为 3×10^{-12}($\times 10^{14}$千米)= 300 千米。这说明,从理论上来讲,我们是可以拍摄到类地行星的多个像素组成的图像的!实际上,拉贝里已经用 EEI 对地球进行 30 分钟曝光(见图 15.2),即模拟了地球从 3 秒差距的地方看到的样子。虽然,图像确实有点模糊,但仍然可以分辨出北美大陆和南美大陆,还有石头、山

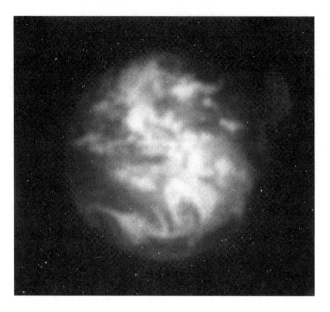

图 15.2　利用设想的系外类地行星成像器阵列，从 3 秒差距远处拍摄到的地球
模拟图（图片由拉贝里 2002 年的数据绘制，原图为彩图[3]）

区与植被覆盖土地之间的区别。如果在离我们约 3 秒差距范围内，确实存在类型地球的行星，或许有一天，我们真的可以在这一分辨率下，对它进行研究。

把太阳当作引力透镜

几年前，我参加了 NASA 天体生物学会议的晚宴，有幸坐在弗兰克·德雷克旁边，我们谈到，继 TPF 之后，还会发展哪些搜寻系外行星的任务。德雷克是射电天文学家，他与卡尔·萨根一起提出了著名的德雷克方程（在第一章我们讲到过）。我听拉贝里说过他的一些想法，就把这些想法给德雷克讲了讲。德雷克看着我，说："你也发现了,是吧? 其实可以不用花这么多钱,就能做成这件事。"我没听懂他的意思,请他继续解释。他说,"咱们要做的,就是朝太阳系外、往目标恒星相反的方向发射一艘飞船。只要飞船飞出约 600 AU 了,就可以把太阳当作引力透镜。那个目标恒星系统的光就能放大一百万倍,这样光子数就够了吧,想做什么都行。"

德雷克的话有可取之处。后来我才知道,他写了一篇文章[5],阐述如何将这种现象用于星际通信(当时,他对射电技术更感兴趣,对可见光波段的感觉一般)。斯坦福大学的另一位射电天文学家冯·埃什尔曼(Von Eshleman)曾经提出过这个想法[6],而再往前追溯,他们参照的是爱因斯坦[7]和利布斯[8]的早期工作。现在,很多事情都是如此,我们可以在维基百科上找到自己的研究所需的基础物理理论。回想一下第十一章,我们讲过,恒星可以把正好在它背后的恒星光聚焦,形成爱因斯坦环(见图 11.8)。要想让这种方法有效的话,爱因斯坦环的半径就得大于太阳半径,约 $7×10^5$ 千米。如果算一下其中的数学关系,[9] 就会发现,飞船到太阳的距离 D_L 至少要达到 $8.3×10^{13}$ 米,或约 550 AU。实际上,为了避免太阳日冕发出的光线,航天器到太阳距离,应该是这个距离的数倍。埃什尔曼假设,所有观测都在距离太阳 2 200 AU 左右的地方开展,这样就可以使爱因斯坦环的半径等于太阳半径的两倍。[6]

人们可能会想,2 200 AU 的距离很长。但实际上,它远远小于太阳到最近的恒星之间的距离(约 4 光年,或 250 000 AU)。太阳系本身到海王星的轨道大约为 30 AU,所以,它就是这个距离的 70 多倍。之前的几艘飞船,包括先驱者 10 号和 11 号(分别于 1972 年和 1973年发射)和旅行者 1 号和 2 号(均发射于 1977 年),都已经远远超出了海王星的轨道。最远的是旅行者 1 号,现在距离太阳约 105 AU了,还在以每年 3.6AU 左右的速度继续远离。[10] 如果它是朝半人马

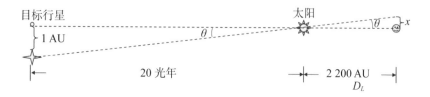

图 15.3　把太阳当作其他恒星的引力透镜的示意简图。现实生活中,目标恒星的光线会被太阳的引力吸引而弯曲。用于观测的飞船要与目标行星和太阳排成一列,因此,目标行星的母恒星应该与这条直线稍有偏转。图中的距离引自埃什尔曼 1979 年的数据[6]

座阿尔法星飞行的话(事实上不是),大约会在 70 000 年后抵达那里。不用 600 年,旅行者 1 号就能飞到 2 200 AU 远的地方。

　　然而,科幻小说作家想象出了一些让飞船更快飞到这些地方的办法。其中最靠谱的,应该算拉里·尼文(Larry Niven)和杰里·普耐尔(Jerry Pournelle)在小说《上帝眼中的微尘》[11]中提到的了。小说里,人们发现了一艘来自其他行星系统的外星飞船,正在飞向地球。飞船靠安装在那个行星系统上的强激光,推动光帆。即使飞船远离恒星发出的能量,也能持续加速。利用这种大型光帆,以及安装在月球上的激光系统,飞船就能实现高速飞行,且无须携带大量(很重的)燃料。由于飞船无法有效减速,因此,它会飞到 2 200 AU 处,然后,继续正常飞下去。但这样也没关系,因为太阳的引力聚焦,到再远的地方都能够实现。因此,乍一看,把太阳当作引力透镜的想法似乎是可行的,还很有意思。

　　但进一步研究后就会发现,实现这种想法困难重重。首先,我们要在飞船上安装一个好用的日冕仪,来阻挡明亮的太阳光。如上文所述,科技已发展到如今的程度,这个问题本身并不难,无非就是担心太阳的日冕(就像前面指出的那样)。其次,太阳在太阳系的质心

对更远未来的展望

周围不停地摆动(见图 11.2),所以想要瞄准飞船不太容易。飞船只能在较短时间内与目标恒星系统保持对齐,除非以水平"贴"在线上的方式跟着太阳一起运动。其实也能做到,比如说,让太阳帆部分反射并倾斜,从而使光束以一定角度反射。第三,也是最重要的问题,我们感兴趣的行星光会与母恒星的光混在一起。当然啦,混合后的光会更亮。这个问题没法解决,但由于太阳的引力聚焦可以非常精确,所以,只要提前确切地知道在哪里寻找系外行星,就很容易将行星与母恒星区分开。[1] 理论上讲,这种方法是可行的,因为我们会提前进行天体测量或直接成像研究,了解系外行星轨道的细节。然后,就要将引力透镜聚焦在行星轨道的某个特定位置上,就是我们提前预计它会出现的位置。然后,行星会均匀成像到爱因斯坦环中,根据埃什尔曼的参数(20 光年处的恒星,观测者在距其 2 200 AU 处),其角半径应为 0.88 角秒。[7] 这个环要够大,才能用直径小于一米的中等望远镜来分辨。应该还会看见一部分由母恒星发出的光,而且,应该比行星发出的光更亮(要亮 10^5 倍的量级)。然而,母恒星发出的光不会均匀地分布在爱因斯坦环周围,因此,从理论上来说,是可以分离出来的。我在引力物理方面研究得不够深入,没法解决这个问题,但或许有读者在读到这段话的时候,能想到解决方案呢。

考虑到刚刚列举的潜在问题清单,这种用于表征系外行星的技术价值并不明显。简单地构建拉贝里的系外类地行星成像器可能更有意义。这种仪器虽然费用昂贵,但它能在多个目标上使用,具有明

---

① 可以通过计算埃什尔曼(1979 年)(见他提供的图)论文中的参数 X,来证明这个问题。X 是观测者与目标行星(或恒星)、太阳所成直线的非尺度距离(nondimensional distance)。$X = x/[4GM_L/c^2]^{0.5}$,其中 x 是图 15.3 中所示的距离。X 应该接近于 0,因为在观测时,飞船应与目标行星和太阳形成直线。利用埃什尔曼的观测参数(见正文),行星就有了 2×10^5 的放大率。恒星稍稍偏离轴线一点,亮度就不会那么强。如果行星到恒星的距离为 1 AU,恒星的 X 值应约为 0.18,最终的放大倍数最多不超过 1。

显优势。但是，如果此时 NASA 的管理者还想实施更好、更快、更便宜的太空任务，同时能够克服以上讨论的问题的话，将太阳作为引力透镜的想法或能有所成效。

重提德雷克方程：搜寻外星智慧生命

这一切能说明什么问题呢？当然，我们还可以进一步在科幻小说中探险，想象机器人殖民或人类星际移民任务。但我不打算讲这一部分，因为那些真正写科幻小说的人写得比我好多了。我从小读着阿西莫夫(Asimov)和海因莱因(Heinlein)的科幻小说长大，因此我一直非常敬重能激发年轻人想象力、带他们走近真正的科学的作家。对我来说，这个问题是环环相扣的整体。我猜，要是我们发现其他地方确实存在生命，特别看到跟我们的世界十分相像的富含氧气的系外行星，最终会回到 40 多年前激励弗兰克·德雷克和卡尔·萨根在绿堤射电天文台开会时提出的那个问题：银河系的其他地方是否存在智慧生命？毕竟，我们不只是想知道，我们是否是宇宙中唯一的生命形式；我们还想知道，是否会有人与我们交谈。

现在，我们回到第一章介绍的德雷克方程，看看我们是否可以根据本书提到的信息，更深入地讨论它。回忆一下，银河系中先进的、能交流的文明体的数量为 N，由 7 个数字的乘积给出：

$$N = N_g f_p n_e f_l f_i f_c f_L \tag{15.1}$$

一旦 TPF 和发现生命任务发射后，我们又会从这个方程的解中得到什么呢？第一章中已讲过德雷克方程中的第一项因子，即 N_g（星系中的恒星数），约为 4 千亿(4×10^{11})。通过在有代表性的天区，计算恒星数量，然后，乘以银河系体积得到该数值。这个数字的不确定度至少为 2，但跟公式中其他数字相比，不确定度已经很小了。

第十五章

对更远未来的展望

第二项因子 f_p，是拥有行星的那些恒星的数量，对此，我们基本上一点也不知道。不过，我们在第十一章和第十二章讨论过搜寻系外行星的问题，所以，现在至少能设定这一数值的下限了。2008 年初，刚写这本书时，我们附近已知的类似太阳的恒星，大约只占已观测恒星的 5%。通过视向速度法观测到的另外 7% 的恒星，则存在长期的速度漂移，产生这种现象的原因，可能是由于遥远轨道上的行星还未来得及转完一整圈。① 所以，我们可以肯定地说，拥有行星的类似太阳的恒星，至少占 12%。银河系中至少有半数的恒星属于双星或多星系统，这样的系统中有多少行星我们就更不清楚了。不过，也不是不能弥补，由于视向速度法的检测灵敏度有限，以及视向速度检测的时间有限，因此，我们可能已经忽略掉了很多绕单颗恒星运动的小质量行星了。所以，可以大胆认为 f_p 至少为 0.1 量级。

第三项因子 n_e，是每个行星系统中类地行星的数量。我们已经了解的信息，足以说明问题。可以通过比较太阳系内行星的平均间距与连续宜居带的宽度，来估计这项因子的数值。（回忆一下，我们在第十章完成过这一计算）我们的太阳系在水星和火星的轨道之间有四颗行星，0.4—1.52 AU，所以，行星之间间距的平均值约为 0.35 AU。宜居带至少从 0.95 AU 处开始，延伸到 1.4 AU 处，它的宽度至少为 0.45 AU。因此，如果行星之间的间距均匀分布的话，[即使它们以对数方式间隔（这似乎更有可能）]，那么，每个星系中至少有一颗行星位于宜居带中。因此，乐观地说，n_e 可能等于 1，甚至略高一点。

更有可能的是，由于多种因素影响，这一数值可能太高了。首

---

① 观测者只是在行星的半个轨道周期内观测恒星，在此期间，行星正好向观测者的方向运动（也就是向地球的方向）。恒星似乎稍微漂移了一段距离。但是，如果观测者继续观测行星的另一半轨道周期，会发现恒星又漂移回来了。这说明，恒星的运动会受到行星的影响。

先，我们附近的单颗恒星中，只有大约20%是类似太阳的 F-G-K 型恒星。其他大多数都是昏暗的红色 M 型恒星，第十章中说过，这对行星的宜居性造成了各种各样的问题。因此，保守点来说，就应该将这些恒星排除在拥有宜居行星的恒星之外。此外，并非所有 F-G-K 型恒星的宜居带内的岩石行星，都一定会适合居住。正如我们在第二章中讨论的那样，将挥发物（包括水）输送到类似地球的行星上，是一个随机的过程。这说明，这些系外行星中有的可能太干燥，无法维持生命；而其他系外行星可能太潮湿。含水的行星不一定会对生命本身带来问题，但像人类这样的高等生物，则需要在干燥的土地上来进化。因此，沃德和布朗利提出的"稀有的地球"的几个论点可能很适用。同样，在没有大型天然卫星的类地行星上，行星的自转轴倾角会发生大的变化，可能会对高等生命产生影响，尽管我们在第九章指出，这种情况可能不像沃尔德和布朗利所说的那样频繁。考虑到所有因素，保守估计，我们应该将对 n_e 的估计值，至少减少为十分之一，即 $n_e \approx 0.1$（其中包括大量的不确定性）。

幸运的是，我们很快就能通过观测，确定德雷克方程中的第三项，就像前两项一样，或多或少都已完成，或正在计算中。第一步是我们在第十二章提到过的 NASA 实施的开普勒任务。通过寻找约100 000 颗距我们不算太近的恒星周围的行星，可以知道在宜居带内有行星的恒星，会占多大比例。所需的第二个信息，只能等 TPF 或达尔文任务实施后才能得到，不管这些行星是否有挥发物。行星自转轴的倾斜问题更难一点，但可以通过使用类似上面讨论的发现生命任务提出的望远镜阵列，进行长时间观测来回答。所以，虽然我们目前无法评估 n_e 的值，但也许能在遥远的未来完成这项任务。

德雷克方程中的第四项因子 f_l，是可以支持生命存在的那部分宜居行星。这个听起来很难，但实际上可能相对容易证明。如我们所见,TPF 或达尔文任务可以通过识别大气中含有氧气或臭氧的行星,在接下来的二三十年内为这个问题提供初步答案。顾名思义,发现生命任务提出的望远镜阵列最后的结果应该更好,无论是搜索到的行星数量,还是观测到的生物成因气体的数量。因此,我们在最终评估这个数字时,应充满信心。

那么,f_i 即生命可进化成智慧生命的可能性又会怎样? 这项因子几乎无法通过观测行星本身进行评估。毕竟,在近两百万年前,人类就已经产生了,但自那之后的大多数时间里,是无法从远处探测到人类的存在的。只有在过去 50—100 年内,人类才进入能够改变行星环境的阶段,才能从远处探测到这种变化。因此,从实际的角度来看,这项因子应该与 f_c 结合在一起,f_c 是我们与智慧生命可以进行远程交流的可能性。原则上,我们已经知道如何发现这种文明。最直接的方法是使用射电望远镜,如第一章提到的巨大的阿雷西博望远镜。阿雷西博望远镜很强大,理论上,当两个望远镜相互指向时,可以和与之相似的、位于银河系另一侧的望远镜进行通信。然而,通信的时间会滞后很长,大约是 50 000 年,所以,如果想实现双向沟通,就要有极大的耐心。

尽管星际通信距离遥远、时间滞后严重,但多年来,搜寻地外文明计划研究所[12]一直在用阿雷西博和其他望远镜,对外星智慧生命进行射电搜寻。当前的目标不是交流信息,而是聆听、观测,探索那里是否有其他生命。激光搜寻也正在开展。负责这项工作的,主要是美国俄亥俄州哥伦布市的哥伦布光学搜寻外星智慧生命天文台(COSETI)的研究人员。[13]以光学波段搜寻地外文明,寻找的是单色光(激光)的脉冲,因为外星文明很可能把这种脉冲当作信标来发射。

尽管搜寻地外文明计划已经实施了几十年,但我们刚刚才开始在银河系的角落进行真正有效的搜寻。那是因为我们在射电波段能窃听到的距离相对较小——只能到达离我们最近的恒星。"窃听"，顾名思义就是指收听并非专门发送给我们的射电信号。这些信号，可能包括来自无线电台或电视台的广播，以及军用雷达发出的更强大的脉冲，如加拿大北部和美国阿拉斯加的北美远程预警线[14]雷达系统。许多研究人员认为，窃听模式作为搜寻策略，成功的可能性要大于寻找信标或信号，因为即使外星人不主动与我们联系，我们也能收到。也就是说，窃听有与自身相关的不确定性。随着长距离通信越来越依赖有线和卫星网络传输，未来地球上广播产生的无线电信号的强度可能会显著降低。因此，一些对搜寻地外文明持有怀疑态度的人认为，真正先进的文明，实际上可能不会在可以被探测到的射电波段泄漏能量，或者泄漏能量的信息很少。

然而，并非所有的研究人员都这么悲观。目前，人们正雄心勃勃地计划对外星生命进行深入的射电搜寻。在不远的将来，可能使用的主要仪器，是艾伦望远镜阵列（ATA），位于美国加州旧金山东北约500千米的帽子溪射电天文台，目前正在建设中（见图15.4）。ATA项目最初是由微软公司的联合创始人保罗·艾伦（还有一位是比尔·盖茨）私人捐赠的。在艾伦的家族基金继续为该项目投资的同时，ATA项目也吸引了许多更传统的资金来源，其中包括加州大学伯克利分校、搜寻地外文明计划研究所和美国国家科学基金会。毕竟，它不仅是寻找外星生命的工具，还是一个强大的射电望远镜，有许多传统的天文应用价值。建成后的艾伦望远镜阵列，由350个直径为6.1米的望远镜组成，总接收面积约1公顷（10 000平方米），是直径为305米的阿雷西博望远镜的接收面积的七分之一。所以，望远镜阵列本身并不那么引人注目。然而，艾伦望远镜阵列也可以在不改变接收器的情况下，在不同频率使用，而且，它的视场比阿雷西博望远镜更宽，可以成为巡天观测的理想工具。艾伦望远镜阵列还允许

对更远未来的展望

图 15.4　美国加州帽子溪射电天文台的艾伦望远镜阵列[15]

采用捎带应答模式,这样,望远镜阵列在执行其他观测任务时,也能搜寻地外文明。撰写本文时,就有 42 架射电望远镜正在执行搜寻工作。如果得到资金支持的话,其他望远镜也能投入使用。

如今,人们开始规划建造更大的射电望远镜。最近正在实施的工程名为平方千米望远镜阵列(SKA)。[16]顾名思义,SKA 的总接收面积约一平方千米,即 10^6 米^2——是 ATA 望远镜阵列 100 倍。它的空间延伸范围也会更大。计划中的 300 个射电天线中,约有一半将会被集中安装在 5 平方千米的核心区域中。其余 150 个天线将分散在多个大陆上。例如,西澳大利亚的珀斯附近可能会建一个核心站点,该阵列将包括远至新西兰的台站。SKA 的选址计划将于 2011 年全部敲定,只要能筹集到至少 16 亿美元的资金,此后一年内就可以开始施工。所需资金来自 15 个国家的 30 个研究机构。理论上来说,SKA 搜寻地外文明的能力应远远超过艾伦望远镜阵列。但它是否真的能应用于此,还有待观察。与 ATA 望远镜阵列不同的是,SKA 的主要关注点将放在其他更传统的天文课题上,这一点,为它出钱的各个金主理应在决定它应该怎么用方面更有发言权。

现在,我们回到德雷克方程的问题。利用类似 SKA 的射电望远镜,或目前还没有出现的某种更大的望远镜得到的观测结果,最终很可能决定 $f_i f_c$ 的乘积。只不过前路漫漫,我们还是先看看能从德雷克方程得到什么吧。所以,现在先退一步,代入我们已知的那些参数,以及对不确定因素的推测。

根据前文讨论,可得到前三项:$N_g f_p n_e \approx (4\times10^{11})(0.1)(0.1) = 4\times10^9$。而对于接下来的三项,我们要忽略所有因素,仅采用卡尔·萨根在《宇宙》[17]中的估计值:$f_l f_i f_c \approx 1/300$。当然,萨根过于乐观了,所以,这个数值可能偏高很多。但我们在这方面获得更大突破的可能性很小。因此,如果采用这一数值进行计算,可以得到:

$$N \approx 10^7 f_L \tag{15.2}$$

这里,f_L 是行星可以维持技术文明的时间占整个行星生命周期的比例。

我们将 f_L 留在等式中,因为它是所有因素中最难以确定的,所有关于德雷克方程的讨论都得带上它。你是偏乐观,还是偏悲观,由此可见分晓。悲观的人认为,人类进行无线电通信才一百多年,我们有能力建造大型射电望远镜的时间还不到其中的一半。而且,要是发动全面核战争,或无法解决全球变暖等人为环境问题,我们的技术文明可能会在未来几百年内突然结束。我个人并不认为全球变暖本身会破坏技术文明,但大气中的二氧化碳的增加幅度会很大——比工业化前的数值高出 6—8 倍[18,19],相关的气候变暖可能引发规模更大、更难处理的社会动荡。因此,地球上技术文明的存续时间可能短

对更远未来的展望

到只有 100—1 000 年。像太阳这样的主序星还能存活约 100 亿年，由此，悲观派估计，f_L 值应在 10^{-8}—10^{-7} 之间。若果真如此，那么 $N \leqslant 1$，我们很可能就是银河系中唯一可以进行沟通和交流的文明。迈克尔·哈特（Michael Hart）的理论可能没错，即使他的气候模型不对。

我个人在成长期间，受卡尔·萨根的影响，更像是个乐观主义者。假设我们以某种平和的方式解决当前的环境问题，那么，真正的乐观主义者就会认为，只要地球本身仍然适合居住，人类就可以继续生存下去。我自己曾经认为，人类文明存续时间的上限是 5 亿年，直到大气中的二氧化碳降到 C_3 光合作用的极限以下（见第七章），人类文明才会中止。不过，我已经意识到建设遮阳板的可能性（在第七章也讨论过），我认为，没有什么特别的理由，可以解释人类在太阳主序星生命周期的剩余时间内（估计是四五十亿年），为何会无法生存。或许在那段时间内，人类再次进化了，变得不像"人类"了呢，不过，我们仍然可以在这个时间跨度内保持技术能力。因此，如果我们将 50 亿年作为人类（或任何其他）技术文明持续周期的上限，那么，$f_L \approx 0.5$，可实现交流的技术文明数量或许高达 5×10^6，即 5 百万。如果我们进一步假设[20]，星系中大多数的恒星分布在半径为 15 000 秒差距、厚度为 300 秒差距的圆盘内，则文明之间的平均距离应约为 75 秒差距（或 250 光年）。与外星文明的星际交流仍然很慢，但这种文明的存在至少是可以探测到的。

当然，整个分析过程说明，星际旅行是不可能实现的。如果这种前提不成立，如果可以到其他行星系统进行殖民，那么，技术文明可能会在整个银河系中广泛传播。但是，我们不得不像著名的意大利物理学家恩里科·费米[21]一样提出质疑：为什么我们到现在也不曾与外星人接触过。《星际迷航》的作者当然已经想到了这一点；这是最基本的准则（Prime Directive），是更普遍的动物园假说[22]变体，据此可以推测，是外星种族决定让我们独自待在这里的，这样才能避免破坏我们发展中的技术文明。卡尔·萨根本人喜欢这种乐观一点的猜测，谁知道呢，有可能是对的呢。不过，我们可以把它留给电影和科幻作家去发挥。这些想法目前还无法预测，因此，不属于科学领域，而我们这本书主要讲科学，所以，这里就不说它了。

我不想用这种纯推测性的言论来结束本书。我对科学的兴趣，牢牢根植于未来二三十年系外行星探索领域可能取得的成就——希望自己能活到那个时候吧。如果情况一切顺利，也就是说，人类避免了大规模战争、解决了我们一直面临的经济问题和环境问题，那么，我们就应该能在系外行星研究方面取得很大进展。特别是，应该能够回答恒星周围是否存在类似地球的行星，或许也能得到星系中的其他区域是否存在生命的明显证据。这些问题，与哥白尼日心说的问题具有同样重要的意义。如果我们能够回答这些问题，就能在延长哥白尼科学革命方面做出自己的贡献。这种说法，不仅从纯粹的科学角度看很有吸引力，它同样具有哲学意义。每当我们开阔眼界，就会对人类适应的这个浩瀚宇宙有更多的了解，会觉得自己很渺小。我自己的猜测是，就像我们发现太阳是一颗普通的恒星一样，我们以后也会发现地球是一颗普通的行星，而生命本身就是大多数、甚至是所有这类行星上普遍存在的现象。但是，这只是猜测而已，真正的挑战，在于确认这些猜测是否属实。我们还要心存希望，期待着有一天，我们能发现各种新的资源，掌握各种新的技能，力争让我们的下一代能回答这些问题。

后　记

　　两年前,本书的精装版刚刚上市。就在这短短的两年间,系外行星的研究领域蓬勃发展,获得了许多新的重要发现。有些发现让我们很失望,但有些发现具有广阔的前景。先说说坏消息吧,或者说是其中的一部分坏消息:在本书的第十一章,我们提到过 NASA 的空间干涉测量任务(SIM),目前,这项任务已被永久取消了。空间干涉测量任务的目的,是在距离我们很近的六十多颗恒星周围,搜寻与地球质量相似的行星,但是,这个项目的费用太高了。而且,它要搜寻的这些恒星,大多数与类地行星搜索者(TPF)任务要搜寻的目标重叠了,因此,空间干涉测量任务有望为类地行星搜索者任务提供搜寻目标列表。2010 年,空间干涉测量任务和它的"小弟"——空间干涉测量小型任务,都没能打动天文学与天体物理学十年规划委员会的各位委员。不过,说来也是[1],短短二十年间,这项任务就已花掉了 NASA 五亿多美元。所以,在我的有生之年,应该是再也见不到它了。但是,我不会说"再也不会有这样的任务了",因为历史上曾经有过取消类似任务,但之后又被重新启用的先例。虽然,有的时候任务形式发生了改变,但实际上"换汤不换药"。没有发生凌星的系外行星,要确定它的绝对质量,只能依靠空间天文学这个唯一手段。因

---

　　[1]　Astro2010:天文学与天体物理学十年规划,参见 http://sites.nationalacademics.org/bpa/BPA_049810。

此,如果我们要想用其他办法找到类地行星,如直接成像法(类地行星搜索者任务等),我们还是得建一个像空间干涉测量任务一样的望远镜,才能搞清楚这颗行星的质量。

好了,接下来说说好消息吧。这里有两个好消息,一个是我们在第十二章提到过的 NASA 的开普勒空间望远镜,于 2009 年 3 月成功发射,如今已收集了两年半的数据。回忆一下书中提到的内容,开普勒空间望远镜采用凌星法搜寻系外行星。也就是说,在行星直接经过恒星面前时,测量恒星光微小的减弱量。2011 年 12 月,开普勒空间望远镜向外界公开发布了一组重要数据,我大致总结在表 A.1。如今,开普勒空间望远镜已经确认了大约 2 326 个"行星候选体",但目前我们还不能把它们称为"行星",因为其中有许多天体还没得到其他技术手段(如地基视向速度法)的证认。同时,它们会受到其他信号源的影响,如背景食双星等。考虑到这些因素,其中一定会有些天体被剔除出去。① 按照行星候选体的半径 $R_{行星}$ 与地球半径 $R_{地球}$ 的比值,可以把这些目标分为五个不同的类别:地球大小的天体、超级地球大小的天体、海王星大小的天体、木星大小的天体和超大型天体。其中,数量最多的是海王星大小的天体,它们的半径为地球半径的 2—6 倍。尽管这类天体的半径变化很大,或许,其中有些天体的物质组成和结构,与天王星和海王星很不相同。相比之下,海王星与天王星的半径大小约为地球的 4 倍。地球大小的天体和超级地球大小的天体,这两个类别加起来总共约有 900 颗,它们的半径大小分别为小于地球半径的 1.25 倍和 1.25 至 2.0 倍。其中,2 倍地球半径是超级地球大小的最大值,要是系外行星的大小稍稍超过这一数值,就能

---

① 开普勒空间望远镜的目标恒星大多比较暗弱,用视向速度测量仪很难准确观测到。而且,很多行星候选体的体积太小了,无法发射出强的视向速度信号,就算环绕着较亮的恒星旋转,也很难观测到。

在吸积阶段从原始恒星的星云中捕获足量的气体,把自己从一颗岩石行星,转变成一颗气态行星或冰冻行星。由于行星的体积与半径呈三次方的关系,而行星的质量与体积大致呈线性关系(如果物质成分不变的话),2倍地球半径的岩石行星,质量约为地球质量的8—10倍,这就是岩石行星的质量在理论上的最大值。本书的第二章详细介绍过这部分知识。

虽然,开普勒空间望远镜发现的这些行星都很有意思,但最激动人心的,还是位于恒星的宜居带内的行星了。开普勒空间望远镜已经发现几十颗这样的行星,尽管其中的许多行星都是冰冻的大行星或气态的大行星,这些天体肯定是不宜居的。目前,最引人注目的系外行星,是开普勒-22b。这颗系外行星的半径为地球半径的2.4倍,围绕着一颗晚期G型恒星运转,公转周期为290天,到地球的距离约为600光年。尽管它的半径已经算是海王星级别,但它比海王星要小得多,而且,这很可能是一颗岩石行星。这颗行星上接收的恒星光,大约比地球接收的太阳光还要多出10%。因此,它位于这颗恒星的宜居带的内侧,很可能还在宜居带内。

表 A.1　截止到 2011 年 12 月,开普勒空间望远镜确定的"行星候选体"

候选体名称	候选体大小(与地球半径的比值)	候选体数量
地球大小	<1.25	207
超级地球大小	1.25—2.0	680
海王星大小	2.0—6.0	1 181
木星大小	6.0—15	203
超大型	15—22.4	55
总数		2 326

开普勒空间望远镜的真正目的,当然不是确定到底谁才是类似地球的行星,而是要估算出绕其他恒星运转的类地行星的数量。类似于开普勒-22b这样的行星离我们太远了,没法进行直接观测,就

算我们有了第十三章介绍过的那种类地行星搜索者任务也不行。理论上来说,我们可以采用凌星光谱法(望文生义,开普勒空间望远镜确认的所有行星都能发生凌星现象)。但这种方法很难,因为开普勒空间望远镜观测的恒星一般比较暗,所以,可获得的光子数不太多。不过,这个问题不算严重。我们希望从开普勒空间望远镜中得到的,只是德雷克方程中的参数 $\eta_{地球}$ 的测量值,即类似太阳的恒星宜居带内至少有一颗岩石行星的可能性。开普勒空间望远镜的科研团队对此十分谨慎。他们获得的数据集刚刚达到可以直接测量 $\eta_{地球}$ 的水平,所以,研究团队的科学家们打算先保留目前的估计值,等观测数据积累得再多一点的时候,再公布结果。[1] 不过,其他天文学家对这个问题的答案就显得更大胆一些。目前,他们已经公开发布了关于 $\eta_{地球}$ 的两个估计值,而且,都是根据 2011 年 2 月较早发布的数据估算得到的。这个数据集只包括了开普勒空间望远镜前 4 个月获得的观测数据,按理,只对轨道周期 ≤42 天的天体来说,算是比较完整的数据。第一篇用这套数据集发表的论文(其中包括了轨道周期为 100 天的天体)认为,$\eta_{地球}$ 的估计值在 $(2\pm1)\%$。[2] 第二篇用这套数据集发表的论文,只用了轨道周期 <42 天的天体数据,所以,$\eta_{地球}$ 的估计值为 $(34\pm14\%)$。[3] 当然了,我们可以说,这是一种十分大胆的外

---

[1] 思考一下我们的分析过程:通常来讲,发生 3 次凌星是确认一颗行星的标准。第一次凌星告诉我们,确实发生了大事;第二次凌星告诉我们,这不是普通的随机波动;要是在同一时间间隔内,出现了第三次凌星,就说明我们观测到的确实是一颗行星。由于地球绕太阳的公转周期为一年,所以,如果用开普勒空间望远镜观测我们自己的太阳系,就至少要 3 年时间,才能确定是否存在类似地球的行星。而在当时,开普勒空间望远镜才运行了两年半,还没有办法探测到类似地球的行星。

[2] Catanzarie. J and Shao. M. 2011: The occurrence rate of Earth analog planets orbiting Sun-like stars. *Astrophys. J*.738. DOI: 10.1088/0004-637X/738/2/151.

[3] Traub WA .2011. Terrestrial habitable zone frequency from Kepler. http://arxiv. Org/abs/1109.4682v1, accepted by *Astrophys. J*.

推法,因为这一结果显示,恒星的宜居带内没有符合条件的短周期行星。鉴于这两个公开发布的 $\eta_{地球}$ 估计值,数值相差了一个数量级,大家都认为,开普勒空间望远镜的研究团队在这个问题上持保留态度,实属明智之举。然而,尽管开普勒空间望远镜获得的这些早期观测数据,在长周期行星方面还不够完整,但34%这个相对乐观的估计值,很有可能是对的。要是事实果真如此,那简直太好了。因为这说明,我们即使不建更小的4米级的TPF望远镜,也有机会拍到类地行星的照片。

　　另一个关于系外行星的好消息,来自地基视向速度法搜寻的结果。美国的研究团队[1]和欧洲的研究团队[2]都在2011年发布了最新的视向速度调查数据。由日内瓦天文台的米歇尔·梅厄领导的欧洲研究团队,目前对小型行星搜寻的灵敏度最高,所以,我在这里引用他们的研究结果。他们发现,50%以上的类似太阳(F-G-K型)的恒星,都拥有轨道周期小于100天的不同质量的行星。对更亮的F型恒星和G型恒星,这一数据增加至约70%。欧洲研究团队的数据包括了质量为地球质量10倍以上的行星。但是,为探测小型行星而修正了已知的误差后,发现类似地球的行星和超级地球大小的行星,出现的频率有点偏高。这样一来,视向速度法得到的结果,就与开普勒空间望远镜得到的最新结果一致了。这两个团队的观测技术都说明,在我们的银河系里,还是比较容易找到位于恒星宜居带、类似地球大小的行星的。

① Howard AW, Marcy GW, Johnson JA, Fischer DA, Wright JT, et al. 2010. The occurrence and mass distribution of close-in super-Earths, Neptunes, and Jupiters. *Science* 330: 653 – 655.

② Mayor M, Marmier M, Lovis C, et al. 2011. The HARPS search for southern extra-solar planets XXXIV. Occurrence, mass distribution and orbital properties of super-Earths and Neptune-mass planets. http://arxiv.org/abs/1109.3497v1.

寻找宜居行星

最后，我还希望简单地谈一谈关于空间科学的政策。我必须承认的是，我不太相信我们能在未来二十年内发射类地行星搜索者任务。就算 $\eta_{地球}$ 的估计值很高，我们有能力建造小型的 4 米口径的"类地行星搜索者"空间望远镜，这样的空间望远镜至少耗资几十亿美元。最近，由于受金融危机和政党政治的影响，美国政府的预算吃紧，NASA 拿不出这么多钱，华盛顿的政治家也不知道该怎么才能平衡联邦政府的预算。未来十年，需要数万亿美元的预算，平衡分配到社会安全、医疗保险、医疗补助、税收等方面，涉及的领域远比这本书里提到的内容要广得多。也有人会想，跟其他大项目相比，空间科学需要的钱不算多，即便在目前这种条件下，也应该可以正常发展。这种想法是完全错误的。事实上，像美国国家航空航天局、美国国家科学基金会（NSF）和美国能源部（DOE）等研究机构的联邦经费，都是各自单独管理的，未来几年都要面临严重缩减。不仅如此，NASA 的天体物理项目自身也有许多问题，如正在运行中的詹姆斯·韦伯空间望远镜（JWST）项目，不仅预算严重超支，而且面临延期。这无异于火上浇油。一开始，詹姆斯·韦伯空间望远镜项目计划只需要 25 亿美元，打算在 2014 年发射。而现在，预计总开销将达 80 亿美元，发射日期也被推迟到了 2018 年（直到 2019 年 12 月还没发射——译者注）。要是 NASA 拿不出钱，没法完成望远镜建设，那就算到了 2018 年也发射不成。在发生这些意外以前，我们还想着，类地行星搜索者任务或许能在 2020 年天文学与天体物理学十年规划委员会评选时，入选顶级旗舰型天文任务呢，还以为它能顺利建成、在 2030 年之前发射呢。虽然在 2010 年时，天文学与天体物理学十年规划委员会也对此有信心，但既然出了这些事，而且 NASA 还得在这十年内投资数亿美元，才能实现第十三章提到的至少一项技术。想及时筹措技术资助款看起来希望渺茫，想在近十年内赶紧发展类地行星搜索者任务也很难。要是等到 2030 年才开始着手做,就得等到 2040 年才能实现发射升空。到那时候,笔者(生于 1953 年)可能就看不到了。所以,各位亲爱的读者朋友,要是你有办法让这一切快速提上议事日程,请给我点灵感吧!我们没有任何理由再推迟 30 年了,因为离确定其他恒星周围的行星上是否有生命,只差了一点点!我们理应乘胜追击,一举成功!

注　释

第一章

［1］Aristotle, in Guthrie WKC trans., 1953, of Aristotle's *On the Heavens*. Cambridge, UK: Cambridge University Press.

［2］Epicurus, in Bailey C, ed. and trans. 1926. *Epicurus: The Extant Remains*. Oxford, UK: Clarendon Press.

［3］From: http://commons.wikimedia.org/wiki/File:GiordanoBruno StatueCampoDeFiori.jpg

［4］Shapley H, ed. 1953. *Climatic Change: Evidence, Causes, and Effects*. Cambridge, MA: Harvard University Press, 318 p.

［5］Shklovskii IS, Sagan C. 1966. *Intelligent Life in the Universe*. San Francisco: Holden-Day, 509 p.

［6］http://www.naic.edu/public/about/photos/hires/aoviews.html

［7］Sagan C, Agel J.1973. *Cosmic Connection: An Extraterrestrial Perspective*. Garden City, NY: Anchor Press, 301 p.

［8］Ward PD, Brownlee D. 2000. *Rare Earth: Why Complex Life Is Uncommon in the Universe*. New York: Copernicus.

［9］http://www.paleothea.com/Majors.html

［10］Lovelock JE. 1979. *Gaia: A New Look at Life on Earth*. Oxford, UK: Oxford University Press.

［11］ Lovelock JE. 1988. *The Ages of Gaia*. New York: WW Norton.

［12］ Lovelock JE. 1991. *Gaia: The Practical Science of Planetary Medicine*. London: Gaia Books.

［13］ Lovelock JE. 2006. *The Revenge of Gaia: Earth's Climate in Crisis and the Fate of Humanity*. New York: Basic Books, 176 p.

第二章

［1］ Lewis, JSPRG. 1984. *Planets and Their Atmospheres: Origin and Evolution*. Orlando, FL: Academic Press.

［2］ Ringwood AE. 1966. Chemical evolution of the terrestrial planets. *Geochim. Cosmochim. Acta* 30: 41 – 104.

［3］ http: // meteorites. asu. edu/met-info/. Photo by D. Ball, Arizona State University.

［4］ Prinn RG et al. 1989. Solar nebula chemistry: origin of planetary, satellite and cometary volatiles. In: Atreya SK, et al., eds. *Origin and Evolution of Planetary and Satellite Atmospheres*. Tucson, AZ: University of Arizona Press, pp. 78 – 136.

［5］ Safronov VS. 1972. Evolution of the Protoplanetary Cloud and Formation of the Earth and Planets. NASA report.

［6］ Wetherill GW. 1985. Giant impacts during the growth of the terrestrial planets. *Science* 228: 877 – 879.

［7］ Wetherill GW, et al. 1986. Accumulation of the terrestrial planets and impliactions concerning lunar origin. In: *Origin of the Moon*. Houston, TX: Lunar and Planetary Inst., pp. 519 – 550.

［8］ Wetherill GW. 1991. Occurrence of Earth-like bodies in

planetary systems. *Science* 253: 535－538.

［9］ http: // www. harmsy. freeuk. com/oimages/oort _ cloud. jpg. Reproduced by permission of the illustrator, Donald Yeomans, of NASA's Jet Propulsion Laboratory.

［10］ Chyba CF. 1987. The cometary contribution to the oceans of premitive Earth. *Nature* 330: 632－635.

［11］ Owen T, Bar-Nun A, Kleinfeld I. 1992, Possible cometary origin of heavy noble gases in the atmospheres of Venus, Earth, and Mars. *Nature* 358: 43－46.

［12］ Oro J. 1961. Comets and the formation of biochemical compounds on the primitive Earth. *Nature* 190: 389－390.

［13］ Chyba CF, Thomas JJ, Brookshaw L, Sagan C. 1990. Cometary delivery of organic molecules to the early Earth. *Science* 249: 366－373.

［14］ Robert F. 2001. *Science* 293: 1056－1058.

［15］ Weissman PR, Carusi A, Valsecchi GB. 1985. Dynamical evolution of the Oort cloud. In: *Dynamics of Comets: Their Origin and Evolution*. Dordrecht: D Reidel, pp. 87－96.

［16］ Raymond SN, Quinn T, Lunine JI, 2006, High-resolution simulations of the final assembly of Earth-like planets, I: terrestrial accretion and dynamics. *Icarus* 183: 265－282.

［17］ Raymond SN, Quinn T, Lunine JI, 2004. Making other earths: dynamical simulations of terrestrial planet formation and water delivery. *Icarus* 168: 1－17.

第三章

［1］ Gough, DO. 1981. Solar interior structure and luminosity variations. *Solar Phys*. 74: 21 – 34.

[2] Chaisson E, McMillan S. 2008. *Astronomy Today*, 6th ed. Upper Saddle River, NJ: Pearson/Addision-Wesley.

[3] Willson LA, et al. 1987. Mass loss on the main sequence. *Comments Astrophys*. 12: 17 – 34.

[4] Boothroyd AI, et al. 1991. Our Sun, II: early mass loss of 0.1 Mo and the case of the missing lithium. *Astrophys. J*. 377: 318 – 329.

[5] Wood BE, et al. 2002. Measured mass loss rates of solar-like stars as a function of age and activity. *Astrophys. J*. 574: 412 – 425.

[6] Wood BE, et al. 2005. New mass-loss measurements from astrospheric Ly alpha absorption. *Astrophys. J*. 628: L143 – L146.

[7] Sagan C, Mullen G. 1972. Earth and Mars: evolution of atmospheres and surface temperatures. *Science* 177: 52 – 56.

[8] Kasting JF, et al. 1988. How climate evolved on the terrestrial planets. *Sci. Am*. 256: 90 – 97.

[9] Valley JW, Peck WH, King EM, Wilde SA. 2002. A cool early Earth. *Geology* 30: 351 – 354.

[10] Walker JCG, Klein C, Schidlowski M, Schopf JW, Stevenson DJ, et al. 1983. Environmental evolution of the Archean-Early Proterozoic Earth. In *Earth's Earliest Biosphere: Its Origin and Evolution*. Princeton, NJ: Princeton University Press, pp. 260 – 290.

[11] Svensmark H. 2007. Cosmoclimatology: a new theory emerges. *Astron. Geophys*. 48: 18 – 24.

[12] Kuhn WR, Atreya SK. 1979. Ammonia photolysis and the greenhouse effect in the primordial atmosphere of the Earth. *Icarus* 37: 207 – 213.

[13] Sagan C, Chyba C. 1997. The early faint Sun paradox: organic shielding of ultraviolet-labile greenhouse gases. *Science* 276: 1217 - 1221.

[14] Holland HD. 1978. *The Chemistry of the Atmosphere and Oceans*. New York: Wiley.

[15] Lovelock JE. 1979. Gaia: *A New Look at Life on Earth*. Oxford, UK: Oxford University Press.

[16] Walker JCG, Kasting JF. 1992. Effects of fuel and forest conservation on predicted levels of atmospheric carbon dioxide. *Global Planet. Change* 97: 151 - 189.

[17] Archer D. 2005. Fate of fossil fuel CO_2 in geologic time. *J. Geophys. Res*. Oceans 110, C9, C09505.

[18] Hyde WT, Crowley TJ, Baum SK, Peltier WR. 2000. Neoproterozoic "snowball Earth" simulations with a coupled climate/ice-sheet model. *Nature* 405: 425 - 429.

[19] Pierrehumbert RT. 2004. High levels of atmospheric carbon dioxide necessary for the termination of global glaciation. *Nature* 429: 646 - 649.

[20] Caldeira K, Kasting JF. 1992. Susceptibility of the early Earth to irreversible glaciation caused by carbon dioxide clouds. *Nature* 359: 226 - 228.

[21] Walker JCG, et al. 1981. A negative feedback mechanism for the long-term stabilization of Earth's surface temperature *J. Geophys. Res*. 86: 9776 - 9782.

[22] Lovelock J. 1988. *The Ages of Gaia*. New York: WW Norton.

第四章

［1］ Berner RA. 2006. GEOCARBSULF: a combined model for Phanerozoic atmospheric O_2 and CO_2 *Geochim. Cosmochim. Acta* 70: 5633 – 5664.

［2］ Raymo ME, Ruddiman WE. 1993. Tectonic forcing of Late Cenozoic climate. *Nature* 361: 117 – 122.

［3］ Pavlov AA, Toon OB, Pavlov AK, Bally J, Pollard D. 2005. Passing through a giant molecular cloud: "Snowball" glaciations produced by interstellar dust. *Geophys. Res. Lett.* 32: Art. No. L03705, Feb. 4.

［4］ Thomas BC, Melott AL, Jackman CH, Laird CM, Medvedev MV, Stolarski RS, Gehrels N, Cannizzo JK, Hogan DP, Ejzak LM. 2005. Gamma-ray bursts and the earth: exploration of atmospheric, biological, climatic, and biogeochemical effects. *Astrophys. J.* 634: 509 – 533.

［5］ Trotter JA, Williams IS, Barnes CR, Lecuyer C, Nicoll RS. 2008. Did cooling oceans trigger Ordovician bildiversification? Evidence from conodont thermometry. *Science* 321: 550 – 554.

［6］ Young GM, von Brunn V, Gold DJC, Minter WEL. 1998. Earth's oldest reported glaciation: physical and chemical evidence from the Archean Mozaan Group(~2.9 Ga) of South Africa. *J. Geol.* 106: 523 – 538.

［7］ Lowe DR, Tice MM. 2007. Tectonic controls on atmospheric, climatic, and biological evolution 3.5 – 2.4 Ga. *Precambrian Res.* 158: 177 – 197.

[8] Evans DA, et al. 1997. Low-latitude glaciation in the Proterozoic ear. *Nature* 386: 262 – 266.

[9] Cloud PE. 1972. A working model of the primitive Earth. *Am. J. Sci.* 272: 537 – 548.

[10] Holland HD. 1994. Early Proterozoic atmospheric change, *Early Life on Earth*. New York: Columbia University Press.

[11] Courtesy of JW Schopf, University of California, Los Angeles.

[12] Farquhar J, et al. 2000. Atmospheric influence of Earth's earliest sulfur cycle. *Science* 289: 756 – 758.

[13] Widdel F, Schnell S, Heising S, Ehrenreich A, Assmus B, Schink B. 1993. Ferrous iron oxidation by anoxygenic phototrophic bacteria. *Nature* 362: 834 – 836.

[14] Canfield D, et al. 2006. Early anaerobic metabolisms. *Philos. Trans. R. Soc. B* 361: 1819 – 1836.

[15] http://microbes.arc.nasa.gov/gallery/lightms.html

[16] Brocks JJ, et al. 1999. Archean molecular fossils and the early rise of eukaryotes. *Science* 285: 1033 – 1036.

[17] Summons JR, et al. 1999. Methylhopanoids as biomarkers for cyanobacterial oxygenic photosynthesis. *Nature* 400: 554 – 557.

[18] Rashby SE, Sessions AL, Summons RE, Newman DK. 2007. Biosynthesis of 2-methylbacteriohopanepolyols by an anoxygenic phototroph. *Pro. Nat. Acad. Sci USA* 104: 15099 – 15104.

[19] Kopp Re, Kirshvink JL, Hilburn I., Nash CZ. 2005. The Paleoproterozoic snowball Earth: climate disaster triggered by the evolution of photosynthesis. *Proc. Natl. Acad. Sci. USA* 102: 11131 – 11136.

［20］ Kelley DS, et al. 2005. A serpentinite-hosted ecosystem: the Lost City hydrothermal vent field. *Science* 307: 1428 – 1434.

［21］ Keppler F, et al. 2006. Methane emissions from terrestrial plants under aerobic conditions. *Nature* 439: 187 – 191.

［22］ Ueno Y, Yamada K, Yoshida M, Maruyama S, Isozaki U. 2006. Evidence from fluid inclusions for microbial mathanogenesis in the early Archean ear. *Nature* 440: 516 – 519.

［23］ Fu Q, Lollar BS, Horita J, Lacrampe-Couloume G, Seyfried WE. 2007. Abiotic formation of hydrocarbons under hydrothermal conditions: constraints from chemical and isotope data. *Geochim. Cosmochim. Acta* 71: 1982 – 1998.

［24］ Woese CR, Fox GE. 1997. Phylogenetic structure of the prokaryotic domain: the primary kingdoms. *Proc. Natl. Acad. Sci. USA* 74:5088 – 5090.

［25］ Courtesy of Norman Pace, University of Colorado.

［26］ Knoll AH. 2003. *Life on a Young Planet.* Princeton, NJ: Princeton University Press, pp. 122 – 126.

［27］ Schimel D, et al. 1996. Radiative forcing of climate change. In: Houghton JT, et al., eds. *Climate Change 1995: The Science of Climate Change.* Cambridge, UK: Cambridge University Press, pp. 65 – 131.

［28］ Pavlov AA, et al. 2001. UV-shielding of NH_3 and O_2 by organic hazes in the Archean atmosphere. *J. Geophys. Res.* 106: 2326 – 2387.

［29］ Kharecha P, et al. 2005. A coupled atmosphere-ecosystem model of the early Archean Earth. *Geobiology* 3: 53 – 76.

［30］ Haqq-Misra JD, et al. 2008. A revised, hazy methane greenhouse for the early Earth. *Astrobiology* 8: 1127 – 1137.

［31］McKay CP, et al. 1991. The greenhouse and antigreenhouse effects on Titan. *Science* 253: 1118 − 1121.

［32］Trainer MG, Pavlov AA, DeWitt HL, Jimenez JL, McKay CP, Toon OB, Tolbert MA. 2006. Organic haze on Titan and the early Earth. *Proc. Nat. Acad. Sci. USA* 103:18035 − 18042.

［33］Young GM. 1991. *Stratigraphy, Sedimentology, and Tectonic Setting of the Huronian Supergroup*, Field Trip B5 guidebook, joint meeting Geol. Assoc. Canada, Mineral Assoc. Canada, Soc. Econ. Geol., Toronto.

［34］Roscoe SM. 1973. The Huronian Supergroup: a Paleophebian succession showing evidence of atmospheric evolution. *Geol. Soc. Can. Spec. Pap.* 12: 31 − 48.

［35］Rasmussen B, Fletcher IR, Brocks JJ, Kilburn MR. 2008. Reassessing the first appearance of eukaryotes and cyanobacteria. *Nature* 455: 1101 − 1104.

第五章

［1］Imbrie J, Imbrie KP. 1979. *Ice Ages: Solving the Mystery*. Hillside, NJ: Enslow, 224 p.

［2］Redrawn following ref. 4, figure 14.5.

［3］Petit JR, Jouzel J, Raynaud D, Barkov NI, Barnola JM, et al. 1999. Climate and atmospheric history of the past 420,000 years from the Vostok ice core, Antarctica. *Nature* 399: 429 − 436.

［4］Kump LR, Kasting JF, Crane RG. 2004. *The Earth System*, 2nd ed. Upper Saddle River, NJ: Pearson Education, chapter 14, pp. 270 − 288.

［5］ Eriksson E. 1968. Air – ocean – icecap interactions in relation to climatic fluctuations and glaciation cycles. *Meteorol. Monogr.* 8: 68 – 92.

［6］ Budyko MI. 1969. The effect of solar radiation variations on the climate of the Earth. *Tellus* 21: 611 – 619.

［7］ Sellers WD. 1969. A global climatic model based on the energy balance of the Earth – atmosphere system. *J. Appl. Meteorol.* 8: 392 – 400.

［8］ Holland HD. 1978. *The Chemistry of the Atmosphere and Oceans*. New York: Wiley.

［9］ http: // www.snowballearth.org/ week7.html

［10］ Caldeira K, Kasting JF. 1992. Susceptibility of the early Earth to irreversible glaciation caused by carbon dioxide clouds. *Nature* 359: 226 – 228.

［11］ Harland WB, Rudwick MJS. 1964. *Sci. Am.* 211(2): 28 – 36.

［12］ Hoffman PF, Kaufman AJ, Halverson GP, Schrag DP. 1998. A Neoproterozoic Snowball Earth. *Science* 281: 1342 – 1346.

［13］ Hyde WT, Crowley TJ, Baum SK, Peltier WR. 2000. Neoproterozoic "snowball Earth" simulations with a coupled climate/ice-sheet model. *Nature* 405: 425 – 429.

［14］ Courtesy of Adam Maloof, Princeton University.

［15］ Williams GE. 1975. Late Precambrian glacial climate and the Earth's obliquity. *Geol. Mag.* 112: 441 – 465.

［16］ Bills BG. 1994. Obliquity – oblateness feedback: are climatically sensitive values of the obliquity dynamically unstable? *Geophys. Res. Lett.* 21: 177 – 180.

［17］ Williams DM, Kasting JF, Frakes LA. 1988. Low-latitude glaciation and rapid changes in the Earth's obliquity explained by obliquity – oblateness feedback. *Nature* 396: 453 – 455.

［18］ Levrard B, Laskar J. Climate friction and the Earth's obliquity. *Geophys. J. Int.* 154(3): 970 – 990.

［19］ Kirshvink JL, Schopf JW, Klein C. 1992. In: *A Paleogeographic Model for vendian and Cambrian Time*. Cambridge, UK: Cambridge University Press, pp. 569 – 581.

［20］ Hoffman PF, Schrag DP. 2002. The Snowball Earth hypothesis: testing the limits of global change. *Terra Nova* 14: 129 – 155.

［21］ McKay CP. 2000. Thickness of tropical ice and photosynthesis on a snowball Earth. *Geophys. Res. Lett.* 27: 2153 – 2156.

［22］ Goodman JC, Pierrehumbert RT. 2003. Glacial flow of floating marine ice in "Snowball Earth". *J. Geophys. Res.* 108: 3308.

［23］ Pollard D, Kasting JF. 2005. Snowball Earth: a thin-ice model with flowing sea glaciers. *J. Geophys. Res.* 110: C7, C07010.

第六章

［1］ Meadows VS, Crisp D. 1996. Ground-based near-infrared observations of the Venus nightside: the thermal structure and water abundance near the surface. *J. Geophys. Res.* 101: 4595 – 4622.

［2］ Donahue TM, Hoffman JH, Hodges RR Jr. 1982. Venus was wet: a measurement of the ratio of deuterium to hydrogen. *Science* 216: 630 – 633.

［3］ McElroy MB, Prather MJ, Rodriguez JM. 1982. Escape of hydrogen from Venus. *Science* 215: 1614 – 1615.

注 释

[4] Debergh C, Bezard B, Owen T, Crisp D, Maillard JP, Lutz BL. 1991. Deuterium on Venus: observations from Earth. *Science* 251: 547 – 549.

[5] Rasool SI, DeBergh C. 1970. The runaway greenhouse and the accumulation of CO_2 in the Venus atmosphere. *Nature* 226: 1037 – 1039.

[6] Gurwell M. 1995. Evolution of deuterium on Venus. *Nature* 378: 22 – 23.

[7] Grinspoon DH. 1993. Implications of the high D/H ratio for the sources of water in Venus' atmosphere. *Nature* 363: 428 – 431.

[8] Robert F. 2001. Isotope geochemistry—the origin of water on Earth. *Science* 293: 1056 – 1058.

[9] Goody RM, Walker JCG. 1972. *Atmospheres*. Englewood Cliffs, NJ: Prentice Hall.

[10] Lange MA, Ahrens TJ. 1982. The evolution of an impact generated atmosphere. *Icarus* 51: 96 – 120.

[11] Matsui T, Abe Y. 1986. Evolution of an impact-induced atmosphere and magma ocean on the accreting Earth. *Nature* 319: 303 – 305.

[12] Matsui T, Abe Y. 1986. Impact-induced atmospheres and oceans on Earth and Venus. *Nature* 322: 526 – 528.

[13] Zahnle KJ, Kasting JF, Pollack JB. 1988. Evolution of a steam atmosphere during Earth's accretion. *Icarus* 74: 62 – 97.

[14] Pollack JB. 1971. A nongrey calculation of the runaway greenhouse: implications for Venus' past and present. *Icarus* 14: 295 – 306.

[15] Ingersoll AP. 1969. The runaway greenhouse: a history of

water on Venus. *J. Atmos. Sci.* 26: 1191 - 1198.

[16] Kasting JF. 1988. Runaway and moist greenhouse atmospheres and the evolution of Earth and Venus. *Icarus* 74: 472 - 494.

[17] Hunten DM. 1973. The escape of light gases from planetary atmospheres. *J. Atmos. Sci.* 30: 1481 - 1494.

[18] Kasting JF, Pollack JB. 1983. Loss of water from Venus, I: hydrodynamic escape of hydrogen. *Icarus* 53: 479 - 508.

[19] Bullock MA, Grinspoon DH. 1996. The stability of climate on Venus. *J. Geophys. Res.* 101: 7521 - 7529.

[20] Hashimoto GL, Abe Y. 2005. Climate control on Venus: comparison of the carbonate and pyrite models. *Planet. Space Sci.* 53: 839 - 848.

[21] Bullock MA, Grinspoon DH. 2001. The recent evolution of climate on venus. *Icarus* 150: 19 - 37.

[22] Lewis, JSPRG. 1984. *Planets and Their Atmospheres: Origin and Evolution.* Orlando, FL: Academic Press, p. 143ff.

第七章

[1] Walker JCG, Kasting JF. 1992. Effects of fuel and forest conservation on predicted levels of atmospheric carbon dioxide. *Global Planet. Change* 97: 151 - 189.

[2] Archer D. 2005. Fate of fossil fuel CO_2 in geologic time. *J. Geophys. Res. Oceans* 110: C9, C09505.

[3] Bala G, Caldeira K, Mirin A, Wickett M, Delire C. 2005. Multiceutury changes to the global climate and carbon cycle: results from a coupled climate and carbon cycle model. *J. Climate* 18: 4531 - 4544.

［4］ Kasting JF, Ackerman TP. 1986. Climatic consequences of very high CO_2 levels in the Earth's early atmosphere. *Science* 234: 1383 - 1385.

［5］ Schwartzman DW, Shore SN, Volk T, McMenamin M. 1994. Self-organization of the Earth's biosphere: geochemical or geophysiological. *Origins Life Evol. Biosphere* 24: 435 - 450.

［6］ Ward PD, Brownlee D. 2000. *Rare Earth: Why Complex Life Is Uncommon in the Universe*. New York: Copernicus.

［7］ Lowe DR, Tice MM. 2007. Tectonic controls on atmospheric, climatic, and biological evolution 3.5 - 2.4 Ga. *Precambrian Res.* 158: 177 - 197.

［8］ Baross JA, Schrenk MO, Huber JA. 2007. Limits of carbon life on Earth and elsewhere. In: Sullivan WTI, Baross JA, eds. *Planets and Life: The Emerging Science of Astrobiology*. Cambridge, UK: Cambridge University Press, pp. 275 - 291.

［9］ Caldeira K, Kasting JF. 1992. The life span of the biosphere revisited. *Nature* 360: 721 - 723.

［10］ Lovelock JE, Whitfield M. 1982. Life span of the biosphere. *Nature* 296: 561 - 563.

［11］ Kasting JF, Pollack JB. 1983. Loss of water from Venus, Ⅰ: hydrodynamic escape of hydrogen. *Icarus* 53: 479 - 508.

［12］ Angel R. 2006. Feasibility of cooling the Earth with a cloud of small spacecraft near the inner Lagrange point(L1). *Proc. Nat. Acad. Sci USA* 103: 17184 - 17189.

［13］ Early JT. 1989. The space based solar shield to offset greenhouse effect. *J. Br. Interplanet. Soc.* 42: 567 - 569.

［14］ http://en.wikipedia.org/wiki/Lagrange_Point_Colonization

第八章

[1] Kahn R. 1985. The evolution of CO_2 on Mars. *Icarus* 62: 175 – 190.

[2] Malin MC, Edgett KS, Posiolova LV, McColley SM, Noe Dobrea EZ. 2006. Presentday impact cratering rate and contemporary gully activity on Mars. *Science* 314: 1573 – 1577.

[3] Ward WR. 1974. Climatic variations on Mars, 1: Astronomical theory of insolation. *J. Geophys. Res.* 79: 3375 – 3386.

[4] Ward WR, Rudy DJ. 1991. Resonant obliquity of Mars. *Icarus* 94: 160 – 164.

[5] Laskar J, Robutel P. 1993. The chaotic obliquity of the planets. *Nature* 361: 608 – 614.

[6] Touma J, Wisdom J. 1993. The chaotic obliquity of Mars. *Science* 259: 1294 – 1297.

[7] Mumma MJ, Villanueva GL, Novak RE, Hewagama T, Bonev BP, et al. 2009. Strong release of methane on Mars in northern summer 2003. *Science* 323: 1041 – 1045.

[8] Krasnopolsky VA, Maillard JP, Owen TC. 2004. Detection of methane in the martian atmosphere: evidence for life? *Icarus* 172: 537 – 547.

[9] Formisano V, Atreya S, Encrenaz T, Ignatiev N, Giuranna M. 2004. Detection of methane in the atmosphere of Mars. *Science* 306: 1758 – 1761.

[10] Malde HE. 1968. The catastrophic late Pleistocene Bonneville flood in the Snake River plain, Idaho. U. S. Geol. Survey Prof.

paper 596.

[11] Malin MC, Carr MH. 1999. Groundwater formation of martian valeys. *Nature* 397: 589 - 591.

[12] Segura TL, Toon OB, Colaprete A, Zahnle K. 2002. Environmental effects of large impacts on Mars. *Science* 298: 1977 - 1980.

[13] Hartmann WK, Ryder G, Dones L, Grinspoon D, Canup RM, Righter K. 2000. In: *The Time-dependent Intense Bombardment of the Primordial Earth - Moon System.* Tucson: University of Arizona Press.

[14] Stoffler D, Ryder G. 2001. Stratigraphy and isotope ages of lunar geologic units: chronological standard for the inner solar system. *Space Sci. Rev.* 96: 9 - 54.

[15] Baldwin RB. 2006. Was there ever a terminal lunar cateclysm? With lunar viscosity arguments. *Icarus* 184: 308 - 318.

[16] Gomes R, Levison HF, Tsiganis K, Morbidelli A. 2005. Origin of the cataclysmic Late Heavy Bombardment period of the terrestrial planets. *Nature* 435: 466 - 469.

[17] Tsiganis K, Gomes R, Morbidelli A, Levison HF. 2005. Origin of the orbital architecture of the giant planets of the Solar System. *Nature* 435: 459 - 461.

[18] Wallace D, Sagan C. 1979. Evaporation of ice in planetary atmospheres: ice-covered rivers on Mars. *Icarus* 39: 385 - 400.

[19] Hoefen TM, Clark RN, Bandfield JL, Smith MD, Pearl JC, Christensen PR. 2003. Discovery of olivine in the Nili Fossae region of Mars. *Science* 302: 627 - 630.

[20] Christensen PR, Bandfield JL, Bell JF, Gorelick N, Hamilton VE, et al. 2003. Morphology and composition of the surface of

Mars: Mars Odyssey THEMIS results. *Science* 300: 2056 – 2061.

[21] Squyres SW, et al. 2004. The Opportunity rover's Athena science investigation at Meridiani Planum, Mars. *Science* 306: 1698 – 1703.

[22] Clifford SM. 1991. The role of thermal vapor diffusion in the subsurface hydrologic evolution of Mars. *Geophys. Res. Lett.* 18: 2055 – 2058.

[23] Melosh HJ, Vickery AM. 1989. Impact erosion of the primordial atmosphere of Mars. *Nature* 338: 487 – 489.

[24] Pollack JB, Kasting JF, Richardson SM, Poliakoff K. 1987. The case for a wet, warm climate on early Mars. *Icarus* 71: 203 – 224.

[25] Kasting JF. 1991. CO_2 condensation and the climate of early Mars. *Icarus* 94: 1 – 13.

[26] Fogg MJ. 1995. *Terraforming: Engineering Planetary Environments*. Warrendale, PA: Society of Automotive Engineers, 544 p.

[27] McKay CP, Toon OB, Kasting JF. 1991. Making Mars habitable. *Nature* 352: 489 – 496.

[28] Forget F, Pierrehumbert RT. 1997. Warming early Mars with carbon dioxide clouds that scatter infrared radiation. *Science* 278: 1273 – 1276.

[29] Halevy I, Zuber MT, Schrag DP. 2007. A sulfur dioxide climate feedback on early Mars. *Science* 318: 1903 – 1907.

[30] Postawko SE, Kuhn WR. 1986. Effect of the greenhouse gases(CO_2, H_2O, SO_2) on Martian paleoclimate. *J. Geophys. Res.* 91:

D431 – D438.

[31] Kasting JF, Zahnle KJ, Pinto JP, Young AT. 1989. Sulfur, ultraviolet radiation, and the early evolution of life. *Origins Life* 19: 95 – 108.

[32] Bandfield JL, Glotch TD, Christensen PR. 2003. Spectroscopic identification of carbonate minerals in the martian dust. *Science* 301: 1084 – 1087.

[33] Fairen AG, Fernandez-Remolar D, Dohm JM, Baker VR, Amils R. 2004. Inhibition of carbonate synthesis in acidic oceans on early Mars. *Nature* 431: 423 – 426.

[34] Ming DW, Mittlefehldt DW, Morris RV, Golden DC, Gellert R, et al. 2006. Geochemical and mineralogical indicators for aqueous processes in the Columbia Hills of Gusev crater, Mars. *J. Geophys. Res. Planets* 111: E2, E02512.

[35] Hurowitz JA, McLennan SM, Tosca NJ, Arvidson RE, Michalski JR, et al. 2006. Insitu and experimental evidence for acidic weathering of rocks and soils on Mars. *J. Geophys. Res. Planets* 111: E2, E02519.

[36] Robinson, KS. 1992 – 1996. *The Mars Trilogy*: *Red Mars*, *Green Mars*, *Blue Mars*. Tega Cay, SC: Spectra.

第九章

[1] Kasting JF. 2001. Essay review: Peter Ward and Donald Brownlee's "Rare Earth". *Perspect. Biol. Med.* 44: 117 – 131.

[2] Labrosse S, Hernlund JW, Coltice N. 2007. A crystallizing dense magma ocean at the base of the Earth's mantle. *Nature* 450: 866

- 869.

[3] http: // www. nrc. gov/reading-rm/basic-ref/glossary/exposure. html

[4] Jakosky BM, Pepin RO, Johnson RE, Fox JL. 1994. Mars atmospheric loss and isotopic fractionation by solar-wind-induced sputtering and photochemical escape. *Icarus* 111: 271 - 288.

[5] http: // space.rice.edu/IMAGE/livefrom/5_magnetosphere.jpg

[6] Dole SH. 1964. *Habitable Planets for Man*. New York: Blaisdell, 158 p.

[7] Berkner LV, Marshall LL. 1964. The history of oxygenic concentration in the Earth's atmosphere. *Disc. Faraday Soc.* 34: 122 - 141.

[8] Ratner MI, Walker JCG. 1972. Atmospheric ozone and the history of life. *J. Atmos. Sci.* 29: 803 - 808.

[9] Levine JS, Hays PB, Walker JCG. 1979. The evolution and variability of atmospheric ozone over geologic time. *Icarus* 39: 295 - 309.

[10] Kasting JF, Donahue TM. 1980. The evolution of atmospheric ozone. *J. Geophys. Res.* 85: 3255 - 3263.

[11] Segura A, Krelove K, Kasting JF, Sommerlatt D, Meadows V, et al. 2003. Ozone concentrations and ultraviolet fluxes on Earth-like planets around other stars. *Astrobiology* 3: 689 - 708.

[12] Ingersoll AP. 1969. The runaway greenhouse: a history of water on Venus. J. Atmos. Sci. 26: 1191 - 1198.

[13] Watson A, Lovelock JE, Margulis L. 1978. Methanogenesis, fires and the regulation of atmospheric oxygen. *Biosystems* 10: 293 - 298.

［14］ Lovelock JE. 1991. *Gaia*: *The Practical Science of Planetary Medicine*. London: Gaia Books.

［15］ Kasting JF, Whitmire DP, Reynolds RT. 1993. Habitable zones around main sequence stars. *Icarus* 101: 108 – 128.

［16］ Saunders RS. 1999. Venus. In: *The New Solar System*, ed. Beatty JK, Peterson CC, Chaikin A, eds. Cambridge, MA: Sky, pp. 97 – 110.

［17］ http://photojournal.jpl.nasa.gov/catalog/PIA00158

［18］ http://sos.noaa.gov/gallery/

［19］ Schaber GG, et al. 1992. Geology and distribution of impact craters on Venus: what are they telling us? *J. Geophys. Res.* 97: 13257 – 13301.

［20］ Turcotte DL. 1993. An episodic hypothesis for Venusian tectonics. *J. Geophys. Res.* 98: 17061 – 17178.

［21］ Wetherill G. 1994. Possible consequences of absence of Jupiters in planetary systems. *Astrophys. Space Sci.* 212: 23 – 32.

［22］ Hut P, Alvarez W, Elder WP, Hansen T, Kauffman EG, et al. 1987. Comet showers as a cause of mass extinctions. *Nature* 329: 118 – 126.

［23］ Alvarez LW, Alvarez W, Asaro F, Michel HV. 1980. Extraterrestrial cause for the Cretaceous-Tertiary extinction: experimental results and theoretical interpretation. *Science* 208: 1095 – 1108.

［24］ Sleep NH, Zahnle KJ, Kasting JF, Morowitz HJ. 1989. Annihilation of ecosystems by large asteroid impacts on the early Earth. *Nature* 342: 139 – 142.

［25］ Laskar J, Robutel P. 1993. The chaotic obliquity of the *planets*. *Nature* 361: 608 – 614.

［26］ Laskar J, Joutel F, Robutel P. 1993. Stabilization of the Earth's obliquity by the Moon. *Nature* 361: 615 – 617.

［27］ Wood JA, Hartmann WK, Phillips RJ, Taylor CJ. 1986. In: *Moon over Mauna Loa*: *A Review of Hypotheses of Formation of Earth's Moon*. Houston, TX: Lunar and Planetary Inst., pp. 17 – 55.

［28］ Canup RM, Agnor CB, 2000. Accretion of the terrestrial planets and the Earth – Moon system. In: *Origin of the Earth and Moon*, Canup RM, Righter K, eds. Tucson: University of Arizona Press, pp. 113 – 129.

［29］ Williams DM, Pollard D. 2003. Extraordinary climates of Earth-like planets: three-dimensional climate simulations at high obliquity. *Int. J. Astrobiol.* 2: 1 – 19.

第十章

［1］ Strughold H. 1953. *The Green and Red Planet*. Albuquerque: University of New Mexico Press.

［2］ Strughold H. 1955. The ecosphere of the Sun. *Aviat. Med.* 26: 323 – 328.

［3］ Huang SS. 1959. Occurrence of life in the universe. *Am. Sci.* 47: 397 – 402.

［4］ Huang SS. 1960. Life outside the solar system. *Sci. Am.* 202: 55 – 63.

［5］ Dole SH. 1964. *Habitable Planets for Man*. New York: Blaisdell, 158 p.

［6］ Hart MH. 1978. The evolution of the atmosphere of the Earth. *Icarus* 33: 23 – 39.

注 释

[7] Hart MH. 1979. Habitable zones around main sequence stars. *Icarus* 37: 351 - 357.

[8] Kasting JF, Whitmire DP, Reynolds RT. 1993. Habitable zones around main sequence stars. *Icarus* 101: 108 - 128.

[9] Forget F, Pierrehumbert RT. 1997. Warming early Mars with carbon dioxide clouds that scatter infrared radiation. *Science* 278: 1273 - 1276.

[10] Mischna MM, Kasting JF, Pavlov AA, Freedman R. 2000. Influence of carbon dioxide clouds on early martian climate. *Icarus* 145: 546 - 554.

[11] Chaisson E, McMillan S, eds. 2008. *Astronomy Today*, 6th ed. Boston, MA: Pearson/Addison-Wesley.

[12] Segura A, Krelove K, Kasting JF, Sommerlatt D, Meadows V, et al. 2003. Ozone concentrations and ultraviolet fluxes on Earth-like planets around other stars. *Astrobiology* 3: 689 - 708.

[13] Gladman B. 1993. Dynamics of systems of 2 close planets. *Icarus* 106: 247 - 263.

[14] Chambers JE, Wetherill GW, Boss AP. 1996. The stability of multi-planet systems. *Icarus* 119: 261 - 268.

[15] Margulis L, Walker JCG, Rambler MB. 1976. Reassessment of roles of oxygen and ultraviolet light in Precambrian evolution. *Nature* 264: 620 - 624.

[16] Rambler M, Margulis L. 1980. Bacterial resistance to ultraviolet irradiation under anaerobiosis: implications for pre-Phanerozoic evolution. *Science* 210: 638 - 640.

[17] Van Baalen C, O'Donnell R. 1972. Action spectra for

ultraviolet killing and photoreactivation in the blue-green alga *Agmenellum quadruplicatum. Photochem. Photobiol.* 15: 269 – 274.

[18] Joshi M. 2003. Climate model studies of synchronously rotating planets. *Astrobiology* 3: 415 – 427.

[19] Joshi MM, Haberle RM, Reynolds RT. 1997. Simulations of the atmospheres of synchronously rotating terrestrial planets orbiting M dwarfs: conditions for atmospheric collapse and the implications for habitability. *Icarus* 129: 450 – 465.

[20] Griessmeier JM, Stadelmann A, Motschmann U, Belisheva NK, Lammer H, Biernat HK. 2005. Cosmic ray impact on extrasolar Earth-like planets in close-in habitable zones. *Astrobiology* 5: 587 – 603.

[21] Lissauer JJ. 2007. Planets formed in habitable zones of M dwarf stars probably are deficient in volatiles. *Astrophys.* J. 660: L149 – L152.

[22] Melosh HJ, Vickery AM. 1989. Impact erosion of the primordial atmosphere of Mars. *Nature* 338: 487 – 489.

[23] Franck S, Kossacki K, Bounama C. 1999. Modelling the global carbon cycle for the past and future evolution of the Earth system. *Chem. Geo.* 159: 305 – 317.

[24] Franck S, Block A, von Bloh W, Bounama C, Schellnhuber HJ, Svirezhev Y. 2000. Habitable zone for Earth-like planets in the solar system. *Planet. Space Sci.* 48: 1099 – 1105.

[25] Franck S, Block A, von Bloh W, Bounama C, Schellnhuber HJ, Svirezhev Y. 2000. Reduction of biosphere life span as a consequence of geodynamics. *Tellus*, Series B 52: 94 – 107.

[26] Ward PDBD. 2000. *Rare Earth: Why Complex Life Is Uncommon in the Universe*. New York: Copernicus.

［27］ Gonzalez G, Brownlee D, Ward P. 2001. The galactic habitable zone: galactic chemical evolution. *Icarus* 152: 185 – 200.

［28］ Lineweaver CH, Fenner Y, Gibson BK. 2004. The Galactic habitable zone and the age distribution of complex life in the Milky Way. *Science* 303: 59 – 62.

［29］ Gonzalez G. 1999. Is the Sun anomalous? *Astron. Geophys.* 40: 25 – 29.

［30］ Boone RH, King JR, Soderblom DR. 2006. Metallicity in the solar neighborhood out to 60 pc. *New Astron. Rev.* 50: 526 – 529.

第十一章

［1］ http://www.solstation.com/stars/barnards.htm

［2］ http://en.wikipedia.org/wiki/Center_of_mass

［3］ http://en.wikipedia.org/wiki/Parsec

［4］ http://planetquest.jpl.nasa.gov/Navigator/material/sim_material.cfm

［5］ Perryman MAC. 2002. GAIA: an astrometric and photometric survery of our Galaxy. *Astrophys. Space Sci.* 280: 1 – 10.

［6］ Unwin SC, Shao M, Tanner AM, Allen RJ, Beichman CA, et al. 2008. Taking the measure of the universe: precision astrometry with SIM PlanetQuest. *Publ. Astron. Soc. Pacific* 120: 38 – 88.

［7］ Wolszczan A, Frail DA. 1992. A planetary system around the millisecond pulsar PSR1257+12. *Nature* 355: 145 – 147.

［8］ http://en.wikipedia.org/wiki/Crab_Nebula

［9］ http://space-art.co.uk/index.html

［10］ http://exoplanet.eu/catalog-pulsar.php

［11］http：// www. glenbrook. k12. il. us/GBSSCI/PHYS/CLASS/ sound/u11l1c.html

［12］http：//exoplanet.eu/catalog.php

［13］http：//www.coseti.org/images/ospect_1.jpg

［14］Mayor M, Queloz D. 1995. A Jupiter-mass companion to a solar-type star. *Nature* 378：355 - 359.

［15］Marcy GW, Butler RP, Williams E, Bildsten L, Graham JR, et al. 1997. The planet around 51 Pegasi. *Astrophys. J.* 481：926 - 935.

［16］Lin DNC, Bodenheimer P, Richardson DC. 1996. Orbital migration of the planetary companion of 51 Pegasi to its present location. *Nature* 380：606 - 607.

［17］Rasio FA, Ford EB. 1996. Dynamical instabilities and the formation of extrasolar planetary systems. *Science* 274：954 - 956.

［18］Goldreich P, Tremaine S. 1980. Disk - satellite interactions. *Astrophys. J.* 241：425 - 441.

［19］Lin DNC, Papaloizou J. 1986. On the tidal interaction between protoplanets and the protoplanetary disk, 3：orbital migration of protoplanets. *Astrophys. J.* 309：846 - 857.

［20］Murray N, Hansen B, Holman M, Tremaine S. 1998. Migrating planets. *Science* 279：69 - 72.

［21］Armitage PJ, Rice WKM. 2005. Planetary migration. In：*A Decade Of Extrasolar Planets Around Normal Stars*. Baltimore, MD：Space Telescope Science Institute.

［22］Talk by Geoff Marcy, circa 2002.

［23］Udry S, Bonfils X, Delfosse X, Forveille T, Mayor M, et al. 2007. The HARPS search for southern extra-solar planets, XI：super-

Earths (5 and 8 M-circel plus) in a 3-planet system. *Astron. Astrophys.* 469: L43 - L47.

［24］von Bloh W, Bounama C, Cuntz M, Franck S. 2007. The habitability of super-Earths in Gliese 581. *Astron. Astrophys.* 476: 1365 - 1371.

［25］Selsis F, Kasting JF, Paillet J, Levrard B, Delfosse X. 2007. Habitable planets around the star Gl581. *Astron. Astrophys.* 476: 1373 - 1387.

［26］http://www.astro.cornell.edu/academics/courses/astro201/microlensing.htm

［27］http://www.iam.ubc.ca/~newbury/lenses/microlensing.html

［28］Bond IA, Udalski A, Jaroszynski M, Rattenbury NJ, Paczynski B, et al. 2004. OGLE 2003-BLG-235/MOA 2003-BLG-53: a planetary microlensing event. *Astrophys. J.* 606: L155 - L158.

［29］http://exoplanet.eu/catalog-microlensing.php

［30］http://en.wikipedia.org/wiki/Einstein_ring

［31］Einstein A. 1936. Lens-like action of a star by the deviation of light in the gravitation field. *Science* 84: 506 - 507.

第十二章

［1］http://sunearth.gsfc.nasa.gov/eclipse/transit/venus0412.html

［2］Charbonneau D, Brown TM, Latham DW, Mayor M. 2000. Detection of planetary transits across a sun-like star. *Astrophys. J.* 529: L45 - L49.

［3］Brown TM, Charbonneau D, Gilliland RL, Noyes RW, Burrows A. 2001. Hubble Space Telescope time-series photometry of the transiting planet of HD 209458. *Astrophys. J.* 552: 699 - 709.

［4］ Selsis F, Chazelas B, Borde P, Ollivier M, Brachet F, et al. 2007. Could we identify hot ocean-planets with CoRoT, Kepler and Doppler velocimetry? *Icarus* 191: 453 - 468.

［5］ Kuchner MJ. 2003. Volatile-rich earth-mass planets in the habitable zone. *Astrophys. J.* 596: L105 - L108.

［6］ Leger A, Selsis F, Sotin C, Guillot T, Despois D, et al. 2004. A new family of planets? "Ocean-Planets". *Icarus* 169: 499 - 504.

［7］ http://kepler.nasa.gov/

［8］ http://kepler.nasa.gov/sci/basis/for-milkyway.html

［9］ Charbonneau D, Brown TM, Noyes RW, Gilliland RL. 2002. Detection of an extrasolar planet atmosphere. *Astrophys. J.* 568: 377 - 384.

［10］ Barman T. 2007. Identification of absorption features in an extrasolar planet atmosphere. *Astrophys. J.* 661: L191 - L194.

［11］ Vidal-Madjar A, des Etangs AL, Desert JM, Ballester GE, Ferlet R, et al. 2003. An extended upper atmosphere around the extrasolar planet HD209456b. *Nature* 422: 143 - 146.

［12］ http://www.nasa.gov/mission_pages/spitzer/news/070221/index.html

［13］ Richardson LJ, Deming D, Horning K, Seager S, Harrington J. 2007. A spectrum of an extrasolar planet. *Nature* 445: 892 - 895.

［14］ Tinetti G, Vidal-Madjar A, Liang M-C, Beaulieu J-P, Yung Y, et al. 2007. Water vapour in the atmosphere of a transiting extrasolar planet. *Nature* 448: 169 - 171.

第十三章

[1] http://planetquest.jpl.nasa.gov/TPF-C/tpf-C_index.cfm

[2] http://www.iue.tuwien.ac.at/phd/minixhofer/node59.html

[3] Cash W. 2006. Detection of Earth-like planets around nearby stars using a petal-shaped occulter. *Nature* 442: 51 - 53.

[4] Cash W, Copi C, Heap S, Kasdin NJ, Kilston S, Kuchner M, Levine M, Lo A, Lillie C, Lyon R, Polidan R, Shaklan S, Starkman G, Traub W, Vanderbei R. 2007. External occulters for the direct study of exoplanets. Paper presented to the NASA/NSF Exoplanet Task Force, May 2007.

[5] http://sco.stsci.edu/tpf_top100/

[6] http://en.wikipedia.org/wiki/Terrestrial_Planet_Finder

第十四章

[1] Des Marais DJ, Harwit MO, Jucks KW, Kasting JF, Lin DNC, et al. 2002. Remote sensing of planetary properties and biosignatures on extrasolar terrestrial planets. *Astrobiology* 2: 153 - 181.

[2] Goode PR, Qui J, Yurchyshyn V, Hickey J, Chu MC, et al. 2001. Earthshine observations of the Earth's reflectance. *Geophys. Res. Lett.* 28: 1671 - 1674.

[3] Woolf NJ, Smith PS, Traub WA, Jucks KW. 2002. The spectrum of earthshine: a pale blue dot observed from the ground. *Astrophys. J.* 574: 430 - 433.

[4] Owen T, Papagiannis MD. 1980. In: *Strategies for Search for*

Life in the Universe. Dordrecht: Reidel.

[5] Segura A, Krelove K, Kasting JF, Sommerlatt D, Meadows V, et al. 2003. Ozone concentrations and ultraviolet fluxes on Earth-like planets around other stars. *Astrobiology* 3: 689 - 708.

[6] Sagan C, Thompson WR, Carlson R, Gurnett D, Hord C. 1993. A search for life on Earth from the Galileo spacecraft. *Nature* 365: 715 - 721.

[7] Kiang NY, Siefert J, Govindjee, Blankenship RE. 2007. Spectral signatures of photosynthesis, I : review of Earth organisms. *Astrobiology* 7: 222 - 251.

[8] Clark RN, Swayze GA, Wise R, Livo KE, Hoefen TM, Kokaly RF, Sutley SJ. 2003. *USGS Digital Spectral Library splib05a*, *Open File Report 03 -395*, U.S. Geological Survey.

[9] Ford EB, Seager S, Turner EL. 2001. Characterization of extrasolar terrestrialplanets from diurnal photometric variability. *Nature* 412: 885 - 887.

[10] Wolstencroft RD, Raven JA. 2002. Photosynthesis: likelihood of occurrence and possibility of detection on Earth-like planets. *Icarus* 157: 535 - 548.

[11] Seager S, Turner EL, Schafer J, Ford EB. 2005. Vegetation's red edge: a possible spectroscopic biosignature of extraterrestrial plants. *Astrobiology* 5: 372 - 390.

[12] Kiang NY, Segura A, Tinetti G, Govindjee, Blankenship RE, et al. 2007. Spectral signatures of photosynthesis, II : coevolution with other stars and the atmosphere on extrasolar worlds. *Astrobiology* 7: 252 - 274.

注 释

[13] Meadows, VS. 2006. Modeling the diversity of extrasolar terrestrial planets. In: *Direct Imaging of Exoplanets: Science and Techniques*, Proceedings of IAU Coll 200, Aime C, Vakili F, eds. New York: Cambridge University Press.

[14] Segura A, Meadows VS, Kasting J, Cohen M, Crisp D. 2007. Abiotic production of O_2 and O_3 in high-CO_2 terrestrial atmospheres. *Astrobiology* 7: 494 – 495.

[15] Courtesy of R. Hanel, NASA Goddard Space Flight Center.

[16] Leger A, Pirre M, Marceau FJ. 1993. Search for primitive life on a distant planet: relevance of O_2 and O_3 dectections. *Astron. Astrophys.* 277: 309 – 313.

[17] Rubey WW, Poldervaart A. 1955. Development of the hydrosphere and atmosphere, with special reference to probable composition of the early atmosphere. In: *Crust of the Earth*. New York: Geol. Soc. Am., pp. 631 – 650.

[18] Walker JCG. 1977. *Evolution of the Atmosphere*. New York: Macmillan.

[19] Kasting JF. 1993. Earth's early atmosphere. *Science* 259: 920 – 926.

[20] Oparin AI. 1938. *The Origin of Life*. New York: MacMillan.

[21] Miller SL. 1953. A production of amino acids under possible primitive Earth conditions. *Science* 117: 528 – 529.

[22] Hashimoto GL, Abe Y, Sugita S. 2007. The chemical composition of the early terrestrial atmosphere: formation of a reducing atmosphere from CI-like material. *J. Geophys. Res. Planets* 112: E5, E05010.

[23] Pavlov AA, Kasting JF, Brown LL. 2001. UV-shielding of NH_3 and O_2 by organic hazes in the Archean atmosphere. *J. Geophys. Res.* 106: 23267 - 23287.

[24] Kharecha P, Kasting JF, Siefert JL. 2005. A coupled atmosphere-ecosystem model of the early Archean Earth. *Geobiology* 3: 53 - 76.

[25] Schindler TL, Kasting JF. 2000. Synthetic spectra of simulated terrestrial atmospheres containing possible biomarker gases. *Icarus* 145: 262 - 271.

[26] Kaltenegger L, Traub WA, Jucks KW. 2007. Spectral evolution of an Earth-like planet. *Astrophys. J.* 658: 598 - 616.

[27] Kasting JF. 1997. Habitable zones around low mass stars and the search for extraterrestrial life. *Origins Life* 27: 291 - 307.

[28] Kasting JF. 1988. Runaway and moist greenhouse atmospheres and the evolution of Earth and Venus. *Icarus* 74: 472 - 494.

[29] Lewis JS, Prinn GR. 1984. *Planets and Their Atmospheres: Origin and Evolution.* Orlando, FL: Academic Press.

[30] Beatty JK, Petersen CC, Chaikin A. 1999. *The New Solar System.* Cambridge, MA: Sky.

[31] McElroy MB. 1972. Mars: evolving atmosphere. *Science* 175: 443 - 445.

[32] Selsis F, Despois D, Parisot JP. 2002. Signature of life on exoplanets: can *Darwin* produce false positive detections? *Astron. Astrophys.* 388: 985 - 1003.

[33] McCullough PR. 2008. Models of polarized light from oceans and atmospheres of Earth-like extrasolar planets. *Astrophysical Journal,*

submitted.

[34] http: // en.wikipedia.org/wiki/Polarization

[35] Lederberg J. 1965. Signs of life: criterion-system of exobiology. *Nature* 207: 9 - 13.

[36] Lovelock JE. 1965. A physical basis for life detection experiments. *Nature* 207: 568 - 570.

[37] Turnbull MC, Traub WA, Jucks KW, Woolf NJ, Meyer MR, et al. 2006. Spectrum of a habitable world: Earthshine in the near-infrared. *Astrophys. J.* 644: 551 - 559.

[38] Pavlov AA, Hurtgen MT, Kasting JF, Arthur MA. 2003. Methane-rich Proterozoic atmosphere? *Geology* 31: 87 - 90.

[39] Segura AKJF, Cohen M, Meadows V, Crisp D, Tinetti G, Scalo J. 2005. Biosignatures from Earth-like planets around M stars. *Astrobiology* 5: 706 - 725.

第十五章

[1] Labeyrie A. 1996. Resolved imaging of extra-solar planets with future 10—100 km optical interferometric arrays. *Astron. Astrophys. Suppl. Ser.* 118: 517 - 524.

[2] Labeyrie A. 1999. Astronomy: Snapshots of alien worlds—the future of interferometry. *Science* 285: 1864 - 1865.

[3] Labeyrie A. 2002. *Hypertelescopes and exo-Earth coronography.* Proceedings of the 36th ESLAB Symposium, Noordwijk, The Netherlands.

[4] http: // planetquest. jpl. nasa. gov/TPF/TPFrevue/FinlReps/ Boeing/Phsland2.pdf

［5］ Drake F. 1987. *Stare as gravitational lenses*. Presented at Bioastronomy—the Next Steps, Balaton, Hungary.

［6］ Eshleman VR. 1979. Gravitational lens of the Sun: its potential for observations and communications over inter-stellar distances. *Science* 205: 1133 – 1135.

［7］ Einstein A. 1936. Lens-like action of a star by the deviation of light in the gravitation field. *Science* 84: 506 – 507.

［8］ Liebes S. 1964. Gravitational lenses. *Phys. Rev. B* 133: B835 – &.

［9］ http://en.wikipedia.org/wiki/Einstein_radius

［10］ http://en.wikipedia.org/wiki/Voyager_1

［11］ Niven L, Pournelle J. 1974. *The Mote in God's Eye*. New York: Simon & Schuster, 537 p.

［12］ http://www.seti.org/

［13］ http://www.coseti.org/introcoseti.htm

［14］ http://www.lswilson.ca/dewline.htm

［15］ http://www.seti.org/ata/

［16］ http://www.skatelescope.org/

［17］ Sagan C. 1995. *Cosmos*. Avenel, NJ: Wings Books, 365 p.

［18］ Walker JCG, Kasting JF. 1992. Effects of fuel and forest conservation on predicted levels of atmospheric carbon dioxide. *Global Planet. Change* 97: 151 – 189.

［19］ Archer D. 2005. Fate of fossil fuel CO_2 in geologic time. *J. Geophys. Res. Oceans* 110: C9, C09505.

［20］ http://en.wikipedia.org/wiki/Milky_Way

［21］ http://en.wikipedia.org/wiki/Fermi_paradox

［22］ http://en.wikipedia.org/wiki/Zoo_hypothesis

太阳系外真的有"另一个地球"吗

（代译后记）

　　许多太空科幻电影中,描绘了人类未来可能移居到地外星球的光明前景。银河系中像太阳一样的恒星有上千亿颗,整个宇宙中像银河系一样的星系又数以千亿计。那是不是在太阳系外的另一个恒星系,也有围绕另一颗"太阳"运行的系外行星呢? 它适合我们移居吗?

　　事实上,如果是短期登陆探访,有很多太空探索的目的地可供人类选择,因为密闭的登陆舱和厚重的航天服可以保护我们。但如果要移居到另一颗星球,这就要求找到一个适宜人类长期居住的天体,这个天体必须具备更为苛刻的条件……

　　首先,要有大气层的保护。以地球海平面的大气压强(1 atm)为标准,医院里的高压氧气治疗为 1.4 atm,珠穆朗玛峰峰顶约为 0.41 atm。如果系外行星的大气太稠密或太稀薄,人类的心肺功能都将难以承受。如金星表面是 90 atm,连载人登陆都无法实现,更不可能适合人类生存了。

　　除大气压外,这个"未来星球"还要有合理的大气成分和比例。地球大气的主要成分是氧气和氮气,而且符合一定的比例。氧气含量过高,人会发生"醉氧",过低则会缺氧。但是,目前空间望远镜的观测结果还无法确定系外行星是否拥有大气层,更难以判断大气成分。从太阳系行星的已有经验分析,土卫六的大气是氮气和甲烷,木卫二为稀薄的氧原子,金星的大气主要为二氧化碳。由此推测,多数系外行星的大气成分主要为氮气、甲烷、二氧化碳等,并不适合人类生存。除了氧气,地球大气层中的微量气体也发挥了很大作用,比如臭氧过滤掉对人类危害很大的紫外辐射。如果系外行星没有臭氧层,人类患皮肤癌的概率将大大增加。

开普勒-452b 是迄今为止发现的与地球最相似的系外行星,可能拥有大气层和液态水。

其次,未来的宜居星球要有液态水和适宜的温度。水是生命之源,也是驱动行星演化的重要载体,有了水,人与生物圈才能形成相互依赖、不断进化的生态系统,否则孤独的人类是难以长期生存的。但现有的观测手段无法证实系外行星上是否有液态水,只能根据系外行星与恒星之间的距离来估算行星上的温度,并根据温度范围推测是否存在液态水。但是,即使系外行星位于宜居带内,也无法保证行星表面具有适宜的温度。就像金星上强烈的温室效应那样,行星大气层的密度和成分将显著影响行星表面的温度。

根据进化论,生命的演化需要经历漫长的过程。太阳作为太阳系的母恒星,是一颗中等质量的恒星,人类预测其寿命大约为 100 亿年。现在太阳寿命已经过去约 50 亿年,地球也已经历了 46 亿年。地球形成后过了 8 亿年才出现简单的生命,而人类的出现则不过是短短的 250 万年。换言之,太阳系诞生约 50 亿年后,地球上才繁衍出高度发达的文明。而在宇宙中,如果恒星的质量太大,其寿命就会比较短,处在这个恒星系的行星可能来不及在母恒星的"有生之年"演化出相对复杂的生命。

再次,宜居行星必须有一个岩石质的表面,让人类可以继续生活在陆地上。由于系外行星的质量越小越难观测,所以早期发现的系外行星大多是木星那样巨大的气液态行星,并不适合生命生存。宜居行星还要有一个完美的磁场,可以屏蔽来自恒星和恒星际的高能带电粒子,因为这些高能带电粒子可以扼杀掉大多数生命。

另一个重要条件是,宜居行星应演化到了中年阶段,内部能量的

（代译后记）

释放才比较温和,因为处于演化早期的年轻行星往往会狂暴地释放内部能量,导致地震和火山爆发的强度和频度太大,生命在这些自然灾害面前的生存机会将十分渺茫。同理,系外行星所属的恒星能量释放要比较稳定,否则人类在恒星爆发的超级带电粒子风暴面前,只能坐以待毙。

综合以上因素可知,人类之所以能在地球上生存,是因为地球穿了几层保护人类的防护衣。

第一层是磁场,它屏蔽了大量高能带电粒子,保护我们免受高剂量辐射的伤害;

第二层是大气层,它提供了人类呼吸所需的氧气和植物生长所需的二氧化碳,其中的臭氧又过滤掉对人体有害的紫外线;

第三层是水圈,水作为载体,促进了地球各圈层之间的物质循环和生物的新陈代谢。

人类是在地球上繁衍进化而成的,我们的一切都已适应了地球的环境。就像世界上没有两片完全相同的叶子,宇宙中与地球一模一样的星球几乎是不存在的,所以如果移居到另一颗星球上生存,人类很可能就需要进化成另一种生物。虽然地球并非天堂,也会面临超级太阳风暴、地球磁极倒转、小天体撞击等重大天文灾难,以及地震、火山、海啸等自然灾害,即便如此,地球依然是我们迄今为止唯一的生存家园。

系外行星研究领域发展迅速,短短不到30年已经从第一颗找到了数千颗,这不仅是天文学的重要研究对象,更关乎人类的未来。这本书就介绍了相关知识,为什么地球宜居,如何发现系外行星,找到另一个家园。人类对宇宙的探索永无止步,这本优秀的科普书将会帮我们了解更多关于找到宜居行星的故事。

郑永春

"科学的力量"丛书(第三辑)

内 容 简 介

这是国内首套以浅显易懂的方式为公众打造的介绍前沿科学的元科普书系,旨在能够解释改变世界进程的具有决定性意义的科学进展。

在中科院传播局和中科院上海分院等单位和叶叔华、许智宏、方成、卞毓麟、欧阳自远、秦大河、王建宇、钱旭红、常进等专家的大力支持下,丛书编委会在全球范围内严格挑选领军科学家的元科普力作。每一卷都包含对本领域科学前沿的清晰阐释,对知识由来的系统梳理,对该领域未来发展的理性展望及科学家亲身沉浸其中的独特感悟,是元科普作品,能为次级传播提供无可替代的科学基础,对科技管理者深入把握科研动向、科学决策有重要现实意义。

即将出版的图书有(书名为暂定):

《梦向另外的世界》

本书描绘了 11 个航天探测器开展空间探索的故事,它们打开了遥远世界的窗口。

《生命之源》

本书全景展示了地球上氧气的 40 亿年的演化史。

《直面新北极》

本书描述的是过去 30 年中北极地区发生的前所未有的变化，以及我们对其原因和后果的理解和预测。

《反物质消失之谜》

本书向我们展示了反物质如何成为一个科学问题，以及科学家为理解反物质进行的努力。

《宇宙的黑暗之心》

本书清晰和公平地描绘了宇宙学的发展史。

《神经科学家探索生死边界之旅》

本书带我们走进了一个令人敬畏的脑科学前沿领域。

图书在版编目〔CIP〕数据

寻找宜居行星 / (美) 詹姆斯·卡斯汀著 ; 郑永春等译. — 上海:
上海教育出版社, 2019.5
("科学的力量"丛书/方成，卞毓麟主编)
ISBN 978-7-5444-9084-9

Ⅰ.①寻… Ⅱ.①詹… ②郑… Ⅲ.①行星 Ⅳ.①P159

中国版本图书馆CIP数据核字(2019)第078310号

责任编辑　章琢之　姚欢远　徐建飞
装帧设计　陆　弦

"科学的力量" 丛书

寻找宜居行星

HOW TO FIND A HABITABLE PLANET

[美] 詹姆斯·卡斯汀　著

郑永春　刘　晗　译

出版发行　上海教育出版社有限公司
官　　网　www.seph.com.cn
地　　址　上海市永福路123号
邮　　编　200031
印　　刷　上海昌鑫龙印务有限公司
开　　本　890×1240　1/32　印张 12　插页 2
字　　数　300 千字
版　　次　2019年12月第1版
印　　次　2019年12月第1次印刷
书　　号　ISBN 978-7-5444-9084-9/P·0002
定　　价　49.00 元

如发现质量问题，读者可向本社调换　电话：021-64377165